緒方竹虎と
日本のインテリジェンス

情報なき国家は敗北する

江崎道朗
Ezaki Michio

PHP新書

はじめに

保守自由主義の立場から〝日本版CIA〟の設立をめざした男

第二次世界大戦での敗北、そして連合国軍による占領……。その占領を脱した直後の、一九五〇年代前半の日本で、真剣に〝日本版CIA〟をつくろうとした政治家がいた。緒方竹虎《おがたたけとら》という。

吉田茂首相の跡を継いで自由党の総裁となった政治家であり、一九五五年（昭和三十年）の保守合同の立役者、つまり現在の自由民主党をつくった中心メンバーの一人だ。

その経歴は、実におもしろい。

幕末に緒方洪庵《こうあん》が開いた国際派の私塾「適塾」の系譜を受け継ぐ家庭で一八八八年（明治二十一年）に生まれる。

戦前の日本の内政、特に治安維持やインテリジェンス活動などを担った内務省の官僚を父に持つ。

自由民権運動を進め、日清・日露戦争において民間の立場からインテリジェンス活動を繰り広げた「玄洋社」と、福岡在住の小学生のころから関係を持つ。このとき玄洋社のメンバーであった中野正剛《なかのせいごう》と親しくなる。中野正剛は、戦時中に東條英機政権と対立して自殺に追い込まれた政治家だ。

上京して東京高等商業学校（現在の一橋大学）、そして早稲田大学に学び、頭山満《とうやまみつる》や中国人革命家とも交わる。

エリート・コースを蹴って、あえて自由民権運動を推進する朝日新聞に入社し、まるで〝戦国時代の武芸者のような一匹狼たちの集まり〟であったマスコミの世界で頭角を現す。

イギリスに留学して憲政と労働運動を学び、ソ連・共産主義とファシズムから自由主義を守るべく、朝日新聞の幹部として大日本帝国憲法の改正・運用の改善を主張する。

世界的な視野で日本の立ち位置を考究すべく、民間シンクタンクを創設する。また、欧米による寡占状態にあった国際報道体制を突き崩し、国際報道でも日本の独立を勝ち取る。

二・二六事件で叛乱軍に襲撃されるも、ひるまずに軍部の言論統制に抵抗し、戦争回避を模索する。

日米開戦後は、東條内閣の「言論弾圧」政策に抵抗し、言論の自由を守るべく奮闘。東條内閣の「統制経済」「一党独裁」に反対して自刃に追い込まれた中野正剛の志を継承する。

東條内閣の跡を継いだ小磯國昭《こいそくにあき》内閣に大臣として入閣し、日本のインテリジェンス機関である「情報局」総裁に就任。「情報なき政府」の実態に直面する。

終戦に向けて日中和平工作を模索するも、外務大臣の重光葵《しげみつまもる》らと対立して挫折する。

敗戦後は、東久邇宮《ひがしくにのみや》内閣の国務大臣兼内閣書記官長（現在の内閣官房長官）に就任し、「言論の自由」を取り戻そうと奮闘するも、占領軍と対立し、公職追放処分になる。

日本の講和独立後、吉田茂首相の後継者と目されて政界入りを決断、衆議院議員初当選で第四次吉田内閣の国務大臣兼内閣官房長官（後に副総理）に就任する。

緒方竹虎（写真提供：時事）

占領軍やＣＩＡ、中国国民党の蔣介石政権と連携し、中国共産党に対抗するインテリジェンスの再建を図る。
自由党総裁として保守自由主義の立場から減税と景気回復を訴え総選挙を戦い、保守合同を推進し、自由民主党を結成する。
そして憲法改正と日本版ＣＩＡの創設をめざしたが、東條政権時代の言論統制政策への反発から頓挫してしまい、志半ばにして急逝する。

要は保守自由主義の立場から、戦前・戦時中に朝日新聞社の幹部、そして「情報局」総裁として情報と国策の問題に苦しみ、戦後は吉田茂内閣のもとで、アメリカと連携しつつ日本のインテリジェンス機関を確立しようと奮闘し、保守合同を成し遂げた人物なのだ。

日本のインテリジェンス史を踏まえた情報機関を

ではなぜ今、緒方竹虎を取り上げたのか。

日本でも「対外」インテリジェンス機関を創設しようという動きが生まれているからだ。

その対外インテリジェンス機関は、アメリカをはじめとする外国の要望を受けて創設されるべきではない。インテリジェンス活動は自由主義陣営諸国との連携を重視しつつも、わが国の国民性や民意に基づいて運営されるべきであるからだ。

言い換えれば、日本のインテリジェンスの歴史を踏まえて創設されるべきなのだ。

日本のインテリジェンスの歴史書として古典的なものとしては、イギリスの著名な作家であり、歴史家であるリチャード・ディーコン（Richard Deacon）著『日本の情報機関——経済大国・日本の秘密』（時事通信社、一九八三年）がある。原著はロンドンのミュラー社から『*Kempei Tai : A History of the Japanese Secret Service*（憲兵隊——日本の秘密機関の歴史）』（London : Muller, 1982）として発刊され、アメリカでもニューヨークのボーフォートブックス（New

York : Beaufort Books, 1983）から発刊されている。そしてその改訂版が東京のチャールズ・タトル・ブックス（Revised and updated edition, Tokyo : Charles Tuttle Books, 1990）からも発刊されている。

ディーコンはジャーナリストを経て第二次世界大戦中、イギリス海軍将校として従軍し、一時期は情報部（Naval Intelligence Division, NID）に所属し、007（ジェームズ・ボンド）シリーズの作者として知られるイアン・フレミングとも一緒に働いたことがある。第二次世界大戦後、ジャーナリズムの世界に戻り、『サンデー・タイムズ』外信部長などを務める一方で、ディーコンというペンネーム（本名はドナルド・マコーミック〈Donald McCormick〉）で『イギリス秘密情報活動史』をはじめとするスパイ、インテリジェンスに関する三〇冊以上の本を執筆し、その一部はロシア語、中国語、日本語にも翻訳されている。

また近年では、アメリカのマサチューセッツ工科大学教授のリチャード・J・サミュエルズ氏が『特務（スペシャル・デューティー）――日本のインテリジェンス・コミュニティの歴史』（日本経済新聞出版、二〇二〇年）を刊行している。いずれも日本のインテリジェンスの歴史書として学ぶべきところが多い。

だが、いくら素晴らしい分析であっても、それは外国から見た日本のインテリジェンスの歴史だ。日本は、日本の立場から自国のインテリジェンスの歴史を描かなければならない。幸いなことに、小谷賢『日本軍のインテリジェンス』（講談社選書メチエ、二〇〇七年）、佐藤守男『情報戦争と参謀本部』（芙蓉書房出版、二〇一一年）、関誠『日清開戦前夜における日本のインテリジェンス』（ミネルヴァ書房、二〇一六年）をはじめとして近年、日本人の手による戦前・戦中のインテリジェンス史を描こうとする本が出されている。だが、これらはどちらかというと、外務省や軍のインテリジェンス活動に焦点を当てがちだ。

日本大学教授・小谷賢氏なども指摘しているとおり、戦前・戦中の日本のインテリジェンス能力はけっして低くないのだが、その情報が国策に反映されてこなかった。

私はこれまでも『日本外務省はソ連の対米工作を知っていた』（育鵬社、二〇二〇年）、『米国共産党調書』（育鵬社、二〇二一年）などを通じて戦前の日本外務省のインテリジェンス能力が世界でもトップクラスであったにもかかわらず、その情報が国策に活かされなかった悲劇を描いてきた。

それは、いくら優秀な対外インテリジェンス機関をつくろうとも、その情報が国策に反映されなければ役に立たないことを知ってほしかったからだ。

「外交、安全保障の強化のためには、インテリジェンス機関が必要だ」といわれる。だが、戦前、外務省にも軍にも優秀なインテリジェンスの専門家は存在したにもかかわらず、それらの貴重な情報は官邸には届かず、国策に反映されないことが多かったことを忘れてはなるまい。

つまり、単純に対外インテリジェンス機関を再建すればそれでいいということにはならないはずなのだ。

実はこの「国家戦略（国策）と情報（インテリジェンス）」という課題に戦時中、正面から取り組んだのが緒方竹虎だった。

本書で詳述するように、緒方は請われて戦時中の一九四四年七月に日本のインテリジェンス機関のトップともいえる「情報局総裁」として小磯内閣に入閣したが、その際に痛感したことは「政府に生きた情報がほとんど入ってこない」ということであった。情報が入らぬまま、台湾沖航空戦、レイテ沖海戦と苦汁を飲まされ続ける。そして日中和平工作も、国家意思の統一ができずに失敗し、まさに絶望的な状況に置かれた。

その痛苦な反省に基づいて敗戦直後、吉田茂内閣において、緒方は副総理としてソ連や中国共産党の脅威に対抗すべく、国策と連動するインテリジェンス機関の創設を図ったのだ。

その経緯についてはCIA文書などに基づき、アメリカ側から見た緒方の動きが指摘されているが、戦前・戦時中の緒方の「苦衷」を知ってこそ、緒方がなぜインテリジェンス機関の創設にこだわったのかが見えてくるはずだ。そう考えて、あえて緒方竹虎の苦闘を通じてインテリジェンスを論じようとしたわけだ。それが本書を発刊した第一の目的だ。

「右翼全体主義」対「保守自由主義」

第二の目的は、近い将来、日本が対外インテリジェンス機関を創設するに際して、日本の「保守自由主義の系譜」を受け継ぐべきであることを明確にしたいということである。

明治維新以降の日本には、「薩長藩閥政治」対「自由民権運動」、「藩閥と軍部」対「議会制民主主義尊重を訴える護憲運動」のような政治対立があった。

緒方は、明確に「自由民権運動」「護憲運動」の側に立って言論活動を展開していた。その一方で、一九二九年（昭和四年）に発刊した『議会の話』で、成立したばかりのソ連共産党政権や、イタリアのファシスト政権に対して、厳しい批判を展開していた。

ロシア革命の成功とソ連の成立を受けて共産主義への警戒が強まるなか、戦前の日本では「共産主義反対」や「愛国」、そして「皇室尊崇」を掲げる政治勢力も勢いを増していくが、その勢力には大別して二つのグループが存在した。

一つは、日本を守るためには、つまり愛国心から言論の自由を抑圧することも辞さない「右翼全体主義者」たちだ。彼らはシナ事変以降、自由主義を目の敵にして言論の自由を抑圧し、統制経済を支持して経済界を官僚の支配下に置こうとした。

もう一つは、自由民権運動に基づいて「憲政」と「言論の自由」、そして「自由主義経済」

を守ろうとした「保守自由主義者」たちだ（この対立は今も続いている）。

戦時中、帝国憲法で保障された「言論の自由」を抑圧し、統制経済を強め、政治的に敵対する勢力を憲兵隊を使って弾圧した東條英機首相は愛国者ではあったものの、残念ながら前者の代表格といわざるをえない。

この東條首相のもとで、内外の情報を広く集め分析するインテリジェンス機関である「情報局」は、本来の情報収集・分析機関という役割から離れ、言論弾圧の道具として使われてしまった。その不幸な歴史から戦後、インテリジェンス機関は「国民監視機関」であり、「言論の自由弾圧機関」だというイメージが広まってしまった。

しかもインテリジェンス機関創設に反対する人々は、「右翼全体主義」と「保守自由主義」をいまだに混同している。

実はソ連やナチス・ドイツでも、インテリジェンス機関は、「国民監視」兼「国民の自由と人権を抑圧し、弾圧する」機関として運用され、国民の反発を買った。その悲劇は、お隣の中国や北朝鮮では今なお続いている。

一方、戦時中に東條内閣と対立した緒方竹虎は戦前、そして戦後も、「憲政」と「言論の自由」、そして「自由主義経済」を守ろうとした「保守自由主義者」であった。

よって緒方は小磯内閣で情報局総裁に就任するや、言論の自由を回復する方向へと政策を転換するとともに、陸軍、海軍と官邸とが一堂に会して情報を共有・分析する仕組みを構築しようと奮闘し、終戦を模索した。戦後も吉田茂首相のもとで、アメリカと連携しつつ、本来の意味での保守自由主義に基づく日本版ＣＩＡを創設し、ソ連や中国共産党といった全体主義勢力から日本の独立と自由を守ろうとしたのだ。

この二つの流れがあったことを踏まえて、日本のインテリジェンスの歴史は概括されなければならない。そして将来創設される〝日本版ＣＩＡ〟は、「戦前・戦中に議会制民主主義と言論の自由を守ろうとした緒方竹虎の系譜を受け継いで創設された」と内外に広く表明できるようにしておくべきなのだ。

外務省敷地内には、外務大臣であった陸奥宗光の胸像が建立されている。その由来について外交史料館は次のように説明している。

《日清戦争や条約改正といった難局に、外相として立ち向かった陸奥宗光の業績を讃え、各界の基金により１９０７年(明治40年)、外務省内に銅像が建立されました。しかし１９４３年(昭和18年)、戦時金属回収により供出されました。その後、同外相の没後70周年に当たる１９６６年(昭和41年)に再建されました。この経緯は外務省編『外務省の百年』下巻に記されています》(https://crd.ndl.go.jp/reference/detail?page=ref_view&id=1000075756)

この先例を踏まえるならば、将来創設される〝日本版ＣＩＡ〟の敷地には、緒方竹虎の胸像が建てられ、次のような解説が付されるべきであろう。

「緒方竹虎は、緒方洪庵の適塾の学統と、明治天皇の五箇条の御誓文の精神を重んじる自由民権運動の系譜を受け継ぎ、戦前から一貫して憲政と言論の自由を擁護し、第二次世界大戦中は情報局総裁として行き過ぎた言論統制を是正。戦後も日本の自由と独立を守るべく、保守自由主義の立場から情報機関を創設しようとしたが、それに取りかかった矢先、一九五六年に急逝した。その志を顕彰し、ここに胸像を建立する」

日本は、日本自身の手でわが国の近現代の苦闘の歩みを振り返り、その「教訓」を踏まえてインテリジェンス機関を運用すべきなのだ。その意味するところを、緒方竹虎という一人の人物を通して描こうとしたのが本書なのである。

なお、本文中での参考文献引用にあたって、旧字旧かな遣いを新字新かな遣いに改め、一部漢字をかなに置換するなど表記変更を行なった。適宜、改行も施し、ルビも付している。本書の場合、戦前・戦中・戦後、実際にどのようなことが書かれ、論じられていたのかを知ることが最優先であるとの判断に基づき、現代の読者に読みやすくなるよう配慮したものである。ご了解賜りたい。敬称は基本的に省略している。また、本書では新聞記事の出典として『聞蔵Ⅱ』（朝日新聞データベース）、『ヨミダス歴史館』（読売新聞データベース）、および『毎索』（毎日新聞データベース）を使用した。

最後に、川上達史さんと山内智恵子さんには本当にお世話になった。緒方竹虎を通じて日本のインテリジェンス機関の課題と展望を描きたいという私の大それた願望を踏まえて二人は実に一年以上もこつこつと関連の文献の収集と分析にあたってくれた。二人の協力あってこその本書だ。また、歴史認識問題研究会（西岡力会長）から戦前の保守自由主義の系譜を明らかにする論文を書くべきだとの示唆をいただいたことが本書の骨格を定める契機となった。この場を借りて心から感謝申し上げたい。

令和三年六月吉日

江崎道朗

緒方竹虎と日本のインテリジェンス

情報なき国家は敗北する

目次

はじめに　3

第1章　適塾と玄洋社――国際派の自由民権運動の系譜

第2章　共産主義とファシズムという「悪病の流行」

第3章　満洲事変が転機だった——朝日新聞と軍部

第4章　東亜問題調査会と同盟通信社——民間シンクタンク創設へ

第5章　二・二六事件と大政翼賛会

第6章　我に自由を与えよ、然らずんば死を与えよ

第7章　情報なき政府と最高戦争指導会議

第8章　和平・終戦を模索——繆斌《みようひん》工作

第9章　東久邇宮内閣での情報開示、言論の自由政策

第10章 日本版CIAの新設ならず

第1章

適塾と玄洋社

——国際派の自由民権運動の系譜

緒方洪庵の適塾の系譜

人生というものは面白いものだ。その人自身の性格・能力だけでなく、人との出会いが、その人の人生を大きく変えていく。

日本のインテリジェンスの歴史を語るうえで、きわめて重要な人物である緒方竹虎は一八八八年（明治二十一年）、山形市旅籠《はたご》町で生まれた。当時、父・緒方道平は内務官僚で山形県書記官（現在の副知事）を務めていた。道平は、蘭学者・緒方洪庵が幕末の一八三八年（天保九年）に大坂・船場に開設した適塾の系譜を受け継ぐ人物であった。

適塾には全国から俊英の塾生が集まり、夜中に灯が消えたことがないといわれるほど、必死に蘭学を学んでいた。その門下生には、福澤諭吉（慶應義塾の創始者）、大村益次郎（陸軍創設の祖といわれる）、橋本左内（福井藩主の松平春嶽の側近）、大鳥圭介（幕府で陸軍奉行を務め、後に政治家、外交官）、久坂玄機（松下村塾の双璧の一人といわれた久坂玄瑞の兄）、佐野常民《つねたみ》（日本赤十字社の創始者）、高峰譲吉（科学者、実業家）ら錚々《そうそう》たる顔ぶれが並ぶ。

蘭医であった緒方洪庵は、種痘を広めて天然痘予防に尽くし、コレラ流行に対して『虎狼痢《ころり》治準《ちじゅん》』という治療手引き書を発刊するなど、西洋医学の知識を積極的に導入して、多くの人々を救った。彼はベルリン大学教授フーフェランド（C. W. Hufeland、一七六四〜一八三六年）の

『医学必携（*Enchiridion Medicum*）』の一節を『扶《ふ》氏《し》医《い》戒《かい》之《の》略《りゃく》』として翻訳している。その冒頭の言葉は、次のものである。

《医の世に生活するは人の為のみ、おのれが為にあらずといふことを其業の本旨とす。安逸を思はず、名利を顧みず、唯おのれを捨てて人を救はんことを希《ねが》ふべし》

西洋医学を学べば立身出世、栄達を望むこともできたが、この適塾では、何よりも世のため、人を救うために学ぶことを旨としたのだ。このような師あらばこそ門下生たちも粉骨砕身、日本のために、西洋の知恵を学ぶべく努力を重ねたのであろう。

緒方竹虎の父・道平は、その緒方洪庵の義弟・緒方研堂に師事し、見込まれて研堂の養子となり、研堂の長女・久重を娶《めと》って緒方家を継いだのだ。二女四男を儲け、竹虎は三男である。

緒方洪庵
（義弟）緒方研堂——（長女）久重
（養子）道平
（三男）竹虎

適塾（大阪市中央区北浜）の緒方洪庵像（著者撮影）

緒方竹虎の祖父にあたる緒方研堂（本名・大戸郁蔵）は、緒方洪庵の適塾で塾頭を務め、その後、適塾の塾生が増えたために洪庵に命じられて別塾を開いたほどの傑物であった。

《［研堂は］向学心強く蘭学を修め医学を学び、後大阪で緒方洪庵が蘭学塾を開いたので、洪庵の許に身を寄せ、刻苦精励、塾頭として塾生の指導薫陶に任じた。洪庵その学徳に傾倒し、請うて兄弟の約を訂し、洪庵が年長であったから兄、郁蔵は弟ということになって緒方姓を冒したのである》（高宮太平『人間緒方竹虎』原書房、一九七九年、三頁）

竹虎の祖父・緒方研堂の別塾の塾則の第一には「蘭学を為すと雖《いえど》も、其の言行を慎み、必ず国体を汚すべからず」とあったという（緒方竹虎伝記刊行会『緒方竹虎』朝日新聞社、一九六三年、四頁)。

西洋の学問を学ぶが、西洋にかぶれることなく、日本の国柄を守ることに尽力しよう――。幕末から明治初期にかけて当時の蘭学者たちは、このような気概を胸に学問に精進していた。

一八六八年(明治元年)、明治天皇が示された「五箇条の御誓文」には「智識を世界に求め大《おお》いに皇基を振起すべし」とあるが、まさにそのような姿を幕末において体現していたのが緒方洪庵であり、彼が開いた適塾であった。そして緒方竹虎が、祖父・緒方研堂、父・道平を通してその系譜に属する人物だったことは、ぜひとも心に留めておくべきだろう。

なお、この適塾の建物は、現在も大阪市中央区北浜に残っている。この地は、大坂の町人文化の中心地として名高い船場の一角であり、当時、薬問屋が立ち並んでいた道修町にほど近い。現在でも道修町には、塩野義製薬や田辺三菱製薬といった医薬品メーカーの本社が立ち並んでいる。

若き日の緒方竹虎の「玄洋社人脈」との交流

祖父・緒方研堂の影響だろう。竹虎の父・道平も緒方洪庵の門人である伊藤慎蔵の私塾に学び、一八七三年(明治六年)のウィーン万国博覧会のときにはドイツ語通訳として政府派遣使節団に加わった。その後、オーストリアではマリアブルン大学に入学し、山林学を修め、一八七五年に帰国し、内務省に入った。内務省は、国内の治安維持を含む内政全般を取り仕切っていた官庁だ。

一八八七年（明治二十年）、道平は山形県参事官ならびに書記官として山形市に赴任した。官舎の隣には、のちに総理大臣となる小磯國昭が住んでいた。「双方の父親が山形県庁で同役を務めていたという関係からお互いに好意は持っていた」ことがきっかけの一つとなって、戦時中、小磯政権の閣僚となったともいわれる（吉田則昭『緒方竹虎とCIA――アメリカ公文書が語る保守政治家の実像』平凡社新書、二〇一二年、一八〜一九頁）。

母・久重は良妻賢母で子供たちへの教育は厳格だったが、進取の気性に富み、七十歳になっても当時珍しかった飛行機試乗をためらわないほど、新しいものへの関心が旺盛だったという。道平の長男・長女・次女は若くして亡くなったが、次男・大象《だいぞう》は生理学者、四男・龍は医師としてそれぞれ大成している。

緒方竹虎は四歳のとき、道平の転勤にともなって福岡に転居し、福岡師範学校附属小学校に入学した。この小学校時代に、緒方竹虎は、玄洋社と関係を持つようになる。

玄洋社とは一八八一年（明治十四年）に創設された自由民権運動団体だ。日露戦争以降は、欧米の植民地支配に苦しむアジア諸民族の独立を支援するべく「大アジア主義」を唱えたことでも有名だ。そのリーダー格である頭山満が福岡出身であり、活動拠点も福岡であった。

崇福寺（福岡市博多区）にある玄洋社員銘塔（右）と、そこに刻まれた緒方竹虎の名（左）（著者撮影）

竹虎が通った福岡師範学校附属小学校には、当時、頭山満の姪の夫、柴田文次郎が奉職していた。担任でこそなかったが、緒方は柴田の薫陶を享《う》けた。

しかもこの小学校時代、玄洋社の機関紙『九州日報』の主筆をしていた古島一雄《こじまかずお》と出会う。古島は後に「憲政の神様」と呼ばれた犬養毅首相の懐刀となり、戦後は吉田茂首相の後見役となる（駄場裕司『大新聞社——その人脈・金脈の研究』はまの出版、一九九六年、一一五頁）。

緒方は戦後、この古島との縁もあって吉田内閣に入閣し、吉田首相のもとでインテリジェンス機関再建に動くことになったわけで、どういう人脈につながるかで人生は大きく左右されるのだ。

一九〇一年（明治三十四年）に福岡師範学校

附属小学校高等科を卒業した緒方は、同年、福岡県立中学修猷館《しゅうゆうかん》に入学した。

中学校時代の緒方は特に剣道に打ち込み、地元福岡の一到館《いっとうかん》範士・幾岡太郎一の指導を受けた。夏休み中には大阪で山岡鉄舟門下の稽古に参加し、山岡の遺弟・小南易智の指導を受けている。二夏の内弟子修行の結果、「組太刀五十六本は勿論《もちろん》、小太刀、相小刀、刃引、払捨刀、三重等をみな伝授された。小南は緒方を可愛がり、一時は養子にする交渉さえあった」（緒方竹虎伝記刊行会『緒方竹虎』一五頁）というのだから、並大抵でない。のちに緒方が暴漢に襲われたり、二・二六事件では決起将校と対峙したりしても切り抜けることができたのは、こうした剣道修行のおかげがあったかもしれない。

修猷館の一学年上には小学校時代からの友人の中野正剛がいて、以後、緒方に大きな影響を与えることになる。

その一つは、玄洋社とのつながりである。中野は中学時代から箱田六輔、平岡浩太郎、頭山満、進藤喜平太らを中心とする玄洋社の人々と交流があり、緒方も自然と彼らと親しむようになった。

中野正剛は修猷館を卒業後、早稲田大学政治経済学科へ進み、朝日新聞の記者として活躍。その後、一九二〇年（大正九年）衆議院議員となり、戦時中には東條英機の「独裁」に反抗し、憲兵隊に逮捕され、釈放直後に割腹自殺を遂げている（第6章で詳述）。

緒方は修猷館中学三年のときに、この中野や、緒方の留学時に資金を出した安川敬一郎の五男・安川第五郎らと雄弁会「玄南会」をつくった。安川は後に安川電機会長となり、九州電力会長、日本原子力発電社長、東京オリンピック組織委員長、札幌オリンピック組織委員会最高顧問などを務め、玄洋社の役員にもなった（駄場裕司『大新聞社――その人脈・金脈の研究』一一五頁）。

修猷館と玄洋社

私事になるが、私が緒方竹虎のことを聞いたのも、この修猷館高校で長年、国語教諭を務めておられた小柳陽太郎先生からであった。

小柳先生は旧制佐賀高校から東京帝大文学部に進まれて、シナ事変の早期和平、統制経済反対を唱える日本学生協会に加わり、保守自由主義に基づく学風改革運動に携わっていた（拙著『コミンテルンの謀略と日本の敗戦』PHP新書、二〇一七年、第五章参照）。学徒出陣を経て戦後、九州大学に復学・卒業して国語教諭となり一九五〇年から一九八三年まで修猷館高校に奉職されつつ、教育カリキュラムの改善をはじめとして教育正常化活動に取り組まれていた。

恩師とも呼ぶべき小柳先生の謦咳《けいがい》に私が接するようになったのは、九州大学在学中の一九八一年、小柳先生が関係していた社団法人国民文化研究会の行事に参加したことがきっかけであった。小柳先生のご自宅でお話をうかがった際に、小柳先生は「緒方竹虎が総理になっていれば、日本はもっとまともな独立国家として歩んでいたはずだ」とよく話しておられた。話を聞いた当時、私は大学生で、その意味するところはよくわからなかったのだが、きっと大事なことをおっしゃっているに違いないと思って忘れないようにしてきた。実は緒方竹虎のことについて書こうと思ったのも、小柳先生のこの言葉がずっと心に残っていて、あれこれと調べてきたからだ。

この修猷館と玄洋社の関係は深い。たとえば一九三六年に総理大臣に就任した廣田弘毅《ひろたこうき》は、修猷館から第一高等学校、東京帝大法学部に進むが、彼は福岡での学生時代、玄洋社の付属道場として創設された明道館という柔道場に通っている。そもそも頭山満の生家は、修猷館高校のすぐそばだ。生家近くの西新緑地には「頭山満手植之楠」という碑が建立されていて、頭山満が幼少時代に楠木正成公を慕って植えた楠が聳《そび》え立っている。二〇二〇年秋に私が訪れた際、この緑地で休憩をしていた年配の男性がこの「頭山満手植之楠」の碑に一礼をしてその場を後にしたのが印象的であった。

実は私が玄洋社の方々と会ったのも九州大学在学中のことで、小柳先生を通じてであった。昭和五十年代後半、小柳先生の友人に玄洋社の出身の方がおり、その方を通じて玄洋社の社長であった福岡市長・進藤一馬と会うことになったのだ。

衆議院議員などを歴任してきた進藤市長から、戦前、自由民権運動やアジア諸民族の独立運動を支援してきた頭山満と玄洋社のことをあれこれと聞いたことは、私の日本近現代史に対する見方を一変させるものであった。中国の孫文やインドのラス・ビハリ・ボースなど、アジアの民主化・独立運動の指導者たちを支援してきたのが頭山満の率いる玄洋社だったという話は、教科書で習ってきた「アジアを侵略した日本」とは真逆の話であったからだ（この辺りのことは、葦津《あしづ》珍彦《うずひこ》『大アジア主義と頭山満』〈葦津事務所、二〇〇八年〉などが詳しい）。

頭山満手植之楠碑（福岡市早良区）（著者撮影）

縁というのは不思議なもので、社会人になってから頭山満の孫・興助氏とも縁をいただき、興助氏のご子息とは永田町で一緒に仕事をすることになった。青山墓地での頭山満翁の法要にも参列させてもらうなど、頭山家の皆さんとのつきあいは今も続いている。

私が九州大学に入らなかったら、また小柳先生と出会わなかったら、この本も生まれていなかったに違いない。人との出会いは本当に大きいのだ。

中国との貿易商人を志して東京高商へ

緒方竹虎はかくして適塾とつながりがある家系のなかで生を享《う》け、修猷館で学生時代を過ごした日露戦争当時、自由民権運動に取り組んでいた玄洋社のメンバーとのつきあいを深めた。このことが進取の気性を持ちながら、自由と伝統を重んじる彼の思想を育んでいった。

緒方は学業優秀だったにもかかわらず、いわゆる一高・東大のエリート官僚コースを望まなかった。中学の初年のころから中国との貿易商人を志していたので、修猷館卒業後は、東京高等商業学校（のちの一橋大学）に進んだ。

緒方は自著『人間中野正剛』（初刊は鱒書房、一九五一年）のなかで、「私は蘭学の流れをくむ比較的自由な家庭に育ったためか、中学の初年頃から中国を相手に商売をすることを志としていた。当時は福岡でも東京でも、黒木綿の紋付羽織というものが書生の風を做《な》していたが、私は母にねだってわざと茶縞の羽織を拵《こしら》えてもらったりした」（緒方竹虎『人間中野正剛』中公文庫、一九八八年、三四頁）と回想している。

緒方の伝記の多くは、緒方が中国貿易を志した背景の一つに父・道平の言葉があったと指摘する。一八九七年（明治三十年）、道平は時の第二次松方内閣によって、二十五年間務めた内務省からの勇退を余儀なくされた。道平はその後、息子たちに対して「お前らは一生役人になるな」と語っていたというのである。

そうでなくても、役人になる人間が少ないのが福岡である。

明治維新以来、政府の中枢で重きをなしたのは山口県人（長州藩）であり、鹿児島県人（薩摩藩）であり、佐賀県人（肥前藩）であったが、これらの藩に囲まれた福岡県人はその経済規模に比して、政府における存在感は必ずしも大きくない。

幕末のころには、福岡藩（筑前藩）にも筑前勤王党があり、高杉晋作など多くの志士との交友で知られる野村望東尼《ぼうとうに》はじめ、加藤司書、平野国臣、中村円太、月形洗蔵などの福岡藩士が活動していた。だが、幕府の第二次長州征伐の折に福岡藩の佐幕派により粛清され（乙丑《いっちゅう》の獄）、以後、大きく出遅れてしまった。そのためもあってか、福岡には薩長藩閥政府に対して斜に構え、対抗しようとする気風があった。

しかも玄洋社を率いた頭山満は、西郷隆盛が起こした西南戦争に呼応して戦おうとして果たせず、その後、薩摩と長州による藩閥政治に対抗して、議会開設をはじめとする自由民権運動を展開した人物である。

拙著『天皇家　百五十年の戦い』（ビジネス社）でも指摘したが、ここで当時の自由民権運動と皇室との関係について説明しておきたい。

薩長の藩閥政府と自由民権派が対立するなかで、倒幕派の薩長の政府高官たちは、「錦旗を掲げて徳川政権を倒したのが自分たちなのだから、自分たちこそ天皇の政府であり、歯向かう者は天皇の政府に逆らう輩だ」という形で、政府批判をする人たちを弾圧していた。皇室を自分たちだけのものにして、皇室の権威を使って反対派を叩くという手法である。

だがこれに対して自由党を結成し、自由民権運動を推進した板垣退助は、一八八二年（明治十五年）、「自由党の尊王論」という論文を発表して敢然と反論している。板垣はまず冒頭で、「世に尊王家多しと雖《いえど》も吾党《わが》自由党の如き尊王家はあらざるべし。世に忠臣少からずと雖も吾党自由党の如き忠臣はあらざるべし」と宣言した。自由党が国賊視されたり、火付けや盗賊と同類のようにいわれて弾圧されたりしていることに反駁《はんばく》し、自分たち自由党こそが本当の尊王であると述べたのである。

そして「彼輩《かのはい》は我皇帝陛下を以て魯帝（ロシア皇帝）の危難に陥らしめんと図る者なり。吾党は我皇帝陛下をして英帝（イギリス国王）の尊栄を保たしめんと欲する者なり」と主張したのだ。

自由民権運動を弾圧する薩長政府は、ロシア帝国のような強権政治を行なうことで結果的に皇室を危うくしようとしている。一方、我々自由民権派は、イギリスのような、多数の政党による立憲自由主義の実現を主張しているのであって、こうした立憲自由主義こそが皇室の繁栄を永遠ならしめることになるのだ。そもそも明治天皇は一八六八年（明治元年）の「五箇条の御誓文」において、「広く会議を興し万機公論に決すべし」として、専制政治ではなく、自由な議論で政治を決定していこうと仰せになっているではないか。明治天皇のお考えを踏まえれば、現在の薩長による藩閥政治は是正され、民選国会による自由な議論による政治を実現すべきだ——板垣はこのように主張したのである。

単純化していえば、政府の側が「天皇の政府」対「人民の議会」という図式で民選議院や板垣・大隈らの政党を捉えていたのに対し、板垣ら自由民権運動派の側は、「薩長の政府」対「天皇の国会」、「薩長による藩閥政治」対「自由な議論を願われる皇室を戴く自由民権運動」という構図を描いていた。民権運動家たちによるこのような皇室論議を経て、明治の国家体制は、やがて「天皇の政府」対「天皇の議会」という考え方にまとまっていった。

よって一八八一年（明治十四年）に結成された玄洋社の社則は「皇室を敬戴《けいたい》すべし」、「本国を愛重すべし」、「人民の権利を固守すべし」というものであった。議会制民主主義を尊重する皇室のもと、日本の国益と人民の権利を守るのが自由民権運動であったのだ（『天皇家 百五十年の戦い——日本分裂を防いだ「象徴」の力』ビジネス社、二〇一九年、四〇～四二頁）。

そして玄洋社は、国益と人民の権利を守るためにも、日本が海外との貿易などを通じて経済的に豊かになることもめざした。

そもそも福岡は、博多商人の町として栄えてきた歴史を持つ。しかも古来、中国大陸との貿易の一大拠点であった。

そして玄洋社自体、海外へ雄飛する気概を強く持った、一種の「商社」的な色彩をも帯びた団体であったことは、ここで特記しておくべきことであろう。現代では、玄洋社というともっぱらゴリゴリの右翼団体として受け止められている。海外での活動もどちらかといえば大陸浪人的なイメージばかりで捉えられがちだが、その理解は必ずしも正しくはない。玄洋社の実態について書こうとすればそれこそ一冊の本になってしまうのでここでは深入りしないが、ご関心のある方は浦辺登著『玄洋社とは何者か』（弦書房、二〇一七年）などを読んでもらいたい。

高宮太平の『人間緒方竹虎』は、緒方の進路選択に玄洋社がいかに影響したかについて、次のように推察している。

《頭山満、進藤喜平太等を頂点とする玄洋社の壮士が常に朝鮮、支那等の大陸問題を論じ、軍人にあらずして進んで戦争の渦中に飛込んだ者が数多くある。それらは所謂《いわゆる》武断派とでもいうべき者である。緒方は文治派というは当らぬにしても、大陸発展については興味を持った。ただ、その方法は武力を以てせず平和裡に物資なり文化の交流に身を捧げたかったのであろう》（高宮太平『人間緒方竹虎』一八～一九頁）

緒方が学んだ修猷館高校のすぐ近くには、元寇《げんこう》防塁跡も残っている。福岡にとって朝鮮半島、中国大陸は、ある意味、東京よりも身近だといえる。郷土を守り発展させようと思うならば、朝鮮半島、中国大陸のことに深く関心を持たざるをえない土地柄なのだ。

中野正剛の勧めで「在野の精神」の早稲田大学に編入

中国相手に商売をすべく東京高商に進学した緒方だったが、そこでの教育に魅力を感じることができなかった。

緒方の入学翌年の一九〇八年（明治四十一年）七月、東京高商では大学昇格問題に絡んで全学生が総退学するという騒動が起こり、緒方も退学した。東京帝国大学に経済学部が新設され、東京高商をその商業科として併合しようとの動きに猛反発が沸き上がったのである。

騒動そのものは渋沢栄一が併合中止に動いたことにより九月には収まって、学生も戻った。だが、緒方はいったん郷里福岡に戻った後、一九〇九年（明治四十二年）、早稲田大学専門部政経科二年に編入した。

当時の早稲田大学はどのような学校だったのか、緒方自身が次のように書いている。先にも引用したが、東條英機と対決して自裁した中野正剛の追悼のためにまとめた『人間中野正剛』の一節である。

《有司専制的な、官僚政治を彼（引用者注：中野正剛）は最も憎んだ。（中略）彼は中学時代常に級中二三番を下らない秀才であったが、彼は当時中学卒業の秀才が概ね官立の高等学校を志すのに反して、初めから早稲田大学を選んだ。当時はまだ、私立大学というと、官立大学に入学すべく成績不十分なものか、しからざれば落第坊主の入る学校とされていた。それだけに、彼が優秀な成績をもちながら早稲田大学に入学したことは、一種の反逆児ででもあるかのごとくに人の注目を惹いた》（緒方竹虎『人間中野正剛』二四〜二五頁）

中野正剛の薩長主導の藩閥政治反対、反官僚主義の強烈さを印象深く伝える逸話だが、同時に当時の早稲田大学が、まさに「在野の精神」を体現する学校であったこともよくわかる。

緒方は、東京高商時代から中野正剛と下宿をともにしていたが、「共同生活が長くなるにつれ、覇気の強い中野君は私の商業学校通学に反対を始め、早稲田に転向《ママ》しろと勧め出した。（中略）当時高商の校風に失望を感じ出していた事情もあって、いつか中野君に動かされるようになり」（同、三四〜三五頁）、早稲田大学に編入したのである。

早稲田大学での暮らしぶりについて、次のような逸話が述べられている。

《早稲田時代は余り大学には出席せず、平常はもっぱら図書館で読書に耽り、試験には学友からノートを借用して一夜づけを行ったといわれる。

　この頃は、同郷の阿部眞言、中野正剛、上原三郎らと自炊生活を営んでいた。後年緒方は当時を回顧して、カスリに小倉袴《こくらばかま》のいでたちで炊事当番の日割をきめていたが、（中略）几帳面な中野は、料理が上手であったばかりでなく、便所掃除まで熱心にやった、と述べている。下宿生活を共にしてみると、日頃勉強しないような顔をしている中野が、実は非常な勉強家であることを知り、その精進ぶりには頭が下がったということである》（緒方竹虎伝記刊行会『緒方竹虎』一八～一九頁）

早稲田大学在学中は、福岡県人の学生の会「東西南北会」に中野とともに参加した。今でいう県人会にあたる東西南北会では、社会人であった頭山満、三浦梧楼《ごろう》（枢密顧問官）、犬養毅（のちに総理大臣）、古島一雄らに接し、中野と一緒に自宅に訪ねていくこともよくあった。そういうときによく音頭を取って中野や緒方らの面倒を見ていたのが玄洋社社員の末永節《みさお》だ。

末永という人物と、中野・緒方との関係について、高宮太平はこう述べている。

《末永は奇人。終世浪人生活を続け、官界は勿論《もちろん》如何《いか》なる定職にも就いたことがない。正規の道は踏んでないが和漢の学に造詣深く、いくつになっても童心を失わない珍しい人物である。この末永が中野、緒方らと生活を共にし、よいこともわるいことも教えこんだものである。女買いの指導までしている。

政治問題については他に多くの先輩があって、青年の眼を開いてくれたが、末永について特筆する要のあるのは支那問題である。黄興《こうこう》を始め多数の革命家が日本に亡命して来ており、早稲田にも多数の留学生が来ていた。末永はこれらの革命家を世話し、或《あるい》はその相談に乗り、頭山、犬養、古島らとの間を周旋したりしていた。そんな風に接触が多かったので緒方らも自然異国の革命家や、その卵に接近する機会が出来て来た。後年支那関係に貢献する素地がこの時代に根強く培われたのである》（高宮太平『人間緒方竹虎』一二～一三頁）

学生時代に人生を貫く志を持つ人も多い。ある意味、一生を左右する学生時代に、錚々《そうそう》たる政治家、そして中国から来日してきた革命家たちとも交流していたというのだから、政治、そして中国大陸への関心と理解は相当なものであったはずだ。この学生時代の体験から、緒方は中国とのビジネスではなく、ジャーナリズムの道を選ぶ。

新聞記者は「戦国時代の武芸者」のようだった

早稲田大学卒業後の一九一一年（明治四十四年）、緒方は、中野の勧めで大阪朝日新聞社に就職した。

その翌年、まだ一年生記者だった緒方の手柄としてよく知られているのが「大正」元号のスクープである。戦後、緒方はこのときのことを次のように語っている。

《〔当時の上司の〕弓削田さんから僕に枢密顧問官（三浦梧楼）の所へ聞きに行けといわれたが、そんな元号問題なんか聞きに行くのは嫌だといって辞《ママ》わった。すると弓削田さんが自分で車を頼んで来て「車を呼んであるから是非行け」といわれて仕方がないから三浦梧楼の所に行って枢密院から帰って来るのを待っていると直ぐ帰って来た。そして「大正」という字を書いて「元号はこういう風に替った。漢音で読めばタイセイ、呉音で読めばダイショウとなるが、両方の音を交ぜてタイショウと読むことになった」と説明してくれた。それで直ぐ帰って号外を出したが、これは「朝日」が一番早かったので賞与を貰った。この時はじめて自動車に乗ったものだ》（今西光男『新聞　資本と経営の昭和史――朝日新聞筆政・緒方竹虎の苦悩』朝日新聞社、二〇〇七年、三九～四〇頁）

福岡県人会つながりで三浦梧楼に取材に行き、スクープをもらったわけだ。ズルいといえばズルいが、こうした人脈を持っているのも実力のうちだ。大学を出たばかりの駆け出し新聞記者ではあったものの、緒方は、玄洋社や福岡県人会を通じて政界、官界に顔が利いたのだ。

かくして以後、新聞記者として活躍していく緒方だが、ここでまず当時の新聞の姿をざっと見ておきたい。当時の新聞記者がどのような生態であったのか、作家の司馬遼太郎が「二人の老サラリーマン」という印象的なエッセイを遺している。

司馬が一九四三年（昭和十八年）に大阪外国語学校在学中に学徒出陣をし、陸軍で戦車兵になったことは有名だが、一九四五年に復員した後、ふとしたきっかけで大阪の小さな新聞社に勤めることになる（その後、別の新聞社を経て、産経新聞社には一九四八年に入社している）。

このエッセイで司馬が描くのは、最初に勤めた新聞社で出会った、当時六十歳を越えていた松吉淳之助という老記者の姿である。

《私はときどき、彼からものを聴いた。技術のことよりむしろ、大正以来の新聞街秘録というべきものである。彼は、大正二年に国民新聞に入って以来、朝日新聞、報知新聞、時事新報などを経て最後の京城日報にいたるまで、現在の社を除いても五回ばかり社歴を変えている。当時の新聞記者の生態は多くはそうしたものであったようだ。社のために働くというよりも、戦国時代の武芸者が大名の陣屋を借りて武功をたてたように、彼らは自分の才能を愛し、自分の才能を賭け、その賭け事に精髄をすりへらす努力を傾けてきたというほうが当っている》（司馬遼太郎『ビジネスエリートの新論語』文春新書、二〇一六年、一五四～一五五頁）

「戦国時代の武芸者」という表現が、当時の新聞記者の気風を色濃く伝えてくれる。まさに

「抜く抜かれる、この勝負の世界だけが新聞記者の世界じゃとおれは思う」（同、一六〇頁）という野武士のような世界であり、その社会的地位は必ずしも高いわけではなかった。

以下の部分は、ぜひ司馬が描いたこのような新聞記者の世界を前提にお読みいただければと思う。当時の新聞の姿を、今西光男『新聞　資本と経営の昭和史——朝日新聞筆政・緒方竹虎の苦悩』に基づいて見ていきたい。ちなみに今西光男氏は、西部社会部次長や東京政治部次長などを歴任した元朝日新聞記者で、メディア史研究家である。

明治維新後の新聞というのはもともと、ゴシップやスキャンダルや巷の警察ダネの事件を、挿絵と総ルビつきでわかりやすく面白く書く「小新聞」と、政論を主体にしたインテリ向けの「大新聞」とがあった。

緒方が入社した朝日新聞は「小新聞」として出発した新聞で、「大新聞」には、自由民権派の郵便報知新聞や、今の毎日新聞の前身で官権派の東京日日新聞や大阪日報があった。

小新聞は、面白さを重視して脚色した「三面記事」が売り物、大新聞は論客の「意見」が売

り物だったが、どちらも徐々に政治や経済や国際情勢の「ニュース報道」に重きを置く「中新聞」化していく。

そして、多くの新聞は日清・日露戦争の戦況報道で購読者層を広げ、右肩上がりに発行部数を増やしていった。ラジオ放送がまだ存在しなかった大正デモクラシーの時代、新聞は唯一の報道メディアだったので、大きな政治的影響力を持っていた。

ちなみに当時の新聞の値段はどのくらいであったか。一九一五年（大正四年）の『朝日新聞』の購読料は月決めで五〇銭であった。少し時期がずれるが、一九一八年の巡査の初任給が月俸一五円、小学校教員の初任給が月俸一二円～二〇円である。現在の巡査や小学校教員の初任給を月俸二〇万円として計算すると、現在の貨幣価値に換算して、新聞購読料はおよそ月額五〇〇〇円前後ということになる。ほぼほぼ、今日の価格感と変わらないものであったということになろうか。新聞宅配制度の歴史も古く、早くも一八七五年（明治八年）ごろには新聞販売店も開業している。

なお、発行部数でいうと、『大阪朝日新聞』と『東京朝日新聞』の合計で、一九一五年（大正四年）にはおよそ四〇万部、一九一八年で五〇万～六〇万部である。合計部数が一〇〇万部を超えたのは一九二四年のことであった。

第一次護憲運動

緒方竹虎が新聞記者になった翌年の一九一二年（大正元年）は、第一次護憲運動が全国に広がっていった時期にあたる。

同年の十二月、陸軍との対立をきっかけとして西園寺公望内閣が総辞職し、桂太郎が第三次桂内閣を発足させる。これが憲法に反すると受け止め、藩閥や軍主導の政治から、大日本帝国憲法に基づいた政党政治（憲政）を守ろうとしたのが第一次護憲運動である。帝国憲法に基づいた政党政治こそ日本をより良くしていくと考えたのだ。

この年の十二月十九日、歌舞伎座で第一回憲政擁護大会が開かれ、「憲政の神様」と呼ばれた犬養毅と尾崎行雄が演説した。二〇〇〇人を超える聴衆が詰めかけた歌舞伎座は満員の盛況で、入れなかった人々も歌舞伎座の外で大いに盛り上がった。

この日のことを書いた『東京朝日新聞』（一九一二年十二月二十日付）の記事を紹介しよう。

《昨午後一時、歌舞伎座前に至れば、既に満員の大盛況にて門扉堅く閉《とざ》し、警官厳《いかめ》しく立番して、何処《いずこ》の口、何処の木戸よりも入らんようなし。白地に黒く「憲政擁護連合大会」と筆太に記せし二旒《にりゅう》の大立旗は雨に濡れて正面入口外に立ち、黄白色様々の万国旗懸け連《つらね》ら

れし下に無数の群衆は空しく立ちあぐむ。（中略）
弁士は政友（※引用者注：立憲政友会）、国民（※立憲国民党）の人気役者、演題は元老攻撃、巨頭公《きよとうこう》退治（※巨頭公とは桂太郎のこと。ちなみに桂は一九一二年十二月二十一日に第三次桂内閣を組閣する）、加うるに入場者は会費三十銭で二合入《いり》（※日本酒）が一本宛《ずつ》添えてある。
雨を犯して押し寄せた連中には、もう二時間も前から坐り込んで好い気持に酔《よい》の廻っているのもある。問題はよし、冷酒は利いている、春の様に生暖かい建物内の温気とで、まだ定刻にならぬ中《うち》からワァーッ〳〵と云う騒ぎである。相手が見えないのに既に是《こ》れであるから、一度、幕が開いて弁士、発起人一同ズラリと檜《ひのき》舞台に着席したらもう堪《たま》らない。「イヨー、国民党ヲーッ」「吾に正義の剣ありィ」「政友会シッカリやれェ」「静かにしろッ〳〵」「何を云うかァ」「妥協するなァー」「弁士頼むぞ」「ワァーイ〳〵」「パチ〳〵〳〵」。終《つい》に何を云っているのやら薩張《さつぱり》判らなくなって、只毀《ただこわ》れた蓄音機が勝手に廻っている様にグアアグアアと動揺《どよ》めく》

酒もふるまわれ、ヤジと熱気でむせかえるような演説会。それが当時の政治の現場であった。その批判の矛先は、長州閥で陸軍の巨頭である山縣有朋をはじめとする元老たちによる藩閥政治、そして山縣らの意向を背景に藩閥政治を進めているように思われた桂太郎首相に向けられた（実際には、このとき山縣有朋と桂太郎との間には確執があったのだが。詳しくは倉山満『桂太郎——日本政治史上、最高の総理大臣』〈祥伝社新書、二〇二〇年〉を参照）。

この折の憲政擁護運動の発端は、日露戦争後の緊縮財政のなかで陸海軍が山縣らの支持を得て軍備拡張を実施しようとした「二個師団増設問題」であった（この問題については第2章で詳述）。

陸軍大臣・上原勇作は二個師団の増設を要求するが、当時の西園寺内閣はこれを拒否した。すると上原勇作は辞表を提出し、以後、陸軍は陸軍大臣を送ろうとしなかった。当時、軍部大臣現役武官制があって、現役の軍人でなければ陸海軍大臣になれなかったので、陸軍が大臣を出さなければ内閣は総辞職せざるをえない。西園寺内閣は、あえて軍に妥協せずに総辞職。これに対して「陸軍と藩閥政府の横暴」との批判が澎湃《ほうはい》と沸き上がったのである。

西園寺内閣の後に組閣した桂太郎首相（第三次桂内閣）は、直前まで内大臣兼侍従長を務めていたこともあって、天皇の勅語を乱発して政局を乗り切ろうとした。対する立憲政友会と立憲国民党は一九一三年（大正二年）二月五日に内閣不信任案を提出し、立憲政友会の尾崎行雄が憲政史にその名を刻む弾劾演説を行なう。その論旨は次のようなものであった。

《わが帝国憲法は、すべての詔勅——国務に関するところの詔勅は、必ずや国務大臣の副署を要せざるべからざることを特筆大書してある。もし然らずというならば、国務に関するところの勅語にもし過ちあったならば、その責任は何人がこれを負うのであるか。畏れ多くも、天皇陛下直接のご責任に当らせられなければならぬことになるではないか。「天皇ハ神聖ニシテ侵スベカラズ」という大義は、国務大臣がその責に任ずるから出で来るのである。彼ら（引用者注：桂太郎ら）は常に口を開けば、直ちに忠愛を唱え、あたかも忠君愛国は自分の一手専売のごとく唱えてありまするが、その為すところを見れば、常に玉座の蔭に隠れて政敵を狙撃するがごとき挙動を執っているのである。彼らは玉座をもって胸壁となし、詔勅をもって弾丸に代えて政敵を倒さんとするものではないか》（一九一三年二月五日、帝国議会衆議院本会議での尾崎行雄演説を抜粋）

天皇の名前を使って政府の横暴を正当化し、野党を弾圧するのはおかしいではないか——この批判に対して、桂太郎首相は議会停止を命じ、さらに勅語を政友会に下して乗り切ろうとした。だが、これに国民の怒りは沸騰する。同年二月九日に両国国技館で行なわれた演説会には一万三〇〇〇人が詰めかけ、十日には数万の民衆が国会議事堂を包囲して、第三次桂太郎内閣は退陣に追い込まれた。

以後、薩摩や長州といった藩閥や陸海軍幹部が要職を独占するのではなく、国民の参政権を基礎とし、大日本帝国憲法に基づいて「民主」政治を求める護憲運動が政治に大きな影響を与えるようになっていく。

大雑把にいえば、「天皇の権威に基づいて議会（民意）を否定しようとする藩閥政治」対「大日本帝国憲法に基づく議会制民主政治」という構図だ。

このとき新聞は、憲政擁護・閥族打破を掲げて護憲運動の一翼を担っていた。しかも数ある新聞社のなかで、最も強力に護憲運動を後押ししたのは、東京と大阪の『朝日新聞』だった。その両紙のうちでは『大阪朝日新聞（大朝）』の政権批判が『東京朝日新聞（東朝）』よりさらに激しかったため、政府の「一大敵国」と呼ばれた。このため大阪朝日新聞は政府から手痛い反撃を食らうことになる。

「白虹事件」と呼ばれる言論弾圧

一九一八年（大正七年）八月、富山県を発端として全国に米騒動が広がり、時の寺内正毅内閣は新聞に米騒動の報道を禁じた。政府による言論統制に新聞各社は一斉に反発し、全国各地で記者大会を開いて言論擁護運動を展開していく。

その結果、寺内内閣も、桂内閣や山本内閣と同様に退陣に追い込まれたのだが、その一方で朝日新聞は「白虹事件」と呼ばれる言論弾圧を受け、大きな傷を負うことになった。

白虹事件の発端は、『大阪朝日新聞』の一九一八年八月二十六日付夕刊（二十五日発行）の記事のなかに次のように「白虹《はっこう》日《ひ》を貫《つらぬ》けり」という表現が含まれていたことだ。

《食卓に就いた来会者の人々は肉の味、酒の香に落ちつくことが出来なかった。金甌無欠《きんおうむけつ》の誇りを持った我《わが》大日本帝国は今や恐ろしい最後の裁判《さばき》の日に近づいているのではなかろうか。「白虹日を貫けり」と昔の人が呟いた不吉な兆《きざし》が黙々として肉叉《フォーク》を動かしている人々の頭に雷《いなずま》のように閃《ひらめ》く》（『大阪朝日新聞』一九一八年八月二十六日付夕刊、二面）

八月二十五日に、大阪で八四社の記者を集めた関西記者大会が開かれており、当日の夕刊で、大阪朝日新聞の小西利夫記者がこの大会の模様を記事にしたのである。この記事について、報知新聞社会部長、東京毎夕新聞編集局長、国民新聞編集局長などを歴任した御手洗辰雄《みたらいたつお》は次のように紹介している。

《金甌無欠を誇った大日本帝国は、今や革命の時機に近づいているのではないか――などという字句があって、全体としてはこの会の内容とは何の関係もない、記者自身のその場での空想を羅列したものに過ぎないが、明らかに革命近し、という意識が記事全体に閃いていることは否定出来ない。白虹日を貫くとは、史記に「昔ハ荊軻《ケイカ》燕丹《エンタン》ノ義ヲ慕イ、白虹日ヲ貫ク」といい、その註に「丹厚ク荊軻ヲ養ヒ秦王ヲ刺サシム、精誠天ニ感ジテ白虹之ガ為ニ日ヲ貫クナリ」といい、又「白虹ハ兵ノ象《カタチ》、日ハ君ナリ、国君ノ兵ヲ被ル兆《キザシ》ナリ」とあり、戦国魏策《ぎさく》には「聶政《セッセイ》ノ韓傀ヲ刺スヤ白虹日ヲ貫ク」とある革命の象《しょう》。青年記者小西は、恐らくこの故事を念頭においてこの句を使ったのであろう》（御手洗辰雄『新聞太平記』鱒書房、一九五二年、九四〜九五頁）

中国の故事で「白虹日を貫けり」というのは、君主に危害を加える予兆、革命の兆しとされてきたのだ。内務省・警察当局は皇室に対する不敬の疑いがあるとして、この日の大阪朝日夕刊を発売禁止にし、新聞紙法違反で大阪朝日新聞社を告発した。

新聞紙法の規定によれば、「皇室ノ尊厳ヲ冒瀆《ぼうとく》シ政体ヲ変改シ又ハ朝憲ヲ紊乱《びんらん》セムトスルノ事項」に該当すると裁判所が判断した場合、『大阪朝日新聞』は発行禁止にされる恐れがあった。発売禁止ならば一時的な停止で済むが、発行禁止とは廃刊するという意味である。発行禁止処分が下れば、新聞社は生き延びることができない。政府は、大阪朝日新聞社に「潰すぞ」という脅しをかけたわけである。

『大阪朝日新聞』は一九一八年十二月一日付朝刊に、「近年の言論頗《すこぶ》る穏健を欠く者ありしを自覚し、又偏頗《へんぱ》の傾向ありしを自知せり（中略）我社既に自ら其の過《あやまち》を知る、豈之《あに》を改むるに憚《はばか》らんや」という社説を掲載した。

社長も村山龍平から上野理一に交代した。政府の脅しに屈した大阪朝日首脳に反発して鳥居素川《そせん》、長谷川如是閑《にょぜかん》ら「憲政擁護・藩閥打破」の論陣を張っていた編集幹部らが一斉に退社した。その穴を埋める形で緒方は大朝の論説班に配属されたが、以後、朝日新聞は「愛国」的な壮士たちから事あるたびに攻撃されることになる。

イギリスで議会政治や労働運動を学ぶ

緒方は一九二〇年（大正九年）から二年間、イギリスに留学している。一九一九年末から一九二〇年初にかけて、社長を務めた上野理一や、白虹事件後に大阪朝日新聞の主筆格となった本多精一が相次いで亡くなるなど、「先輩の引退や死亡により朝日新聞社に幻滅を感じて」（緒方竹虎伝記刊行会『緒方竹虎』五〇頁）のことであった。

途中、ワシントン軍縮会議の取材をはさみながらではあったが、緒方はイギリスの議会政治や労働問題を学んだ。労働党の指導者で政治学者のハロルド・ラスキからも指導を受けている。

この当時のイギリスでの最大の事件は、一九二一年の炭鉱労働者のストライキであった。

「皇室を敬戴《けいたい》すべし」「本国を愛重すべし」「人民の権利を固守すべし」を社則に掲げた玄洋社の影響を受けてきた緒方は、人民の権利に関わる労働問題に大きな関心を寄せ、「その頃ロンドンにあった日本人達の記憶によると、緒方の話題はきまって労働運動であった」というほどであった（緒方竹虎伝記刊行会『緒方竹虎』四三頁）。

緒方は一九二一年八月八日、十日、十一日と三日間にわたって「空前の坑夫大罷業《だいひぎょう》　新解決案と産業将来」と題する上・中・下の記事を『朝日新聞』に書いている。この記事によれば、この炭鉱労働者ストライキの大きな原因は、イギリス政府が炭坑管理政策を撤廃し、石炭の値段が暴落したことにあった。第一次世界大戦直後こそインフレ的な状況になったものの、一九二〇年以降はデフレ傾向、つまり不景気が続き、労働者の生活は脅かされていたのである。

このようななかで緒方が注目したのは、労働組合の節度ある行動であった。どんなに追い詰められても労働組合は暴力に訴えたりせず、粘り強く交渉を続けたのだ。

その五年後、一九二六年五月にイギリスでゼネスト（総罷業＝ゼネラル・ストライキ）が起きる。炭鉱労働者の苦況は続き、労働組合会議が炭坑夫組合を支援すべくゼネストに打って出たのである。結局、このゼネストはイギリス政府の強硬姿勢により九日間で中止されることになるのだが、この経緯を見た緒方が評価したのは、労働組合側の「国民的常識」の力であった。

《一昨年、総罷業が労働者側の敗戦に終るや、ボールドウィン首相は「これは政府の勝利ではなくて常識の勝利である」と述べた。しかして、何者が労働者の昂奮《こうふん》を鎮静せしむるにもっとも力あったかといえば、政府の威嚇《いかく》よりも、資本家の圧迫よりも、議会においてジョン・サイモン（引用者注：自由党の政治家、貴族）が「総罷業は憲法違反なり」と叫んだその一言だったのである。

イギリスの労働者は、それほどまで政治的に訓練されている。しかして、如何《いか》にしてかく訓練されたかといえば、それは言論自由の賜物《たまもの》といわざるを得ない。平生あらゆる議論に慣らされている結果は、選挙に際しても煽動家《せんどうか》の虚勢に瞞《だま》されないのである。常識によって判断して投票を誤らないのである。しかして、この国民的常識と冷静とが、世界でもっとも完備した議会制度を作り上げ、君主国最初の労働党内閣を出現せしめ、巧みに環境の変転に応じて、少しも国民的混迷に陥《おちい》らぬところには、少くも習うべき何者かゞ無くてはならぬと信ずるのである》（緒方竹虎『議会の話』朝日新聞社、一九二九年、二七四〜二七五頁）

民主主義の理想を実現するには、その担い手となる庶民が国益や大局的な利益のために動くことができる「常識」が必要なのだ。そして、庶民がそうした「常識」を兼ね備えるためには、政治について自由に議論をすることができる「言論の自由」が大事だ。一方、政府の側もまた、無闇に労働運動を弾圧すべきではなく、国民の「常識」を信用して「言論の自由」を守らねばならない。

「常識」をもつ庶民と、その庶民を信用して「言論の自由」を尊重する政府の両者の協力によって「世界でもっとも完備した議会制度を作り上げ」たのがイギリスであったのだ。

言論の自由と議会制民主主義という制度を守るだけではダメなのだ。政府と国民の双方が国益や大局的な利益のために動くことができる「常識」を持たなければならないことを、緒方はイギリスで学んだわけである。

帝国ホテルでの襲撃

一九二二年（大正十一年）にイギリス留学から帰国した緒方は、翌一九二三年四月に東京朝日新聞整理部長、同年十月に政治部長、一九二四年に支那（中国）部長兼務、一九二五年には政治部長と支那部長を兼務したまま、三十七歳にして編集局長に就任した。緒方「筆政」の始まりである。

緒方は、このような異例の昇進を遂げる一方で、朝日新聞を標的にして押しかけてくる壮士たちへの対応に苦労することになる。

一九二五年一月二十日、政治部長であった緒方は帝国ホテルで赤化防止（引用者注：共産主義反対という意味）団員を名乗る暴漢に襲われ、頭部の骨膜に達する重傷を負っている。

発端は一九二三年に難波大助という青年が虎ノ門付近で摂政宮（のちの昭和天皇）を狙撃した「虎ノ門事件」に関する『朝日新聞』の記事だった。

事件翌年の一九二四年十一月十三日に、難波大助への死刑判決が下され、その日の夕刊に「一個可憐の少年逆徒大助断罪の朝、秋の陽は蕭々《しょうしょう》と輝きわたる……」と書いた記事が載った。これが壮士の抗議の種になったのである。襲撃までの顚末を、緒方は次のように語っている。［　］内は引用者の補足、（　）内は原文のとおりである。


《「米村嘉一郎が団長をしていた赤化防止団というのがあって、その米村の配下の杉山竹三という男が朝日新聞社へやって来て、『蕭々として輝きわたる』という言葉は、まるで不祥事件のあったことを喜んでいるようではないかと言い懸りをつけて来た。初め［この記事を書いた記者の］鈴木文四郎君が会ったらしいが、要領を得ないので僕に会いに来たのだ。その頃鹽谷啓一郎という支那浪人がいて、明徳会という右翼団体を率いていた。これが朝日は正面から行ったってなかなか音をあげないから、広告主をいじめるに限るというので、広告主の所へ一軒一軒押しかけ『朝日新聞に広告を出せば承知しないぞ』と脅した上、あちこちの硝子窓を叩き壊したりなどした。それでも放って置くと、こんどは［村山龍平社長の女婿の」村山長挙《ながたか》さん夫妻が帝国ホテルに泊っているのを知り、多分村山老社長と間違えたらしいのだが、ホテルに押しかけて行き、遂に部屋を知ったと見えて度度《たびたび》脅かしに行く。
黙って居る訳にゆかないので、ある日彼等の来る時刻を見計ってホテルに行くと、恰度《ちょうど》朝飯時であったが、村山社長に会いたいといって、柴戸重三という男がやって来た。長挙さんと一緒に会うと、柴戸はもう眼が血走っていて非常に興奮している様子である。二言、三言、言葉を交している間に『貴様がうちの先生（杉山のことらしかった）を侮辱した奴か』とか何とか言って懐中からコンクリートのかけらを手拭で包んだものを出して殴りかかって来た。私は瞬間刀と思ったのだが……それを手で受けたので急所は外れたが、それでも左耳の上に重傷を負った。頭の傷というものは非常に血の出るもので、洋服はあけに染まる。僕は兇器を奪い取り、立上って椅子を持上げると、今度は剃刀《かみそり》を出して傍にいた村山さんのワイシャツの袖口を切った。手でも斬るつもりだったのだろう。そのうち警察官が来て逃げようとする柴戸を押えた。……」》（高宮太平『人間緒方竹虎』三九～四〇頁）

皇室を大切に思う気持ちは理解するものの、こうした言いがかりをつけ、広告主を恫喝《どうかつ》したり、新聞記者たちに暴力を振るったりすることは許されるべきではない。

結局、負傷した緒方は入院する羽目になる。

このとき、親友の中野正剛が病床を見舞い、緒方に日本刀を贈ったエピソードがある。

《この事件をきいた友人中野正剛は、緒方を病床に見舞って、「貴様は一人と一人の勝負に不覚をとったそうじゃないか」と憤慨、「刀をやる。これは無銘の新刀だけれどもなかなかのわざものだ。ゴロツキを切っても惜し気のない刀だから、こんどそういう奴が来たら、たたき切ってしまえ」といって刀をおいていった》（緒方竹虎伝記刊行会『緒方竹虎』六一頁）

中野正剛の「ゴロツキを切っても惜し気のない刀だから、こんどそういう奴が来たら、たたき切ってしまえ」という言葉から、当時の雰囲気がまざまざと浮かび上がる。

良民虐めや新聞を脅かして私腹を肥やす者

入院した緒方だったが、このときは病院にも暴力団が押しかけてきて、緒方は応対をしなければならなかった。

《暴力団は私が小林病院から慶應病院に入院してからも中々朝日攻撃の手をゆるめず、津村順天堂とか岩波書店とか大きな広告主の店を個別に攻撃する。広告主は迷惑千万で「商売に差し支えるから何とかして納めてくれ」と社に掛合に来るという始末。私は非常に厭な問題だが、誰もやってくれる者がないので、頭に繃帯を捲いて彼等と折衝する事になった。するとそれを聞き付けて外の防力団《ママ》は「俺らもはじめから関係していた」と分け前に与《あずか》ろうとする。結局、金で片付けたようなものだったが、非常に不愉快な事件だった》（緒方竹虎述『明治末期から太平洋戦争まで』朝日新聞社、一九五一年。出典は今西光男『新聞　資本と経営の昭和史』五九頁）

「結局金で片付けた」というのは、緒方が語るところによれば次のような経緯だった。

《中村海田という老人が僕のために心配して（玄洋社の）福田和五郎に会わせ、福田が引受けて話は一度ついたが、そのアトから直ぐ駄目になった。それで私は右翼に対する扱いを心得たのだが、一つの団体がそういう事をしたというと「自分の方には何の挨拶もなかった」というわけで次から〳〵と遂に収拾出来なくなる。私が怪我をしたのはズットその後の事なのだ。それでコッチが弱腰だと暴れ込めばいくらか金になるというのでドン〴〵暴れ出す。こっちも始めは抛《ほう》っておけというのでやっていたが、石井（光次郎）君は平気だけれども、（常務の）辰井（梅吉）さんは喧《やかま》しくて、直ぐ止めてくれと云って来た。ところがそこ迄《まで》いくと先方でも引込みがつかんようになったので（黒竜会の）内田良平を出して来た。僕はこの時はじめて内田に赤坂新町で会った。そして内田が仲裁した事になって、内田に包み金を出した》（同、五九〜六〇頁）

緒方が玄洋社と深いつながりがあったことは先に述べた。内田良平も玄洋社率いる頭山満の関係者であったことから、内田が出てきて事態を収拾したという側面もあったのだろう。「暴力団や右翼団」と呼ばれる勢力がこのような活動をする背後に社会情勢の変化があったことも見逃せない。先にも引用した御手洗辰雄『新聞太平記』に興味深い記述がある。

《内田良平の主宰する黒竜会や、頭山満の福岡玄洋社、或《あるい》は浪人会等に属する人々は、尊皇愛国を文字通り実践し、権力者や財閥などに恐れられてはいたが、元来志士の集団であったから、その行動も過激に亙《わた》ることはあっても忌わしい影はなかった。（中略）

しかるに民主主義・社会主義と共に共産思想が伝播《でんぱ》されるに及んで様相《ようそう》は一変した。赤化防止や国体擁護を叫ぶ団体が所在に起り、真剣に憂国の至情《しじょう》から出たものもあるが、如何《いかが》わしいものが続出《ぞくしゅつ》して来たのである》（御手洗辰雄『新聞太平記』一一二頁）

内田良平や玄洋社の人たちはもともと真面目な志士の集団だった。だが、ソ連の出現と共産主義の脅威が押し寄せてきたことから、任俠の伝統をもって赤化（共産主義革命）思想に対抗しようという動きが生じる。しかもその動きに内務大臣などを経験した政治家が加担することによって下級会員や類似団体のなかから権力を笠に着て「良民虐めや新聞を脅かして私腹を肥やす者などが現われて来た」（御手洗辰雄『新聞太平記』一一三頁）のだ。

要は戦前、「反共」や「愛国」、そして「皇室尊崇」を掲げる政治勢力には、二つのグループが存在したのだ。一つは、日本を守るためには言論の自由を暴力をもって抑圧することも辞さない「右翼全体主義者」たちで、そのなかには「良民虐めや新聞を脅かして私腹を肥やす者」も混在していた。そしてもう一つが、「憲政」と「言論の自由」擁護を掲げる緒方ら「保守自由主義者」たちだ。

不幸なことに、この両者の対立はその後ますます激化し、緒方はその対応に苦しむことになる。

第2章

共産主義とファシズムという「悪病の流行」

『議会の話』

政府と壮士たちによる「言いがかり」に苦しめられていた緒方竹虎であったが、朝日新聞を守ることだけに汲々としていたわけではなかった。このとき、世界の動きを見ていた緒方は、言論界のリーダーとして日本の議会制民主主義を懸命に守ろうとしていた。

一九二九年（昭和四年）一月、緒方は『議会の話』と題する書籍を世に問うた。その目的は、「議会制度にもし欠陥があらばそれを改善して、国民の議会に対する信頼を取返す」ためであった（緒方竹虎『議会の話』はしがき一頁）。

本書が発刊された一九二九年は、国民の選挙権・被選挙権を身分や納税額によって制限せずに認める「普通選挙」が実現した直後のことである。

当初、選挙権が認められていたのは満二十五歳以上の男子で、直接国税一五円以上を納める者に限られていた（制限選挙）。すべての成人に選挙権・被選挙権を認める「普通選挙」権の実現は、自由民権運動の流れをくむ自由主義者たちの悲願であり、「普通選挙」の実現を求める普選運動は国会開設以来、様々な形で続いてきた。

その普選運動が、大いに盛り上がりを見せたのが第一次世界大戦後のことである。吉野作造が「民衆的示威運動を論ず」（『中央公論』一九一四年四月号）や、「憲政の本義を説いて其《その》有終の美を済《な》すの途を論ず」（『中央公論』一九一六年一月号）などの論文で「民本主義」を唱えたことや、世界各国でも普通選挙への流れが強まったことを受けてのことであった。

　吉野作造が「民本主義」を唱えてから約十年を経た一九二五年（大正十四年）、普通選挙が実現する。このとき満二十五歳以上のすべての男子に選挙権が与えられた。実際に衆議院選挙で普通選挙が実施されたのは、一九二八年（昭和三年）二月の第一六回総選挙でのことであった。自由民権運動の一つの目標が達成した、この祝うべき時期になぜ緒方は『議会の話』を書いたのか。それはちょうどそのころ、世界では、議会制民主主義を否定する二つの政治運動が勢いを増していたからだ。

緒方竹虎『議会の話』（朝日新聞社、1929年）

　新聞記者の大半は国内政局にばかり注目しがちだが、緒方の眼は世界に向いていた。拙著『コミンテルンの謀略と日本の敗戦』でも詳述したように、議会制民主主義否定の烽火《のろし》を上げたのは、一九一七年にロシア革命を成功させた共産主義者のレーニンたちである。一九二〇年のコミンテルン（第三インターナショナルの略称）第二大会において発表した

「共産党と議会に関するテーゼ」で、次のように断じている。

《無軌道な帝国主義の今日の諸条件の下では、議会は、虚偽と欺瞞《ぎまん》と暴力とおしゃべりの道具の一つとなってしまった。帝国主義によって行なわれた荒廃、掠奪、暴力、盗奪、破壊に直面して、秩序と耐久性と系統とに欠ける議会的改良は、労働者大衆にとってはもはや一切の実際的意義をもたない。（中略）したがって、この機関を支配階級の手からもぎ取り、それを破壊し、全廃し、そのあとに新しいプロレタリアートの権力機関を置き換えることが、労働者階級の当面の歴史的任務である》（ジェーン・デグラス編著、荒畑寒村・大倉旭・救仁郷繁訳『コミンテルン・ドキュメント1』現代思潮社、一九六九年、一三三頁）

このような方針に基づいて、いかに共産党が様々な手段を弄《ろう》して、政治家不信や議会不信を徹底的に煽り立てていったのかは、拙著『コミンテルンの謀略と日本の敗戦』の第四章で詳述したとおりである。

念のため、ここで共産党が信奉した「共産主義」とは何か、説明しておきたい。

共産主義とは「格差をなくして徹底した経済的平等」をめざす考え方だ。資本主義社会では、土地や資金、工場などの「生産手段」の私有化を認めているから、金持ちと貧乏人、地主と小作人、会社経営者と労働者といった格差が生まれる。そこで労働者による政党、つまり共産党が政権を取り、共産党主導で「武力によって強制的に」地主から土地を取り上げ、会社経営者から資金と工場を取り上げ、国有化、つまり労働者全員で共有するようにすれば格差は解消され、労働者天国の社会が実現できる――このような考え方に基づいて労働者、小作人主体の社会を実現しようというのが共産主義だ。よって共産主義者は基本的に武力革命を支持し、議会制民主主義を否定する。

ソ連の場合は文字どおり、武力を背景にして地主たちやキリスト教教会から土地を奪い、経営者たちから工場を奪い、国有化していった。財産を取られることを拒んだ地主や貴族、資本家たちは容赦なく処刑された。共産党が権力を握ったソ連に出現したのは、労働者天国などではなく、ソ連共産党幹部による独裁・恐怖政治だった。

しかもソ連はそのような国内の悲惨な実態を隠蔽し、国際社会に対しては「ソ連は労働者天国であり、国民は食べることにも困らず、格差もなく、平等に扱われている」と宣伝していた。この「労働者天国ソ連」という宣伝は、惨めな暮らしをしている資本主義国の労働者たちにとっては大いなる希望であった。

一方、このような共産主義運動に刺激されつつ、イタリアではムッソリーニが率いる国家ファシスト党が台頭していた。ムッソリーニは一九二二年に首相の座に就き、一九二五年には独裁権力を手中に収めていた。

「共産主義」と「ファシズム」という二つの全体主義から、いかに議会政治（議会制民主主義）を守るか。緒方の思いは『議会の話』の「はしがき」に明確に記されている。

《ヨーロッパ戦争（引用者注：第一次世界大戦）の惨禍を未然に防ぎ得なかったことは、議会政治の信用を少からず失墜せしめた。その間に乗じて議会否認の思想が至るところに公式化し、制度化した。そして、そのもっとも顕著なるものは、ロシアのソヴィエット政治とイタリーのファシスト政治とであった。これらの制度は、公式は、果して議会政治に優るものであろうか。優らないまでも、議会政治はそれによって教えらるゝものがありはせぬか。それを考え、それを研究することは、国家の運営に与かる普選法下の国民の平等に有する権利であり、義務でなければならぬ。

悪病の流行に際し、これが伝染を防ぐべく真に恃《たの》みとするに足るものは、自身の健康のみである。それと同様に、議会政治否認理論と鼻突合《つきあわ》して怖れざるがためには、議会政治の健康体を養わねばならぬ》（緒方竹虎『議会の話』はしがき一〜二頁）

「議会制民主主義ではダメだ」という議論に対抗し、『議会の話』を書いたわけだ。

ソ連型共産党一党独裁を批判

かくして緒方は『議会の話』の第一章冒頭から、ソヴィエト革命とファシストという「悪病の流行」を批判している。まず議論の俎上《そじょう》に載せたのは、レーニンと共産主義である。

《レニンは、一九一七年十一月、マルクスの髭面《ひげづら》の上に衝立《つった》って、世界はじめての共産主義国の成立を宣言したが、それは同時に議会政治排斥の宣言でもあった》（同、一頁）

レーニンたちがめざしたのは共産党一党独裁政治であり、議会政治の排斥であった。それがいかに問題があるのか、緒方はこう指摘する。

《ソヴィエット政治はレニンの目的が何処《どこ》にあったかに拘《かかわ》らず、また、憲法が如何《いか》にソヴィエット大会の最高権力を主張するに拘らず、実際においては、共産党幹部乃至《ないし》常任委員会《プレシヂウム》の少数専制に外ならない。しかして、何故に、かゝる専制政治を帰結したかといえば、制度として立法行政両機関の分立を認めざるがために政府を監視するものなく、またいわゆる党治主義の下に言論出版の自由を奪い、共産党以外の反対党を禁圧して、責任政治の機構が行われないからである。

無産階級の専制に対する唯一の弁解は、人間性を改造するまでの過渡期の必要というのであるが、それよりも先に、レニンも晩年においては認めざるを得なかった「ツァールに真似て少しばかりソヴィエットの油を点じた官僚政治」は、ます〳〵根を深くしつゝあり、「舞台の蔭の政治」と罵ったその議会政治以上の「舞台の蔭の政治」がソヴィエット政治の名において行われつゝあるのは、畢竟《ひっきょう》、代議政治の形式と共産社会の実現を両立させるところに無理があるか、しからざれば、制度の失敗を語るといわざるを得ない》（同、六〜七頁）

ソ連憲法ではソヴィエト大会（議会）を国家権限の最高機関としているが、実際は共産党幹部の専制政治であった。なぜ専制政治になってしまうかといえば、権力の分立、つまり政府をチェックする議会と独立した裁判所がなく、言論出版の自由も奪われているからだ——緒方は、ソヴィエト政治の仕組みを詳細に解説しつつ、この制度はそもそも無理があり失敗だ、と断言している。

ソヴィエトの独裁政治は結局、どこに帰着せざるをえないか。その点についても緒方は、驚くほど的確に予見している。

《レニズムのいわゆる「人々みな自発的にその能力に応じて働き、人々みなその必要に応じて分配して相怨《あいうら》みざる社会」が仮りに実現できるものとしても、斯《こ》ういう人間性、社会状態が、圧政の下から生れぬことだけは、間違いないのである。

現在ロシアの「無産階級独裁」に対する唯一の弁解は、多年資本主義社会によって養われた人間性を矯《た》め直す必要上止むを得ないというにあるが、少数の圧政によって作り得る人間性はたゞ卑屈、忍従、陰険、無独創の人間性でこそあれ「ツァールに真似て少しくソヴィエットの油を点じたに過ぎない官僚政治」の間から、自由な奉仕精神を作り出させようなどとは、到底想像されない。ことに、権力ほど人間を保守ならしむるものはない。これには、歴史上の政治家も労農ロシアの執権者も、差別があろうわけはない。

権力に慣れたものは、その権力を失わざらんとしてます〳〵圧政を逞《たくま》しうし、権力の外に置かれたものは、その権力を奪い返さんとしてあらゆる陰謀を企て、政治よりも政権争奪が主となるのが、東西の歴史の示して居るところであり、現にロシア共産党最高幹部の間の暗闘は如実にそれを繰り返している》（同、二二五〜二二六頁）

緒方がこう書き記した『議会の話』が発刊されたのは、繰り返すが一九二九年（昭和四年）一月である。「資本主義に対する計画経済の優越性」が夢をもって語られていた時代に、ソ連共産党の帰結をここまで的確に見通した緒方の眼力の確かさに圧倒される。

ファシズムもまた専制だ

では緒方は、ムッソリーニ率いるファシストについては、どのように見ていたのだろうか。よく知られているように、ムッソリーニはもともとイタリア最大の社会主義政党であったイタリア社会党に所属し、その党機関紙『アヴァンティ』の編集長を務めるなど中心的な役割を担って活動していた。社会党内でムッソリーニは革命急進派のリーダー格となり、議会を重んじる改良主義派と対立していた。

そのようなムッソリーニの背景も、緒方は『議会の話』で的確に描き出していく。

《ファシスト党の首領ムッソリニは、その「アヴァンチ」紙主筆時代は、相当極端なサンヂカリストであった。一九一一年には、反帝国主義の主張からリビア遠征に反対した。一九一四年にはいわゆる「赤週間」の騒動のお先棒になって資本主義攻撃をしたこともある。後には礼讃派になったが、はじめは戦争参加にも反対した。そも〳〵ファシズムを唱え出した時の旗印からして、君主主義反対、資本主義反対であった》(同、八頁)

第一次世界大戦が起きると、イタリア社会党内は自国の参戦をめぐって対立が激化した。戦争反対派から参戦派に鞍替えしたムッソリーニは、参戦推進の論説を展開し、結局、一九一四年に社会党から除名されることになった。

その後、彼は参戦派の指導者となり、一九一九年には「イタリア戦闘者ファッシ」を結成。これが「国家ファシスト党」へと発展していく。

今、引用した緒方の記述に「相当極端なサンヂカリスト」という言葉が出てくるが、ムッソリーニは社会党時代には、労働組合を社会の基礎組織として位置づけ、ゼネスト（ゼネラル・ストライキ＝総罷業）によって革命を起こし、権力掌握後は労働組合を基軸として国政を動かすべきだという「サンディカリズム」（労働組合による社会革命）を熱心に主張していた。

だが、一九二〇年代に入って、イタリアで労働組合によるストライキが頻発し、社会党左派がイタリア共産党を結成して活動を活発化すると、ムッソリーニが率いるファシスト党は共産党反対の立場に立って、労働組合を鎮圧する実力行動を展開していく。これによってファシスト党は、大資本家や中小産業資本家、商工業者、地主、さらに政府や軍の一部からの支持を集め、国会進出も果たした。

一九二二年の五月と八月にイタリアでゼネストが起こされると、時の政府はうまく対処できなかったが、ファシスト党はこれを暴力的に鎮圧する。そして、このような社会混迷を背景に同年十月、ムッソリーニは数万人のファシスト党員をローマに向けて示威行軍させる「ローマ進軍」を行ない、首相の座を勝ち取るのである。自分と敵対する政治勢力に「売国奴」のレッテルを貼って、暴力を使って弾圧することも辞さない「右翼全体主義者」たちが、ファシスト党を支持したのだ。

共産党反対の立場からムッソリーニを評価する動きが日本にもあった。だが、緒方は、ムッソリーニの立場が大いに揺れ動いていることを紹介して、「ファシストの主張は、結局何処に行くのか、今日のところ明瞭ではない」と突き放しつつ、彼が進めるファシズム政治を詳細に紹介していく。

《ファシズムとは、ムッソリニの懐刀であるロッコ（現司法大臣にして法学者）のいうところによれば、レニニズムと同じく、十七、八世紀以来一般に信ぜられた自由主義的の社会対個人の関係を全然顚倒し、すなわち、個人のための社会を、社会のための個人に鋳直《いなお》すことによって、新しい社会を作り出そうというのである。このファシズム実現のために、案出されたファシスト政治の脊梁《せきりよう》をなす法律が、シンヂケート法である。ムッソリニはこの法律によってイタリーの国民を全部組合化し、その組合を基礎として一つの協働国家を作らんとしている。しかしながら、名はシンヂケートであっても、また、ムッソリニの元来出身がサンヂカリストであったにしても、このシンヂケート法によって認める組合は、サンヂカーとは似ても付かぬもので、すなわち、資本家労働者共に、ある地域内にあって同一系統に属する業務に従事する者の一〇パーセントが加入する組合であれば、同系統に属する全労働者の組合として認められ、組合員の経済上精神上の利益がこれによって保護されるのはもちろん、組合員を「愛国的」に指導することにも責任を持つのである》（同、九〜一〇頁）

シンジケート法によれば、「ある地域内にあって同一系統に属する業務に従事する者の一〇パーセントが加入する組合」であれば「同系統に属する全労働者の組合として認められ」るというのだ。この法律に従えば、たった一〇％の労働者を味方につければ、その地域のすべての労働者を代表することができる。

しかも、このシンジケート法に基づいて選挙法を改正した。

《［ムッソリーニは］一九二八年五月、再び選挙法を改正して、議会をシンヂケートの基礎の上に置くことにした。すなわち、一九二八年の選挙法によれば、下院議員数は四百名であるが、その選挙は公認されたシンヂケートその他「文化、教育又は社会的事業を目的とし国家的重要性を有する公認法人及び協会」から提定した候補者の中から、ファシスト最高評議会が適当と認むるもの四百名を選び、それに対して選挙人は賛否の投票のみを行うのである（中略）。しかもシンヂケートに加入するには「国家的見地から政治的に良き行いあるもの」という名の下に、実はファシストたることを条件とするから、実際はファシストでなければ下院議員となることは全く不可能になったのである》（同、一一～一二頁）

つまりムッソリーニは、①自らの指示に従う「ファシスト」が牛耳る、全労働者のわずか一〇％しか加入していない組合を「全労働者の組合」だと強引に定義する。②しかもその「組合」が選出した人しか下院議員に立候補できないようにする。こうすることで事実上「ファシスト」しか下院議員になれないようにしたのだ。

当然その体制は専制的なものとなった。そのことを活写する緒方の筆も冴えわたっている。

《かくの如く歩々《ほほ》議会の機構を骨抜きにしてゆくのは、要するに、ロシアと同じく、政党即ち国家の、ファシスト政治を実現せんがために外ならない。最近のファシスト最高評議会が（中略）ほとんど皇帝に優る政治上の実権を握ることを決議したのは、正にその準備が出来たことを語るのであろう。これは正しく、政治の諸機関はありながら、実権を共産党最高幹部会の掌中に握っているロシアの一党専制と、形式上同じで、ロシアは労働者以外に選挙権を与えぬことによって、この専制を徹底せしめんとし、イタリーは、ファシスト以外のものを議会に現われしめぬことによって、専制を維持せんとしているだけの違いである。

しかしながら、言論の自由を認めず、反対党の存在を許さぬところに、善い政治の生れぬことは、ロシアもイタリーも同一である。

イタリーでは、圧制は今や人の一挙一動にまでも徹底し、新聞は地方官憲の許可なしにはその主筆を任ずることが出来ず、記事もまた一々地方官憲の許可を得てはじめて掲載し得る規定であり、反対党は悉《ことごと》く解散され、それが復活を企てるものは三年乃至《ないし》五年の禁錮を科せられるのである。いわゆる協働国家が、かゝる専制の下に生れるか否かはもちろん疑問であるが、いずれにしてもイタリーの議会政治は今や空名を存するだけで、ムッソリニのファシスト政治が全く実質上の専制政治であることだけは、争われぬ事実となった》（同、一三〜一五頁）

反共を叫んでいることだけをもってムッソリーニを評価する短慮を戒めているわけだ。ここでも、緒方の眼力に舌を巻くしかない。

ソ連の共産主義も、反共を唱えるイタリアのファシズムも「事実上の専制政治」にすぎず、言論の自由や議会制民主主義を否定する存在ではないか――ここまで本質を摑み取っていた緒方がこの後、イタリアやナチス・ドイツとの同盟関係を強め、遂にはソ連と不可侵条約まで結ぶことになる日本をどのような思いで見つめていたか。想像するだけで、こちらの胸も痛くなってくる。

共産党とファシズムを讃えたウェルズ

第一次世界大戦と一九一七年のロシア革命を経て、一九二〇年代後半には欧米でも日本でも、特に知識人やエリートたちの間では「共産主義」と、ファシズムに代表される「国家社会主義」を支持する風潮が強くなっていく。『タイムマシン』『宇宙戦争』など今でもよく知られている作品を書き、ジュール・ヴェルヌと並んで「SFの父」と呼ばれているH・G・ウェルズもその一人であった。

緒方は『議会の話』で、ウェルズを俎上に載せ、縦横に批判している。

《ロシアとイタリーの例を真先に掲げたのは、近来、右傾左傾共に議会政治の行詰《ゆきづま》りを唱えるのがあたかも一つの流行で、ことにロシア、イタリー、支那等の政党即国家主義に対しては、たとえばエッチ・ジー・ウエルスのごとき、意外の礼讃者さえもあるからである。

ウエルスは、昨年の三月、パリのソルボンヌ大学でなした「修正を要するデモクラシー」

と題する講演のなかで
「今日の議会政治は、最早《もは》や実際の政務を行っていくことが出来なくなった。レフェレンダム（引用者注：住民投票）とか比例代表とか、いろんな改善案が考えられるが、そのどの改善案を持って来ても、一般人民が政治に無頓着であり、無智識であり無能力であることを何《ど》うすることも出来ない。我々は、一般に想像されているよりも、もっと甚しく普通の選挙人の投票ということについて無関心なる事実を認識しなければならぬ。今日のデモクラシーというものは、権力を少数の手から多数の手に移したのではなくて、世界から権力を亡くして仕舞うことだったのだ。これでは発明的な、創意的な政治などは思い掛もない。思い切った仕事も無論出来ない。先見ある政治はもちろんだ」
と散々議会政治をコキ下《おろ》した後に、しからば何者をもって議会政治に代えんと欲するかと思えば、それは意外にも「ロシアの共産党とイタリーのファシズム」なのである。ウエルスは曰《いわ》く、
「共産党員にしろ、ファシストにしろ、彼等はその全生涯をその運動に打込んでいる。彼等は兎《と》も角《かく》も、それがファシストであれば、伊太利のために善と信ずるところに、それが共産党員であれば、世界のために善と信ずるところに、邁進して行く。自分はこの真面目なる少数によってのみ今後の新しい幕は開かれると思う。投票に一向無関心な今日の選挙

人は、この活発な少数と入替えねばならぬ」と論じ、そしてロシアとイタリーばかりでなく、支那の学生運動、日本の国粋運動などにまで、しきりに望みを繋いでいるのである》（同、一五〜一七頁）

二〇二〇年に世界を席巻した新型コロナウイルスをめぐって、議会制民主主義諸国よりも中国のような専制的体制の国のほうが迅速・有効な対策が打てるのではないかといった議論が出された。実は第一次世界大戦後にも「議会制民主主義はもうダメで、専制政治のほうがよい」という議論が行なわれていたのだ。

実際、議会制民主主義は物事を決定するのに時間がかかるし、党利党略や汚職の横行など、政治家たちの所業は目に余るものが多い。スキャンダルを引き起こす政治家、不勉強な政治家たちを見ていると、こんな政治家たちが国政を左右する議会制民主主義では、自国を守ることはできないのではないのかと、落胆・失望したくもなる。

そして、そのような議会制民主主義への失望から、「素晴らしいリーダーが出現して国難を見事に克服する」ことを夢見て、いつの間にか独裁、専制政治を待望するようになってしまいがちだ。リーダーに任せるほうが楽だからだ。だが、そうやって「ロシアの共産党とイタリーのファシズム」を讃えるようになったウェルズの主張こそ危険なのだとして、緒方は改めて議会政治の重要性を強調する。

《議会政治とは、一口に言えば、無理をしない政治である。立憲的とは手段を択《えら》ぶことである。議会政治には、何よりもウエルス流の一徹が禁物である。善い目的に対しても、決して結果を急がず、すべて国民の納得の上にやって行こうというのが議会政治である》（同、二三頁）

さらにウェルズが「議会政治が、選挙に汲々としてばかりの、単に政党屋として偉大なるものの手に移ってしまって、抜群の聡明も、独創も、高尚さもなくなってしまった」という趣旨を論じている部分を引用しつつ、それでも独裁、専制政治を避けるためには、国民の側が議会政治を改善しようと努力すべきだとして、こう訴えている。

《しかしながら、議会政治は、すべての場合に、国民の全部的協力によって行われる政治である。ウエルスの批評は穿《うが》ってはいるが、この欠点を無くするためにも、国民の全部的協力、すなわち、投票に対する自覚を待つ外はない。しかも、それは議会政治がモット制度的に改善された時においても同様で、畢竟《ひっきょう》国民全体の政治教育が完成されることによっての

み、政治は改善される、といい得る》（同、二七頁）

独裁、専制政治を拒否するためには、国民の協力と、それを支える国民全体の政治教育が欠かせない。では、そのような「国民全体の政治教育」はいかにすればいいのか。緒方は『議会の話』の巻末で、「言論の自由」を強調する。

《政治の挙がると挙がらざるとは、結局制度よりも人である。如何に制度が完備しても、国民に立憲人としての訓練がなければ、選挙も公正に行われず、議会政治の機構も円滑に運用し得ないのである。ここにおいて議会政治の完成のためには、制度の改善と同時に政治教育の必要が、もっとも切実に要求される。

国民の政治教育には、もとより種々の方法があるであろう。しかし、何よりも重要な政治教育の条件は、言論を自由にし、健全なる輿論《よろん》を構成することである。言論の自由は、直接には主張を意味するけれども、反面よりすれば判断の材料を与えることになるのである》

（同、二七三〜二七四頁）

こう述べたうえで、「報道の自由」の大切さを切々と訴えるのである。

《今日の新聞はみなニュースの報道をその使命の第一に置いている。事件に対する評論は時に、ある勢力への、あるいは担当筆者の個人的の勾配を現わしていても、読者に対しては、報道そのものが評論の上を通り越して直接訴え、輿論を構成する有力なる材料となる。しかして、読者の批判力が進めば進むほど、直接報道が訴える力は強くなるのである。この意味から、今日の新聞では、如何に報道を取捨選択し、如何にそれを編輯《へんしゅう》するかゞ、その社会的使命を果す上の重大なる問題となり、いわゆる新聞格もそれによって分れるのであるが、同時に、国民の政治的常識を養わしめ、健全な輿論を構成するためには何よりも報道の自由ということが緊切さを加えて来るのである》（同、二七七〜二七八頁）

共産主義やファシズムといった独裁を退けるためには議会制民主主義を機能させる必要があり、そのためにも「言論の自由」や「報道の自由」を守ろうとしたのだ。議会制民主主義を賢く運用しようとするため言論の自由のもとで新聞は国民の政治的常識を養う役割を担うべきであり、「報道の自由」には責任がともなうことを緒方は訴えたのだ。

議会制民主主義が明治維新以来の国是であった

では緒方は、当時の日本の政治をどう見ていたのか。日本の議会政治は一八六八年（明治元年）の「五箇条の御誓文」に端を発するとして、『議会の話』で次のように記している。

《そもく明治維新の大業は、憲法制定、立憲政体の採用によって完全されたのであるが、その憲法は、実に明治元年三月発布された明治天皇の五箇条の御誓文及び続いて発布になった政体書に源を発している。五箇条の御誓文は維新開国の国是をあらわす堂々たる宣言で

一、広く会議を興《おこ》し万機公論に決すべし。
二、上下《しょうか》心を一にして盛んに経綸を行うべし。
三、官武一途庶民に至るまで各其志《おのおのそのこころざし》を遂げ人心をして倦《う》まざらしめんことを要す。
四、旧来の陋習《ろうしゅう》を破り天地の公道に基くべし。
五、智識を世界に求め大《おおい》に皇基を振起すべし。

我が国未曾有の変革を為さんとし、朕躬《ちんみ》を以て衆に先んじ、天地神明に誓い、大に斯《この》国是を定め万民保全の途を立《たて》んとす。衆亦此旨趣《しゅうまたこのししゅ》に基き協心努力せよ。

というにあり、六十年後の今日から見ても、実に一字のもって加うべきものがない。これ

を読むと、維新匆々《そうそう》ひたすら更始《こうし》一新を想う三千万国民が、これを聞いて一斉に興起した光景が目の前に浮び出る》（同、三六頁）

さらに緒方は、この五箇条の御誓文に続いて発布された「政体書」で、立法、行政、司法の三権分立や、立法官と行政官の兼任禁止、各府各藩各県から議員を出して議事の制を立てること、任期四年で選挙（公選入札）を行なうことなどが書かれていることに触れ、議会制民主主義が明治維新以来の国是であったことを強調している（五箇条の御誓文については伊藤哲夫『五箇条の御誓文の真実』〈致知出版社、二〇二〇年〉などを参考のこと）。

欧米列強から日本の自由と独立を守るために、徳川幕府が政治を独占しているあり方を改め、誰もが政治に参加できる議会政治へと変えようとした。それが明治維新であり、帝国憲法制定であったわけだ。

ただし、その一方で一八八九年（明治二十二年）に発布された大日本帝国憲法には欠陥もあったとして、こう指摘する。

《しかるに、かくの如き皇室の御意気（引用者注：五箇条の御誓文を発布した明治天皇の御意気）であったに拘《かかわ》らず、憲法制度取調委員によって起草された憲法草案は、前述した如く、すこぶるドイツ諸邦の影響を受けたもので、その議会に関する条章の如きも、議会政治の機構を回転ならしむる上において決して遺憾ないものではなかった。如何にしてかくの如き草案が出来上ったかについては、憲法学の権威者美濃部博士（引用者注：美濃部達吉）は次の如き断案を下している（憲法精義）。

一　その起草に当って、主としてドイツ諸邦の憲法が最も能《よ》く我が国体に適するものと信ぜられ殊にプロイセン、バイエルンの憲法などが最も多く参考に供せられたことである。

二　その起草に当っては、政府の官僚のみが之に当り、厳重に民間の評論を杜絶《とぜつ》し、明治二十年十二月には保安条例を発布して、政府に反対せんとする民間の政治家を帝都三里外に放逐するに至ったことである。

三　その草案が出来上った後枢密院が新設せられその審議に附せられたけれども、枢密院も官僚の会議に過ぎないものであり、しかもその会議はその草案を議場外に帯出することを厳禁したほどに厳重に秘密を守ったことである。

要するに、我が憲法は、その根柢においては勿論《もちろん》維新以来の一般の民論に刺戟《しげき》せられた結果ではあるけれども、その草案の起草については、輿論の要求に基いたというよりは、寧《むし》ろ政府の少数官僚の手に依って、而《しか》も厳重なる秘密の中に成り、民論は全く顧みられなかった

ことに、その特徴を持っている》（同、三八～三九頁）

「広く会議を興し万機公論に決すべし」と明治天皇は仰せになったのに明治新政府は民間の議論を排除し、一部の官僚たちだけで大日本帝国憲法を起草・制定してしまったと批判したのだ（ただし、美濃部博士のこの批判に対して、帝国憲法草案起草の実務を担当した井上毅《こわし》は密かに中江兆民や徳富蘇峰らと親しく交わり、全国民的コンセンサスを求めようとした事実が『大日本帝国憲法制定史』〈明治神宮編、サンケイ新聞社、一九八〇年、五〇八～五一二頁〉には記されている）。

立法や予算編成への「帝国議会の協賛」と「例外」

ここで留意すべきは、緒方は帝国憲法と帝国議会を頭から否定しているのではないことである。現代の日本人は、「大日本帝国憲法」というと「非民主主義的」だと短絡的に考えがちだが、けっしてそのようなことはなかった。

緒方が『議会の話』で強調するのは、帝国議会は「国民代表の機関として、すべて国の立法を協賛すると共に、政府を監督することにおいて行政にも参与する権能を有して居る」（同、三九～四〇頁）こと、さらに「立憲政治」は「議会の同意によってのみ行われる」（同、四一頁）とされていることだ。「すべて国の立法を協賛」し「議会の同意によってのみ立憲政治が行われる」というのだから、帝国憲法が「議会を尊重している」ことは明らかだ。

その一方で、緒方は帝国憲法の問題点も指摘している。その一つが、「立法権は議会の協賛によって行う」という大原則を掲げながら、その「例外」とされている事項があることである。

「皇室に関する立法、緊急勅令の名においてせらる丶応急立法、条約の結果による立法、その他貴族院の組織に関する貴族院令、植民地の立法等」が「例外」とされているが、「皇室に関する立法は別とし、議会政治の発達と共にみな問題の存するところであり、ある意味からは、この除外例を取り返すことが、議会制度改善」（同、四一頁）になると提案している。

応急立法や条約の結果による立法、貴族院令、植民地立法なども「議会の協賛」で決めるようにすることで、議会の権限を強めようとしたのだ。

さらに緒方は、議会のもう一つの大きな力として、行政に対する監督を挙げる。まずは緒方の『議会の話』の一文を引いてみよう。

《議会のも一つ大きな行政監督は、予算協賛権によって行われる。政府は「国家の歳出歳入は毎年予算を以て帝国議会の協賛を経《ふ》べし」（憲法六四条）という規定によって、毎年、次の年度の国家予算を編成し議会の同意を求めねばならぬのであるが、およそ国務のあるところ経費の伴わぬものはなく、その意味において、議会の予算協賛権は、皇室費をはじめ、俸給、退官賜金、陸海軍事費等いわゆる憲法上の大権に基く既定歳出、その他の除外例はあるにしても、ほとんど行政全般に亘る監督権の行使ともいい得る》（同、四二〜四三頁）

帝国憲法においても、議会は予算を通じて行政に対する監督権を行使することができた。だが、ここに書かれているとおり、行政に対する監督においても「例外」が存在した。とりわけ大きかったのが、「陸海軍事費」が議会の監督権の対象から外されていたことである。実際、帝国憲法下では、戦争が起きた場合、それに関連する戦費は「臨時軍事費特別会計」という特別予算で処理されていた。戦時下の軍事予算は、作戦などの機密に関わるものであったので、議会や政府から詳細にチェックを受けるものではなかった。

もっともそれは「戦時」のことであって、平時においては必ずしも陸海軍が好き放題にできたわけではない。帝国憲法では、第十二条で「天皇は陸海軍の編制及常備兵額を定む」と定められてはいたが、一方で第五十五条において「国務各大臣は天皇を輔弼《ほひつ》し其の責に任す」「凡《すべ》て法律勅令其の他国務に関る詔勅は国務大臣の副署を要す」と規定されていたからである。

この第五十五条は、重要な意味を持つ条文だった。

本書第1章で引用した尾崎行雄の演説にもあるように、帝国憲法で「天皇は神聖にして侵すべからず」（第三条）としているのは、天皇に政治的責任が及ばないようにするということであった。

そのため、すべての法律勅令などは、大臣の副署（つまり政府の責任）によって初めて実施の力を得ることとなっていた。大臣の副署がなければ、官僚もその法律勅令などを実行できなかった。

政治責任はあくまで大臣や内閣が取る。そして政策を推進する行政を、議会が監督するという制度になっていた。これは、天皇に政治責任が及ぶことがないようにするためであった。どこの国の立憲君主制でもそうだが、政治の失敗や不景気、政治家の汚職などについて、いちいち君主がその責任を追及されるようになってしまえば立憲君主制は維持できない。

緒方も議会政治における天皇と議会と内閣の関係について、次のように書いている。

《議会政治とは、一口にいえば、国民の公選による衆議院を中心とする政治である。国家の政治は固《もと》より天皇の総攬《そうらん》したまうところであるが、天皇は政治の結果について寸毫《すんごう》も責任を有せられないので、輔弼の国務大臣が天皇の政治を翼賛して責に任ずる。その政府が衆議院の批判を受けながら、またその同意《コンセント》によって行う政治が議会政治である》（同、九四～九五頁）

つまり憲法に「天皇は陸海軍の編制及常備兵額を定む」と書いてあっても、天皇が勝手に決めることはできず、陸海軍大臣が同意して副署しなければいけなかった。それは「その失敗は陸海軍大臣が責任をとる」ということを意味する。そして陸海軍大臣も内閣の一員であり、内閣の閣議決定は原則として閣僚の全員一致が必要であった。それによって陸海軍大臣は、内閣の制約を受けるだけでなく、議会の協賛・監督も受けねばならない存在であった。

つまり、このような原則を謳《うた》った帝国憲法下において陸海軍は、陸海軍大臣を通じて内閣と議会の監督を受ける仕組みだった。これが帝国憲法の大原則であったのだ。

軍部大臣武官制の問題点

このように陸海軍大臣は内閣の制約を受けるが、同時に陸海軍大臣が内閣を潰すこともできた。これは有名な話だが、帝国憲法では内閣総理大臣に閣僚の罷免権がなかったので、もし大臣が一人でも頑強に反対・抵抗すれば閣議決定は不可能となり、閣内不統一の責を負って内閣は総辞職するしかなかった（言い換えれば、総理大臣に閣僚の罷免権があれば問題はなかったはずなのだ）。

ここで大きな問題となるのが、「陸海軍大臣は武官（つまり軍人）でなければならない」という「軍部大臣武官制」であった。緒方も『議会の話』で「枢密院の存在と共に、議会政治機構の妨げとなるのは、陸海軍大臣の武官制である」（一二二頁）として、「二個師団増設問題」について言及している。

二個師団増設問題とは、第1章でも述べたが、日露戦争後の明治末期に浮上した問題だ。

陸軍は一九〇七年（明治四十年）に山縣有朋の上奏によって策定されることになった「帝国国防方針」において、平時に二五個師団体制をめざすとした（ちなみに海軍がこのとき要求したのが、有名な戦艦八隻、巡洋戦艦八隻の「八八艦隊」である）。当時は一九個師団体制であった。そのため陸軍は、当面の目標として二個師団増やすことを要求した。

日本の安全保障戦略ともいうべきこの「帝国国防方針」だが、軍の編制の問題であるとして軍は天皇の統帥権を盾に、その策定に内閣を関与させなかった。本来ならば、国防予算に関わるものなのだから、軍は政府と相談・協議しつつ帝国国防方針を策定し、議会の承認を受けるべきであった。

一方、内閣側も自ら関与してこなかった「帝国国防方針」に縛られる必要もないため、時の西園寺公望内閣は、日露戦争後の財政難を理由に、師団増設を拒んだ。歯車がうまく嚙み合わなかったこのときの対応がその後、大きな禍根を残すことになる。

二個師団増設を要求して閣議で否決されると、一九一二年（大正元年）十二月に第二次西園寺内閣の陸軍大臣・上原勇作はそれを不服として、帷幄上奏権《いあくじょうそうけん》を使って天皇にその旨を報告したうえで、単独辞職に踏み切った。帷幄上奏権とは、陸海軍大臣や参謀総長、軍令部総長は、統帥権の独立の原則により、総理大臣を経ずに直接天皇に上奏することができる権利で、結果的に総理に相談なく大臣を辞任することができた。

軍部大臣は「現役」の武官でなければいけないので、陸軍と妥協して後任を出してもらわなければ、内閣は維持できない。しかし、ここで陸軍と妥協する道を選ばず、第二次西園寺内閣は総辞職する（この二個師団増設問題の真相については、倉山満著『桂太郎――日本政治史上、最高の総理大臣』などを参照のこと）。

緒方はこのような軍部大臣武官制の問題点を、『議会の話』で鋭く指摘している。

《我が国の憲法では「国務各大臣は天皇を輔弼し其の責《せめ》に任ず」とあり、表面からは内閣の連帯責任制を認めてないけれども、内閣官制の第一条と第五条とは、主要なる国務について内閣が合議を遂げ、単一なる意思によって天皇を輔弼し、所謂《いわゆる》連帯責任をとることを期待しているのである。のみならず、総理大臣が閣員の進退を奏上し、それによって任免を命ぜられるの習慣は、政治的にも内閣の連帯的行動を習律となしつゝある。その時に当りひとり陸海軍大臣が軍部の意見を代表して、総理大臣の統制の外に立つということは、それだけでもって、責任内閣制を乱し、議会政治の機構を破壊するに十分である》（同、一二五～一二六頁）

軍が自らの要求を通すために勝手に大臣の職を辞めるといった行動は、「責任内閣制を乱し、議会政治の機構を破壊するに十分である」との指摘は、まさにその後の日本政治の危機を予言するものとなった。

ただし、緒方が『議会の話』を書いた時期は、まだしも（先の引用部分にあるように）軍部大臣は武官ではあるが「予備役」でも就任できた。

予備役でも就任できるようになったのも、二個師団増設問題の余波からであった。二個師団増設問題を受けて第一次護憲運動が盛り上がるなか、第二次西園寺内閣の後に成立した第三次桂太郎内閣も、一九一三年（大正二年）二月二十日に総辞職に追い込まれる。その後に成立した山本権兵衛内閣の陸軍大臣であった木越安綱《きごしやすつな》が、山縣有朋はじめ陸軍の意向に逆らって「予備役」を認める形に改正したのである（よく知られているように、その結果、木越安綱は以後、陸軍内部で冷遇されることになる）。

予備役であれば、組織外の人間ともいえるから、もし陸海軍のどちらかが組織だって頑強に抵抗したとしても、予備役のなかから心ある適材を大臣に登用すれば、組閣することができた。だが、これが「現役」限定になってしまったら、陸海軍が頑強に抵抗した場合、そこから大臣候補が出されるはずもなくなる。陸海軍が反対する内閣は、絶対に組閣できないことになってしまう。

そしてこの軍部大臣「現役」武官制は、一九三六年（昭和十一年）の二・二六事件の後に復活してしまう。これによって政権に対する陸海軍の発言力が圧倒的に増大し、その後の日本政治に大きな影を落としたことは、多くの論者が指摘するとおりだ。

内閣と軍部は連帯責任を負うべき

ここで注意しなければいけないのは、緒方が軍部大臣武官制を「帝国憲法の欠陥」とは述べていない点である。なぜなら軍部大臣武官制は帝国憲法によって定められた話ではないからだ。緒方は、こう指摘している。

《［陸海軍大臣の武官制は］陸軍省官制および海軍省官制の附表に、大臣は大中将を以てすとあるにはじまるので、大正二年、憲政擁護運動のあるに際し、文官制論に対する多少の譲歩として、予備をも含むことになったのであるが、元来官制には大中将とあるだけで現役云々の制限があるわけでなく、予備にまで制限を拡げたということは、いわば解釈を改めたゞけで、何等の改正でもなかった》（同、一二二頁）

ならば議会政治を混乱させかねない軍部大臣武官制を変えればいいではないか、というのが緒方の考えである。緒方は次のように述べる。

《軍令という変則の勅令が、内閣の議を経ず、陸海軍大臣の決裁だけで発令されるという制度ももとより問題であるが、文官の軍部大臣はすでにワシントン会議の当時、原総理大臣の海軍大臣兼摂によって試みられたのであるから簡単に陸海軍大臣の武官制を撤廃すれば問題は解決する》（同、一二六頁）

先ほど述べたように、帝国憲法下においても、軍部が何でもかんでも好き勝手にできるというものではなかった。二個師団増設問題で、西園寺内閣が財政難を理由として陸海軍の予算増額を認めなかったことは、その一つの事例といえるだろう。さらに緒方は、原敬《はらたかし》総理が、ワシントン会議のときに海軍大臣を兼摂した事例を挙げながら「であれば、陸海軍大臣は文官でも大丈夫ではないか」というのである。

加えて、緒方は「憲法では、表面からは内閣の連帯責任制を認めてないけれども、内閣官制の第一条と第五条とは、主要なる国務について内閣が合議を遂げ、単一なる意思によって天皇を輔弼し、所謂《いわゆる》連帯責任をとることを期待している」と強調している。つまり軍部大臣も内閣の一員として連帯責任を負うべきだということだ。にもかかわらず、帝国憲法が求めている「連帯責任」を放棄して武官制を悪用する軍部は帝国憲法の精神に反するとして批判したのである。それは、内閣と軍部は協調すべきだと考えてのことであった。

緒方は、内閣と軍部が連帯責任を負って協調することが帝国憲法を正しく運用することだと訴えていたのである。

新聞記者が必ずしも憲法とその解釈に精通しているとは限らない。だが、緒方は責任ある言論人として、現実の政治を少しでも改善すべく、帝国憲法とその解釈・運用を懸命に研究し、実現可能な対策を提示したのだ。

「政党政治」不信の高まり

緒方の『議会の話』を読んで何より印象深いのが、視野の広さと情勢分析の的確さである。日本の政治過程のみならず国際政治の動向を、各国の制度の細かい部分も含めて、しっかりと押さえており、しかもその歴史的意味や問題点の把握も正鵠《せいこく》を射ている。

「緒方は当たり前のことしか書いていないではないか」と、現在から過去を振り返って論評する人もいるかもしれない。だが、同時代に身を置いて、これだけ正しい見方をできた人間が果たしてどれほどいただろうか。

第一次世界大戦後、日本は「世界の五大国の一つ」といわれるほどに国際的地位を高めた。西洋列強によって植民地支配をされる恐れをはねのけるべく明治維新を断行（一八六八年）してからたった五十年ほどで、日本は「世界を主導しうる国」へと急激に飛躍した。

そのような日本の飛躍は、国際社会から警戒されることにもなった。日露戦争のころの日本はまだ大国とはいえず、英米も日本を判官贔屓《はんがんびいき》で見てくれていた。ところが国連の五大国になると、明確に「警戒の対象」になる。一九二二年のワシントン海軍軍縮会議での主力艦（戦艦）の制限などは、まさにそのような「警戒」の帰結であった。

加えて、ソヴィエトやファシストなど議会否定勢力の台頭という世界的潮流も受けて、日本国内でも政党政治への不信や失望が高まりつつあった。

第一次世界大戦で好況に沸いた日本の景気も落ち込みつつあった。しかもロシア革命の成功により「共産主義社会となれば、労働者の天国が実現する」という政治宣伝が多くの人たちの心を捉えるようになっていた。ソ連とコミンテルンの暗躍もあって、中国のナショナリズムも高まり、中国の動乱も激しさを増していく。

そのような内外の全体的な情勢変化のなかで日本はどうすべきか。新聞社の論調を牽引する立場にあった緒方には、その道筋を示す「見識」が求められていた。そして『議会の話』を読めばわかるとおり、その任を懸命に果たそうとしていた。イギリス留学をしていたこともあるだろうが、世界各国の政治のあり方についての「情報の集め方」、そしてそれを分析する「見識」は的確であった。

だが、緒方にとっても、そして日本にとっても大きな不幸であったのは、『議会の話』が発刊されてから十カ月後の一九二九年十月二十九日に、アメリカの株式市場が暴落し（ブラックチューズデー）、世界恐慌が始まったことであった。

この時期の日本を率いていたのは「政党」内閣の濱口雄幸《はまぐちおさち》内閣（一九二九年〈昭和四年〉七月二日〜一九三一年〈昭和六年〉四月十四日）であった。

濱口内閣は、第一次世界大戦の折に離脱した金本位制に復帰すべく金解禁を断行し、それを成功させるために財政を引き締めるデフレ政策を行なった。このデフレ政策が世界恐慌と重なって日本経済に大きな打撃を与えてしまう。議会制民主主義を運用するためには、何よりも為政者の側に経済・金融政策に対する見識が求められるのだ。

問題は、経済・金融政策の失敗だけではなかった。濱口内閣は一九三〇年にロンドン海軍軍縮条約を締結した。この軍縮条約では巡洋艦や駆逐艦、潜水艦などの補助艦の制限が討議され、日本海軍内で強烈な反対があった。だが、濱口内閣は緊縮財政のためもあってこの条約締結を推し進め、海軍の予算も大きく削った。

この条約交渉に際して日本海軍の内部では、ロンドン軍縮条約を認める「条約派」と、反対派の「艦隊派」との派閥抗争が激化する。しかも不利な立場に置かれたフランスやイタリアが条約から離脱したのにもかかわらず、日本が妥協して受け入れたことから「軟弱外交」として国内で反発を買ってしまったのだ。

かくして濱口「政党」内閣は経済政策において失敗したばかりか、軍縮条約で「弱腰」だとみなされてしまったことから「やはり政党政治ではダメだ」という不信感が高まっていく。そして一九三〇年十一月に濱口雄幸は東京駅構内で狙撃されてしまう（翌一九三一年八月に死去）。

このような状況のなか一九三一年九月十八日、満洲事変が勃発する。「政党政治への不信」と、その裏返しとしての「軍部への期待」が高まるなか、緒方は言論界のリーダーとして、軍部と戦争とに深く向き合わざるをえなくなっていくのである。

第3章

満洲事変が転機だった——朝日新聞と軍部

陸軍は「言論界の中核には歯が立たない」

一九三一年（昭和六年）九月の満洲事変以後、軍部による報道機関への圧迫が強くなったといわれる。

緒方も『中央公論』一九五二年（昭和二十七年）一月号に寄稿した「言論逼塞《ひっそく》時代の回想」でそのことを強調している。ここで緒方が挙げているエピソードがとても興味深い。

《忘れもしない昭和六年の夏、朝日新聞で、当時政界の問題であった行財政整理をとり上げて、主として政民両党の首脳者を集め、座談会を開催したことがある。これは座談会の嚆矢《こうし》とはいえないにしろ、よく顔触れの揃ったことによってかなり注目を惹いたものであった。

しかるにその翌朝、その頃の私の日課で、陸軍省の将校馬場で乗馬をしていると、新聞班の次席だったH中佐が突如顔色を変えて馬場に乗込み来り、私の馬の轡《くつわ》を控えながら「緒方君！　朝日新聞は怪しからんじゃないか、軍の行財政的批判もよいが、欠席裁判は卑怯だ、君の人格にも関するぞ」と怒罵《どば》するのである。

座談会はもちろん法廷ではない。政治家を集めて行財政の論評をするのに何の妨げもあるべきはずはないが、折から古城《ママ》新聞班長が駆けつけて来て、まあまあと中に入ったので、

「よろしい、それならば陸軍からも人を出すがよい、それもまた人選にケチをつけられては困るから、南陸相に交渉して出てもらおう。そんなら異議はないだろう」と、その場は別れ、その夕刻私自身南陸相の出席を請うべく陸相官邸を訪問、面会を求めると、そこにはすでに杉山次官（後の元帥）がおり、私をさえぎりながら「Hが何をいうたか知らぬが、彼は気狂いだ、陸軍大臣はまだ就任匆々《そうそう》で十分事務について御存知ないし、誰かほかに人を物色してくれないか」と、むしろ私をなだめる形である》（緒方竹虎「言論逼塞時代の回想」、『中央公論』一九五二年一月号、一〇八頁）

元朝日新聞記者の今西光男氏は、緒方がここで挙げている「H中佐」は樋口季一郎だと名指ししている。「陸軍省新聞班の樋口季一郎中佐が血相を変えてかけよって緒方の馬のクツワを押さえた。『朝日新聞はけしからん』と怒号しながら、馬上の緒方になぐりかかろうとする。居合わせた古荘幹郎《ふるしょうもとお》新聞班長があわてて中に入り、ようやくその場をおさめた」（今西光男『新聞　資本と経営の昭和史』九二頁）というのである。

樋口季一郎といえば、ハルピン特務機関長を務めていたときに、シベリア鉄道で逃れてきたユダヤ人の満洲国入国を認めて支援し、生命を救ったことや（「オトポール事件」一九三八年＝昭和十三年）、第二次世界大戦中のアッツ島での玉砕の後、キスカ島の陸海軍将兵を救う撤退作戦を主導したこと（一九四三年＝昭和十八年）、さらに終戦後に樺太や占守島《シュムシュ》に侵略してきたソ連軍の撃破を命じたこと（一九四五年＝昭和二十年）で名高い人物である。占守島の戦いの意義については、拙著『日本占領と「敗戦革命」の危機』（ＰＨＰ新書、二〇一八年）でも取り上げた。

たしかに樋口季一郎は、陸軍省の新聞班の次席を務めていた。そして、樋口の回想録には、まさに緒方の記述と表裏をなすエピソードがこう書かれている。

《たぶん昭和五年の春季でもあったか。我らの敵（？）「朝日新聞」が、政界人、財界人、自由評論家等々を集め、緒方編集局長主宰の下、陸軍軍縮に関する座談会を開催するというのであった。私はそれを予告する記事を読み、「朝日」の陸軍省詰記者高橋円三郎君（現島根県選出代議士）に対し、「一体、その座談会に陸軍から軍事調査委員長でも出るのかね。誰も出ないのは良くない。君、緒方君に一つ注意して置いてくれ」と頼んだことをかすかに覚えている。

ところが翌日、私が陸相官邸に用があって構内馬場の辺りを通っていると、当の緒方君が悠然と青毛（？）の肥馬に跨《またが》り、「鞍上無人、鞍下無馬」の醍醐味に浸っている。好機逸すべからずであり、私の胸は高鳴った。私はこのチャンスを夢みていたのであった。

私は彼に近寄り、馬の轡をとって、「緒方さん、あす陸軍問題に関する貴社の座談会があるそうですが、陸軍から誰か出ますか」と質すと、「誰も招待してない」という。「それは少々片手落ちではないか。陸軍を論ずることは自由だが、被告にも発言の機会を与えるべきではないか。しからざればそれは、新聞による欠席裁判であり、新聞の〝ファッシズム〟ということになる」と談じ込んだことを記憶する》（樋口季一郎『アッツ、キスカ・軍司令官の回想録』芙蓉書房、一九七一年、二八二〜二八三頁）

樋口季一郎

ここで気になるのが、樋口が「昭和五年の春季でもあったか」と書いていることである。樋口の回想録によれば、樋口が新聞班の次席を務めていたのは、一九二九年（昭和四年）八月から一九三〇年（昭和五年）八月の期間なのである。緒方は昭和六年のことと書いているが、その時期にはすでに樋口は新聞班を離任し、東京警備司令部参謀になっているのだ。

ただし、緒方と樋口のエピソードが、樋口の記憶のように「昭和五年（一九三〇年）の春季」だったとすると、当時の陸軍大臣は南次郎ではなくて宇垣一成《うがきかずしげ》であり、杉山元は陸軍次官ではなくて軍務局長である。そうすると、緒方の記述とは齟齬《そご》を来す。

いずれにせよ、年月などについて何らかの記憶違いがあるのであろうが、緒方が回想する杉山元（陸軍次官）の発言を見ても、また樋口の回想録にある「陸軍にも発言の機会を与えるべきではないか」という発言からしても、この時点では、軍と朝日新聞とは協力関係が成り立っていたことになる。

実は協力関係どころか、当時の陸軍には、朝日新聞に迎合しようとする傾向さえあったのだ。樋口は回想録でこう書いている。

《私の新聞班着任当時、陸軍省上層部において新聞班の消極的な動きに対し、不満とする空気の存在することをいやと言うほど知らされたのであった。それは二つの方向においてである。第一は、その頃陸軍に関するまたは陸軍首脳部に関する消息が少しも新聞に現われない。つまり新聞が陸軍を黙殺していることに関してであり、第二は、当時の言論界、とくに朝日新聞の陸軍に対する風当りがはなはだもって強くまた悪いのに対し、新聞班は何ら適当なる対策を講じないと嘆ずるそれであった。

第一に関しては、彼らの政治的野心として簡単に軽蔑して可なりであって、それだからとて新聞に頼んで嬉しいような歯の浮くような記事を載せてもらう必要はどこにあるか。

　第二に関する問題は、極めて重大であって、ただ「新聞班」なる看板を掲げた貧弱なる路上商人のごとき我々の、到底企及し得べき問題ではないのである。（中略）この間の事情は、一、二年前の「文藝春秋」において緒方竹虎氏が「当時は実に言論の黄金時代であった」と郷愁的感慨を述べていることでも知られるのである。彼の愉快は我々の不快でなければならぬ。しかり私が不快であるところへもってきて、陸軍上層部は私共の無能の故に言論界の不評を買っているとなすのであるからたまったものではない。私共は二重、三重に不愉快であった。

　私は考えた。「一体私共新聞班員の立場は何だ。いかにすれば言論界の悪評を陸軍が免れ得るか。今の〝自由主義者共〟は、勝手に自分の好きなことをほざいている。それに追随すれば我々の立場がない。それに反対しても効果がない。言論界の中核には歯が立たない。ただ我々の成し得ることは、彼らの手先にすぎない眇《びょう》たる省詰記者連と楽しく遊び談じ、せめて彼らによる記事から〝悪評〟の一部分だけでも軽減されれば足る」と。何と哀れな悲願ではないか》（同、二八一～二八二頁）

樋口は当時の自分の考えとして、かなり露骨かつ悲哀に満ちた表現を用いているが、それも、当時の陸軍の立場が弱かったがゆえの、ある種の「諧謔《かいぎゃく》」であろう。

「まず海軍の、ついで陸軍の悲劇が始まる」

ここで樋口は、陸軍省新聞班の仕事は「言論界の悪評を陸軍が免れ」るためのものであり、陸軍上層部が新聞界の不評を拭《ぬぐ》えない新聞班を無能だとするので、「二重、三重に不愉快」だと書いているが、そのことについて樋口は、第一次世界大戦後の軍縮機運と結びつけて、興味深い議論を展開している。

第一次世界大戦後、世界的に軍縮の機運が高まり、一九二二年（大正十一年）二月に締結されたワシントン海軍軍縮条約で、主力艦の保有比率を「英：米：日＝五：五：三」とすることが決定された。このワシントン会議で、日本海軍の全権委員を務めたのが加藤友三郎であったが、加藤はこの会議が終わるとすぐ、同年六月に内閣総理大臣に就任している。

この加藤のワシントン会議での行動と、その直後の総理就任について、樋口は次のように評するのである。

《世界の大勢、いや米英の圧力、いな日本の政治家、政党財界の希望、しかして彼（引用者

注：加藤友三郎）自身の世界観において会議を妥結せしめたことはあえて不可なしとするも、そのご褒美として彼は首相の印授《ママ》を帯びたのであった。ここに私はまず海軍の、ついで陸軍の悲劇が始まると信ずるものである》（樋口季一郎『アッツ、キスカ・軍司令官の回想録』二八一頁）

つまり樋口は、「加藤友三郎は、軍縮を実現したご褒美に総理大臣に就任した」として批判しているのだ。

これは海軍だけのことではなかった。第一次世界大戦後の世界的な軍縮の動き、さらにワシントン海軍軍縮会議の結果、日本では陸軍に対しても軍縮要求が高まった。これを受けて、まず山梨半造《はんぞう》陸相が一九二二年（大正十一年）と一九二三年に軍縮を行なう（いずれも加藤友三郎内閣）。次いで、宇垣一成陸相が一九二五年に軍縮を行なったのだ（加藤高明内閣）。

特に「宇垣軍縮」は四個師団を削減する大規模なものであった。この宇垣軍縮には、当時の日本陸軍の装備の遅れを改善するという狙いもあった。第一次世界大戦で航空機や戦車をはじめ軍事技術が一気に進展したが、日本の陸軍はその新装備への対応が遅れていた。宇垣は、師団削減によって浮いた予算を軍の近代化に充てるべきだと主張したのである。

とはいえ、四個師団の削減によって師団長（四人）と連隊長（一六人）のポストがなくなり、将校も削減された。

樋口が指摘するのは、軍縮を進めた軍上層部が、現場を犠牲にしつつ、軍縮を支持する言論界や政界での歓心を買って自らが栄達することを夢見たのではないか、という点である。

《宇垣大将は進んで四個師団の縮減を行なって新型の軍隊に改造すると呼号し、またそれを実行したのであり、言論界、政界に一種の旋風を捲き起したのであった。もしこの際、直接「軍縮」なる重大政治問題にタッチした陸海軍の長老連が自ら野に下り、軍縮の犠牲となった連中と苦しみを頒《わか》つ、いわゆる「先憂後楽」の実践者であったならば、その後の日本の国内情勢はよほど異なった動きを示したものと察せられるが事実はそうではなかった。（中略）陸軍においても宇垣陸相は、四個師団縮減に対する言論機関、政財界の好評に有頂天になってはいなかったか。彼は加藤の例にならって首相の印授《ママ》を待望していなかったか》（同、二八一頁）

先の引用文中で樋口は、軍縮のご褒美として軍首脳が首相の印綬を帯びたことから「まず海軍の、ついで陸軍の悲劇が始まる」と書いているが、なぜここまでの表現を用いたのか。その後の軍の動きを考えるうえで重要な点なので、ここで考えてみたい。

一つ考えられるのは、軍縮が、海軍でも陸軍でも激しい派閥抗争を巻き起こす契機となったことだ。

海軍の派閥争いは、「条約派」と「艦隊派」の対立といわれるが、その名称のとおり、まさにワシントン海軍軍縮会議以来の軍縮の進め方をめぐる海軍内の摩擦が大きな原因であった。

陸軍の派閥争いについても、その大きな淵源《えんげん》の一つが、宇垣一成による「軍縮」にあったことは間違いない。宇垣軍縮に猛烈に反対したのが、本書前章で「二個師団増設問題」について見たときに名前が挙がった上原勇作であった。その後、宇垣と上原は、陸軍内の人事をめぐって熾烈な対立を繰り返す。その上原に連なる荒木貞夫や真崎甚三郎などの反・宇垣派の人脈が、後に「皇道派」になっていく。

一方、宇垣は一九二四年（大正十三年）一月から一九二七年（昭和二年）四月までと、一九二九年七月から一九三一年四月までの二回にわたって陸軍大臣を務めるが（後半の任期は、まさに樋口の新聞班時代と重なる）、一九三一年三月に、宇垣陸相を首班にすることをめざすクーデター未遂事件（三月事件）が発覚。宇垣は一九三一年四月十三日の濱口雄幸内閣の総辞職にともなって陸軍大臣を辞職する。

そして、この後、宇垣派と皇道派の対立に、永田鉄山や小畑敏四郎《おばたとしろう》、岡村寧次《おかむらやすじ》、東條英機、石原莞爾《いしわらかんじ》、鈴木貞一、根本博らの少壮将官のグループ（一夕会）の動きが絡み合って陸軍内部で複雑な派閥抗争が展開されることになるのである。

軍人が軍服を着て町に出るのを嫌がった時代

もう一つ、側面的な理由として挙げられるのは、軍縮にともなう軍人の地位低下である。実は軍縮の機運が高まるとともに、世の中の人々の軍人への視線は冷たいものとなっていった。当時の雰囲気を、昭和史に関する多くの著作がある渡部昇一は次のように紹介している。

《当時（引用者注：第一次世界大戦後）の風潮がわからないと、理解できないことは非常に多い。実は当時、日本においても軍人を軽視する風潮が急速に高まっていたのである。

明治以来、軍人たちは威張っていた。とくに日露戦争では、論功行賞で多くの男爵や子爵が出たからなおさらである。ところが、第一次世界大戦でのドイツの敗北は、「軍人の敗北」のように受け取られた。

演習帰りの軍人たちは国民の冷たい視線を浴び、「軍人には娘を嫁がすな」とさえいわれるようになった。そのため軍人が軍服を着て町に出るのを嫌がって、私服に着替えて外出するという風潮さえ生まれていたのである》（渡部昇一『本当のことがわかる昭和史』ＰＨＰ研究所、二〇一五年、九六頁）

軍服で町に出るのを嫌がり私服に着替えるという描写から、当時の風潮がよく伝わってくる。同じことを、元日本銀行政策審議会委員でエコノミストの原田泰《ゆたか》氏も指摘している。

《第一次大戦は、日本の軍隊にとっては最悪の結果だった。産業は利益を得たが、軍人には得るものはなかった。ビジネスが富と権威を得、軍の権威は相対的に低下した。それまで、将校さんと言えば、娘を嫁にやりたいエリートだったが、その値打ちは低下した。代わって婿候補として台頭したのは、文官とエリートだった。（中略）

軍人は戦争によって利益を得る。日清、日露の戦争において、現役の中将以上の将官はほぼすべて華族に列せられた。その数、日清戦争において三二名、日露戦争において七三名、合わせて一〇五名である。大して戦わなかった第一次大戦では九名（うち一名は陞爵《しょうしゃく》――華族のランクが上がること）、シベリア出兵において五名（うち二名は陞爵）だけが華族になれた。その後の平和会議の成功などで華族になった文官は一二名（うち八名は陞爵）だから、軍人が不満を持つのもわからないではない。（中略）明治初期の公卿華族は一四二家、大名華族は二八五家であるから、一〇五名の軍功華族とは、かなりの数の軍人が華族になったと言える。

軍人の給料は安かったが、一〇年に一度は戦争があって、そのたびに華族様が生まれるというわけだ。職業軍人とは制度が博打である公務員と考えた方がよい。戦争をしたいのが当然ではないだろうか》（原田泰『日本国の原則』日経ビジネス人文庫、二〇一〇年、四一～四二頁）

原田泰氏が指摘するように、軍人が華族に列せられたいがために戦争をしたがるというのは一面の真実を衝《つ》いていると思う。

だが、ここで問題にすべきは、「戦争をしたがる軍人たち」ではなく、「戦争をしなければ軍人たちが出世できない仕組み」だ。もっといえば、当時の政府や社会が、軍人に対しての敬意を失い、社会的地位を失っていくことに対して有効な手を打ってこなかった不作為こそ問題にされるべきだろう。

軍人を悪者にして非難したところで、問題が解決するわけではない。軍人だって人の子だ。立身出世、栄誉栄達を望むのは当然だ。そして国際政治や国内景気の動向次第で、軍縮や人員削減をせざるをえないことはある。そうした措置に踏み切る際も、軍人に対する社会的地位、待遇だけは維持すべく、どこの国でも知恵を絞っている。

特にアメリカなどは退役軍人省があり、退役軍人の地位および待遇向上に力を入れている。

戦争がなければ出世できず、老後の暮らしも安定しないような仕組みであれば、軍人たちの不満が高まり、軍と政治の関係が不安定になりかねないからだ。

よって、ここで問題にすべきことは、いざというときに生命を賭《と》す軍人たちの社会的地位・待遇をいかに守るのか、という視点が当時、弱かったことだ（正確にいえば、今も弱い）。

しかもそのような状況のなかで、現場の犠牲のうえに軍の上層部だけが栄達するような動きがあるとしたら、中堅以下の軍人たちが怒るのも当然ではないか。

多分「消されるだろう」との噂が立った

陸軍に対して新聞界が強かった状況は、満洲事変以降、大きく変わっていく。緒方は「言論逼塞時代の回想」で次のように書いている。

《満洲事変の勃発とともに軍人の鼻息が急に荒くなり、朝日新聞の協力が足りないとか、紙面の作り方が消極的であるとか難癖をつけられ、昭和八年九月、私が満洲国の観察に行った時のごとき、多分「消されるだろう」との噂が立ったということを、帰京後に聴かされたりした。事実また、満洲国において当時の参謀長小磯中将（後の大将、総理大臣）が、特別の庇護をしてくれなかったら、消されぬまでも、少くも到る処不愉快な目に遭ったであろうと

思われた》（緒方竹虎「言論逼塞時代の回想」一〇八頁）

「多分『消されるだろう』との噂が立った」とはなんとも物騒な話だ。満洲事変を契機に、陸軍はちょっとした表現についてもあれこれと言いがかりをつけて恫喝し、やがて検閲制度などを利用して新聞に対する言論統制を強化していく。その動きに呼応するがごとく朝日新聞の論調も変化していく。その変化を知るために事変前の論調を見ておこう。

『東京朝日新聞』では、緒方が一九三〇年末に武内文彬《あやよし》記者を満洲に派遣して取材させ、一九三一年一月から詳細な特派員報告を連載させている。武内の記事は満蒙で日本の権益にどのような危機が迫っているかを具体的に分析しつつも、あくまで平和的外交交渉による打開を主張した。

ところが八月四日、軍司令官・師団長会議の席上で南次郎陸相が満蒙問題について強硬論を主張し、「『軍部以外の者』が軍備縮小を鼓吹するなど国家国軍に不利な宣伝をしている」と政治家を批判する訓示を行なった（今西光男『新聞　資本と経営の昭和史』九三頁）。

通常、こうした会議の内容は発表されず、発表されるとしても形式的なものにとどまるのに、このときは陸相訓示が公表された。また、部内で政治批判をこうした形で行なうことも異例だった。これを受けて翌日の『東京朝日新聞（東朝）』社説は次のように批判した。

《強硬意見があるなら、それは立憲の常道に基いて堂々主張され、検討さるべきであり、この上満洲問題が軍人の横車に引きずられて行くを許さぬ。政党内閣から治外法権の地位に居る軍人たる陸相が、帝国外交に重大関係を有《も》つ時局の観察と、その処理方針の暗示に関し、師団長会議に臨んで一種の政談演説をなしたのは明かに権限を越えたものであり、これを黙ってなすに任せた政府は無気力であると思う》（『東京朝日新聞』一九三一年八月五日付朝刊、三面）

一方、『大阪朝日新聞（大朝）』は八月八日、社説「軍部と政府　民論を背景として正しく進め」で次のように論じた。

《少くとも国民の納得するような戦争の脅威がどこからも迫っているわけでもないのに、軍部はいまにも戦争がはじまるかのような必要を越えた宣伝に努めている。なるほど満蒙問題は決して穏かではないが、しかしその権益を保護するに、武力が一体どの程度に役立つかを、考え直して見る必要があろう》（『大阪朝日新聞』一九三一年八月八日付朝刊、二面）

「日本人は鉄砲の音を聞けば、みな文句なくついて来るよ」

高宮太平によれば、緒方は、事変が起こる前から満洲問題をめぐる不穏な空気を感じていた。

《緒方はある会合で小磯軍務局長が頻《しき》りに満洲独立論など景気のよい話をするので、「満蒙の重大性ということについては、日露戦争を知っているわれわれ年輩の者には諒解できるけれども、若い者にはそれ程ピンと来ないのではないか」というと「日本人は鉄砲の音を聞けば、みな文句なくついて来るよ」と自信たっぷりだったし、同席していた他の新聞人も小磯説に同調したので、「はてな」と首をかしげたと述べている。また九月十七日には「当時の支那班長根本博が霞山《かざん》会館で、中村大尉事件という標題で、満洲独立論をやり、その席に小磯や谷正之も聞きに来ていたので、「これは怪しいな」と思っていると、その翌日柳条溝《ママ》事件が起きた」とも話している》（高宮太平『人間緒方竹虎』六二頁）

ちなみに、高宮が書いている会合の詳細については、緒方自身が「言論逼塞時代の回想」（『中央公論』一九五二年一月号、一〇九頁）に書いている。

満洲事変勃発のおよそ一カ月前、原田熊雄の名で霊南坂の住友別邸で開かれ、陸軍から小磯國昭、林桂《はやしかつら》、井上三郎、鈴木貞一、外務省から松岡洋右《まつおかようすけ》、白鳥敏夫、谷正之、言論界から岩永裕吉（新聞聯合《れんごう》社）、高石真五郎（毎日新聞社）、緒方竹虎が集った。小磯軍務局長から突如として「満洲国独立の必須にして必然なる理由」が語られたが、緒方が「満洲国」という言葉を聞いたのは、この場が初めてだったという。

緒方は「満洲国独立などとは時代錯誤もはなはだしい、もしそんなことが企てられても、今の若い者は一人も附いていかぬだろう」と述べた。これに対して小磯が反駁した言葉が、「いや、日本人は戦争が好きだから、事前には理屈を並べても、火蓋を切ってしまえばアトはついて来るよ」というものであった。同席者のなかにも「はなはだ意外にも相当同調者が多かった」のだという。

軍の満洲政策を批判していた『大阪朝日新聞』だったが、九月十八日の満洲事変勃発後の十月一日、これまでと真逆の「満蒙の独立　成功せば極東平和の新保障」と題する社説を掲載する。

《東三省（引用者注：遼寧・吉林・黒竜江の三省、いわゆる旧満州）人民の現在の苦況を救うために各省に新政権をおこし、これを打って一丸となし、一新独立国を建設することは、更に国際戦争の惨禍を免れるゆえんであって、極東平和の基礎を一層強固にするものでなければならぬ。吾人はこの意味において、満洲に独立国の生れ出ることについては歓迎こそすれ反対すべき理由はないと信ずるものである》（『大阪朝日新聞』一九三一年十月一日付朝刊、二面）

そして十月十二日には大朝社内で、上野精一会長、村山長挙《むらやまながたか》取締役以下、役員や編集局長、編集関係各部長を集めた会議が開かれ、「『満州事変容認、政府支持』が社論統一の大方針となった」（今西光男『新聞　資本と経営の昭和史』一〇四～一〇五頁）。

なぜこのような社論の統一になったのか。

今西氏は、その理由の一つとして、それまでの不買運動と満洲事変後の部数の急拡大を挙げる。満洲事変前は、在郷軍人会などを中心として軍部に批判的な朝日新聞に対して不買運動が広がっていた。特に関西では奈良県の不買運動が激しく、師団司令部のある町では師団ぐるみの不買運動が展開されていた（同、一〇二頁）。

ところが満洲事変勃発後、部数は急激に拡大したのだ。

《満州事変が勃発してからの、朝日新聞の販売部数の増加はすさまじかった。勃発前の一九三一（昭和六）年正月の部数は、大朝が九一万四四〇〇部（前年比マイナス六万五一〇〇部）、東朝五二万一二二八部（同マイナス一八万一〇一六部）で、全社計では一四三万五六二八部と、じつに前年より二四万六一一六部も減った。この年は昭和恐慌による影響と浜口民政党政権による緊縮財政で、朝日のみならずほとんどの新聞社の部数が減っているが、朝日の場合は軍部や右翼による不買運動の影響も大きく、その結果、激減となった。

ところが、満州事変後の翌三二年には、大朝一〇五万四〇〇〇部（同一三万九六〇〇部増）、東朝七七万三六九部（同二四万九一四一部増）、全社計一八二万四三六九部（三八万八七四一部増）という驚異的な部数増を実現したのである》（同、一一九頁）

部数はすなわち国民から支持されているかどうかのバロメーターでもある。朝日新聞社の経営陣としても、世論の動向には敏感にならざるをえなかったわけだ。

今村均作戦課長が緒方に訴えたこと

もっとも社論の統一にあたって、当時、朝日新聞社取締役だった緒方は、単純に世論の動向に迎合しただけではなかった。昭和の日本陸軍の名将として高い人気を誇る今村均が、次のような証言を残している。

《緒方さんに呼びつけられましてね、ある料理屋でしたけれども。率直に陸軍の考えをいうてくれといって述べたことがあるんです。

それまで朝日新聞なんていうものは公々然と反対でしたから。

長いことかかりました。四時間くらいかかりましたですよ。これは本気になって訴えましたね。その時に緒方さんが、「ああ、そうですか」と。「初めてよくわかった」といいましてね。それからコロッと変わりました、朝日の、ナニが》（ＮＨＫスペシャル「日本人はなぜ戦争へと向かったのか」第三回より）

この証言で重要なのは、緒方が今村を「呼びつけた」という箇所であろう。緒方は、信頼できる陸軍将校から直接話を聞いて状況を正確に理解しようと努力したのだ。ろくに取材もせずに一方的に非難することは簡単だが、大事なことは、相手の状況を正確に理解しようとすることだ。

ちなみに今村は後の大東亜戦争では、蘭印（オランダ領インドネシア）攻略作戦の司令官を務め、赫々《かくかく》たる戦果を挙げるとともに、戦争末期にはラバウル島での持久戦を戦い、さらに戦後の戦犯裁判では自らの責任を訴え、進んで自ら部下たちとともに服役した人物として名高い。その今村均が、この場で緒方にどのようなことを訴えたのであろうか。

彼の回顧録に、満洲事変についての彼自身の見解が記されているので、参考までにそれを紹介しよう。

今村 均

《現地満州に駐屯していた将校の身になってみれば、毎日毎日、幾千居留民が「又満人にぶたれた」「つばきをはきかけられた」「うちの子供が学校へ行く途中、石をぶちつけられた」「家の硝子はめちゃめちゃにこわされてしまった」「排日排貨運動で、店の品物は一つも売れない」「満人はもう野菜を売ってくれなくなった」「満鉄は満州側の妨害、彼のつくった併行線のため、もう毎年毎年赤字つづきで、持ちきれなくなってしまっている」と連続泣きつかれ、それ等の事実を、眼の前にしていては、血のつながっている同胞の苦況に、ことごとく同情し、憤慨に血をわきたたせるようになったのは自然である。

我が外交機関の行なう幾十の抗議なり、交渉なりは、一つとして彼に顧みられず、軍の幕僚以下、鉄道沿線に駐屯している部隊将兵の興奮がもう押えきれないようになってしまったのはやむをえなかったこと。さらに大きく見て、この時分の我が民族は、米、豪の排斥により、海外への発展は不可能になり、毎年増殖する百万以上の人口処理は、その道を閉ざされ、又日本産業の振興により、己れの経済不安を心配した英国は、あらゆる謀略を講じ、中国をかりたて排日排貨に狂奔させており、このままに経過したのでは、民族はまさに窒息せしめられる。どうしても、近いアジアの内に、生存の余地を求めるよりほかにしかたがないように、窮迫せしめられてもいた》（今村均『私記・一軍人六十年の哀歓』芙蓉書房、一九七〇年、二一〇頁）

これは戦後になってからの回想ではあるが、今村自身の満洲や日本についての状況認識は、満洲事変当時とさほど大きく変わるものではないだろう。

満洲事変の折は、今村は参謀本部作戦課長であり、陸軍中央にいる身として現地の関東軍を押しとどめて事変を局部的解決に収めようとした立場であった。満洲事変を主導した板垣征四郎や石原莞爾がその後、陸軍の要職に栄転したことについても、「軍統帥の本質上に、大きな悪影響を及ぼした」（同、二一一頁）と回顧録で批判している。要は満洲事変に動いた当時の軍人たちに批判的な立場であったのだ。

緒方も、そのような今村だからこそ席を設けて率直な意見を聞こうとしたのであろう。

満洲事変がなければソ連による満洲赤化は激化していた

今村が回顧録で書いているとおり、この当時、満洲での排日（日本排撃、在留邦人たちに対する暴行や日本製品不買など）運動はきわめて活発化しており、ことに立場が弱いと思われていた朝鮮系（当時は日本統治下）の人々に対する迫害が頻発していた。

満洲事変勃発二カ月前の七月二日には、長春近郊に入植していた朝鮮人農民を中国人が迫害し、日中双方の警察が出動して銃撃戦まで行なわれた万宝山《まんぽうざん》事件が起きている。また陸軍参謀の中村震太郎大尉が調査旅行中に大興安嶺《だいこうあんれい》地区（現在の中華人民共和国黒龍江省）で惨殺される事件（同年六月二十七日）さえ発生していた。

このような事件を背景に、現地の邦人たちが結成した「満洲青年連盟」が現地の実情を訴えるべく日本での遊説活動を行なうほどの状況だった。

しかも当時、そのような満洲での排日運動を、ソ連が後ろから手を引いていたと受け止められていた。満洲青年連盟の中心人物として活躍した山口重次は次のように書いている。

《満洲にあっては、張作霖が、国民党にも共産主義者にも弾圧を加えていたので、共産主義は侵入しなかった。一九二四年、中ソ協定が成立すると、東支鉄道の経営の実権は、ソ連共産党によって握られてしまった。ソ連は、東支鉄道の収益年額約一億円を、ことごとく北満赤化の資金として、思想侵略を秘密のうちにはじめたのである。

そうして、中国共産党とは別個に、北満共産党を、国民党黒龍江省委員会、東省特別区委員会の仮面のもとに組織しはじめた。

組織対象は、まず、東支鉄道従事員の中国人、各種学校の教員、学生、軍隊の将校、各官庁の青年下級官吏等を組織して進んだ。また、朝鮮人を別に高句麗共産党に育成した。そして、思想攻略の中心地を哈爾浜《ハルピン》とした。北満の排日運動や抗日戦は、これら北満共産党や高句麗共産党を操作するソ連の煽動と謀略によっておこなわれた。（中略）もし、満洲事変が起らなかったら、ますます、ソ連の満洲赤化は激化していたことであろう》（山口重次『満洲建国――満洲事変正史』行政通信社、一九七五年、六四～六五頁）

東支鉄道は、中東鉄道、東清鉄道などとも呼ばれるが、帝政ロシアが満洲内に敷設した鉄道のうちの北の部分である（日本の南満洲鉄道は、長春以南の南満洲支線の利権を日露戦争で譲渡されたもの）。ロシア革命後、この東支鉄道の利権をソ連が継承していることを、張作霖政府とソ連とで確認したのが、一九二四年の中ソ協定（奉ソ協定とも）である。

だが、張作霖の死後に跡を継いだ張学良は、一九二九年に「この東支鉄道を根城にコミンテルンが暗躍している」ことを理由に東支鉄道のソ連権益を一掃しようと図り、ソ連の軍事侵攻を招いて挫折していた。その経緯は、満洲事変後に国際連盟がまとめた「リットン報告書」にも書かれている。

《満洲が南京政府（引用者注：蔣介石率いる国民政府）に服属したのち、シナのナショナリズムは力を増し、東清鉄道の支配権を維持しようとするソ連に対しては、これまでよりもいっそう反感を募らせた。そして一九二九年五月、ロシアの残存する権益を一掃しようという動きがはじまった。攻撃は、各地のシナ警察によるソ連領事館襲撃にはじまり、シナ警察は多数のロシア人を逮捕、ソ連政府および東清鉄道の雇用人たちが共産主義革命の陰謀を企てていたことを証し立てる証拠を発見したと主張した。（中略）

ソ連政府はシナから外交官、商務代表、東清鉄道の職員全部を召還し、ソ連領土とシナとのあいだの鉄道交通をいっさい断絶した。シナもまた同様にソ連との関係を断絶し、シナ外交官を全員ソ連領土から召還した。ソ連軍は満洲国境を越えて侵攻を開始し、一九二九年十一月には武力侵入をした。南京政府が紛争の解決を托した満洲官憲はこの戦いに敗れて威信を失墜、ソ連の要求を承認せざるをえなくなった》（渡部昇一解説・編『全文　リットン報告書』ビジネス社、二〇〇六年、一一〇〜一一一頁）

この一九二九年の張学良政府とソ連の戦争は「奉ソ紛争（満ソ紛争、中ソ紛争）」と呼ばれる。山口重次は、この戦いでソ連に敗れた張学良政権が、今度は日本権益の回復と日鮮人（在留の日本人と朝鮮人）の駆逐に目を向けて、排日政策を組織的、統一的に実施したのだと書いている（山口重次『満洲建国』四六頁）。

この分析については異論もあるが、確かなことは、コミンテルンの暗躍、さらに張学良政府の思惑があいまって現地の日本人はまことに厳しい状況に直面していたと受け止められていたということである。

満洲事変を非難するだけでいいのか。当時の満洲に対するソ連の工作と排日運動、現地の邦人たちの苦境をどのように受け止め、いかに情勢を分析・判断し、いかなる論を張るべきなのか。緒方は、まさにその問題に直面していたのである（満洲事変の背景については、宮脇淳子『日本人が知らない満洲国の真実』〈扶桑社新書、二〇一七年〉などを参照のこと）。

そして報道の自由の意義を『議会の話』で高らかに説いていた緒方は、同時に報道機関の使命にも忠実だったといえるだろう。国策の是非を論じるのに単なる感情論や、自らの主義信念に基づいて断罪するだけではいけない。信頼できる当事者にも直接話を聞くなどして、情報を幅広く収集・分析し、多角的かつ適切な記事を提供しようとしたのだ。

「満洲事変が好況をもたらした」という誤解

このように満洲事変は複雑な背景を持った事件であったが、もう一方で、満洲事変が経済的な苦況を脱するための希望として捉えられた面があったことも忘れてはならないだろう。多くの日本人が満洲事変を支持したのは、「満洲を獲得したことによって昭和恐慌の不況から脱出できた」と考えたことも大きかったのである。

不況が人々の精神に与える閉塞感は深刻である。「真面目に働けば明日は今日よりもよくなる、努力次第でチャンスを掴める」という感覚が昭和恐慌によって失われつつあった。失業率がうなぎのぼりの状況では、真面目に働こうにも働き口が得られない。それが満洲事変後、大いに改善していった――そう感じた日本人は多かった。

だが、原田泰氏が、その著『日本国の原則』（日経ビジネス人文庫）で指摘しているように、それは事実ではなかった。満洲事変によって昭和恐慌からの脱却が成し遂げられたのではなかったのだ。原田氏はこう指摘する。

《一九三〇年一月の民政党井上準之助蔵相の主導による金解禁、金本位制復帰以来、日本は世界大恐慌の中に突き進んでいくが、三一年九月には満州事変が勃発する。金解禁を行った民政党内閣は同年一二月に倒れ、政友会内閣の高橋是清蔵相は金本位制から離脱し、為替の下落と金融緩和によって恐慌から急激に脱却する。すでに述べたように、昭和恐慌もそこからの脱却も、金融政策の結果なのであるが、民衆は満州事変が好況をもたらしたと誤解し、既存のエリートへの不信と軍部エリートへの信頼を増していく。（中略）
　井上準之助の金本位制復帰を支えた経済政策思想は、清算主義と呼ばれるものである。金本位制への復帰というデフレ政策によって、コスト高の企業は清算され、経済全体が効率化され、一時は不況になるとしても、やがて景気は回復し経済は強化される、というものである。しかし、井上のデフレ政策は日本経済を世界恐慌に導いただけではなく、人々の経済的に成功するという考えそのものを破壊したのである。能力と野心のある人々にとって、戦争こそが人生を成功させるという感覚をもたらした》（原田泰『日本国の原則』四九〜五〇頁）

経済・金融政策は、ある面で戦争以上に大きな意味を持つ。原田氏は、同書のなかで昭和恐慌研究の第一人者で日本銀行副総裁も務めた岩田規久男氏編著の『昭和恐慌の研究』（東洋経済新報社、二〇〇四年）なども引きながら、日本が世界恐慌から脱したのは、井上準之助の金解禁政策の失敗の後、高橋是清が再度金本位制から離脱し、大胆な金融緩和政策を行なったことによるものであったことを幾度も強調している。

だが当時の多くの人々は、そのようには認識しなかった。残念ながら、緒方も金融・経済政策に通じていたわけではなかった。かくして「民衆は満州事変が好況をもたらしたと誤解し、既存のエリートへの不信と軍部エリートへの信頼を増して」しまったのだ。

しかも当時の政治指導者たちは「デフレ政策によって、コスト高の企業は清算され、経済全体が効率化され、一時は不況になるとしても、やがて景気は回復し経済は強化される」という誤った経済思想に囚われ、結果的に「人々の経済的に成功するという考えそのものを破壊」し、「戦争こそが人生を成功させるという感覚をもたらした」のだ。

この原田氏の指摘こそ昭和史を考えるうえで大切なことであるはずだ。

もちろん、満洲事変および満洲国の建国について経済的な見地だけで理解すべきものではない。既述のとおり、ソ連や中国共産党は明らかに満洲事変前の満洲において反日工作を行ない、日本が日露戦争で手にした権益を根底から覆すべく盛んに動いていた。そのような反日工作に煽られて実際に反日の破壊活動や、当時は日本人であった朝鮮系の人々への激しい排斥運動が頻発し、在満洲の日本人は多大なる被害に直面していた。

しかも満洲事変当時に外務大臣を務めていた幣原《しではら》喜《き》重郎《じゅうろう》は、満洲などでの反日活動や邦人排斥運動に的確な対応を打てていなかった。そのような実態が見えていたから当時の人々は、幣原外交を「弱腰外交」と非難し、決然と起《た》った関東軍を支持した。しかも石原莞爾の水際立った作戦で、当時、満洲を支配していた張学良軍閥の四四万ともいわれる軍隊を、わずか数万の兵力で撃破してみせたことは多くの日本人を熱狂させた。「反共」あるいは「アジアにおける日本の地歩を固める」という意味で満洲事変には大きな意義があったことは間違いない。

だがその一方で、原田氏が指摘するように「満洲事変で経済がよくなった」と思う人々が多数いたために、大きな幻想が生まれてしまった。原田氏の次の言葉は印象深い。

《満州事変によって、軍は日本国民に幻想を与えた。昭和恐慌の中で、満州はフロンティアと認識された。富と権威を得るチャンスがそこにあるように思われた。（中略）昭和恐慌を招いた無能なエリート、腐敗した資本主義に代わり、軍は満州という幻想を与えた。満州には無限の機会がある。小作人が地主になれ、小さな工場主や商店主が大実業家になれ、すべての人々が社会の階梯《かいてい》を上昇できるという幻想を与えたのだ》（原田泰『日本国の原則』二一二～二一三頁）

かくして満洲事変を境に日本は大きく変わっていく。そして満洲、中国大陸での不穏な動きが強まるなかで、軍部を批判するだけでは済まなくなった緒方は、あるべき国策を見出すべく、自ら情報を収集・分析するための新たな取り組みを始めるのである。

第4章

東亜問題調査会と同盟通信社——民間シンクタンク創設へ

東亜問題調査会

満洲事変の拡大につれて、各新聞社から満洲各地に派遣される従軍記者の数が増えていった。朝日新聞でも一時は一〇〇人以上の記者を派遣している。

緒方自身も「言論逼塞時代の回想」（『中央公論』一九五二年一月号）で書いていたように、満洲視察旅行を行なっている。一九三三年（昭和八年）九月のことであった。

緒方はこの視察旅行で、これまで満洲の事情を詳しくわかっていなかったことに、改めて気づく。そして帰国後、東亜問題調査会の設置を構想することになるのである。

《満洲視察旅行は、関東軍の首脳部は勿論《もちろん》、地方に散在する部隊にも大きな影響が及び、漸《ぜん》次《じ》朝日を白い眼で見る度合いが少くなった。緒方としてもまた大きな収穫があった。百聞は一見に如《し》かずで、満洲事変前には満洲の事情が余り詳《つまびらか》にわかっていなかった。正しく事実を把握して立論するというのが緒方の建前であるが、満洲に関しては支那本土ほどに注意を払っていなかった。従って事変に対する立言にも根拠の薄弱なもののあったことを痛感した。これが社内に東亜問題調査会の設置をみた原因である。

大朝、東朝とも編輯《へんしゅう》局内には東亜部とか、支那部というものがあって、支那関係のニュースはこれらの部で扱っていたが、それはあくまでもニュース本位である。また、別に調査部というものもあるが、これは特定の調査をするのでなく、新聞雑誌に掲載された諸問題や、図書雑誌の整理をするのが主たる任務になっている》（高宮太平『人間緒方竹虎』六九頁）

私自身も永田町で仕事をしていた関係で、政治部の記者たちとよく意見交換をしていたが、彼らは政局には詳しいが、必ずしも個別の政策、特に経済や金融、安全保障政策、近現代史などに通じているわけではなかった。記者たちは日々ニュースを追うことに忙しく、その背景について必ずしも専門的な知見を持っているとは限らないのだ。

当時の記者たちも、満洲や中国で起こった事件を報じることはできても、その背景をいかに分析し、どう対応すべきなのかという点について的確な対策を打ち出せるわけではなかった。満洲事変とその後の満洲情勢は、日本の命運に関わる。そして軍の動向を非難するだけでは済まされない。とはいっても政府や軍部が提供する情報に依存するだけではいけない。そう考えた緒方は社内の反対を押し切って、朝日新聞社のなかに、民間シンクタンクとも呼ぶべき東亜問題調査会を創設し、独自の情報収集と分析を開始したのだ。

《東亜問題調査会はニュースに追われることなく、満洲、支那に関する諸問題を深く研究調査しようとするものであるから、その場ですぐ役に立つという性質でない。だから社内でもこんな調査会は必要はないという抵抗が相当にひどかった。けれども、満洲だけについてみても、専門的に各種の部門に分けて系統的に調べていない。何かといえば直ぐ関係官庁に飛込まねばならぬようでは心細い。況《いわん》や満洲と地域を接する支那について、将来何事が起きるかも知れないから、予め充分な調査をして置くことは極めて必要なことである。緒方は粘り強く主張して、やっと翌昭和九年（一九三四）十一月になって調査会は発足し、緒方がその会長に就任した》（同、六九～七〇頁）

細かいことだが、高宮太平が十一月発足と述べている調査会発足は、愛知学院大学教授・栗田直樹氏によれば実際は九月で、当初の会長は当時朝日新聞副社長の下村宏、十一月に緒方が交代して会長に就任している（栗田直樹『緒方竹虎――情報組織の主宰者』吉川弘文館、一九九六年、九四頁）。

高宮がいう「何かといえば直ぐ関係官庁に飛込まねばならぬようでは心細い」とは、東朝論説委員として長年緒方とともに勤務した嘉治隆一《かじりゆういち》によれば、こういう意味があった。

《緒方は、軍部や政府の発するニュースはどうしても眉唾のものが混じることをまぬがれない。したがって、平常から調査をし、資料を集めておき、専門家をそろえておいて、現地からの電報や中央で発表するニュースの真実性をたちどころに判断する根拠をつくっておくことが焦眉の急であると思いいたったのであった。

それとともに、国策をたてる上に、政府、官庁、陸海軍、財界、金融界、学識経験者などの間に、少しも脈絡がなく、各自てんでんばらばらであるから、これらの人々を評議員に推戴し、時々会合して隔意なき意見の交換をとげる機会をつくりたいというのが、そのいだく国家的な見地であった》（嘉治隆一『緒方竹虎』時事通信社、一九六二年、一四九〜一五〇頁）

ちなみに現在、「平常から調査をし、資料を集めておき、専門家をそろえておいて、現地からの電報や中央で発表するニュースの真実性をたちどころに判断する根拠をつくっておく」仕組みをつくろうとしている政党は、共産党と公明党ぐらいであろう。

自民党にも調査会は存在するが、基本的に霞が関の官僚たちの情報を聞くことがメインであって、霞が関の官僚たちの情報が本当に正しいのか、検証する仕組みはつくっていない。しかも新聞ではなく、ゴシップ記事が載っている週刊誌の記事を鵜呑《うの》みにして政府・与党を国会で追及するような政治家さえ一部野党には存在する。

朝日新聞社の幹部として、官僚や軍部が提供する情報を鵜呑みにせず、しっかりと検証する仕組みを構築しようとした緒方の見識は見事だ。活動は月一回の例会のほか、随時に時事問題を扱う臨時会議を開いた。来賓として外務省情報部長・河相達夫や大蔵省理財局長・大野龍太をはじめとする軍・官・財・学界の有力者を招いた。

だが、実際には緒方が期待したほどの成果は上がらなかった。緒方は、「現地で発表される種種な刷物や発表を集め、民間からも三井、三菱などから情報を蒐《あつ》め、東亜問題は何でも判る機構にしたかったのだが、民間人は軍人を前にしては、思ったことを正直にはいわず、時局も次第に重苦しい空気に包まれるようになり、十分な仕事は出来なかった」と後に述懐している（高宮太平『人間緒方竹虎』七〇頁）。

軍人に反感を抱かれるような発言をすれば、新聞も廃刊に追い込まれるかもしれない時代だ。「民間人は軍人を前にしては、思ったことを正直にはいわず」というのもやむをえまい。言論の自由が損なわれてしまえば、いくら素晴らしい組織をつくってもまともな情報収集・分析などできなくなってしまうのだ。

昭和研究会と尾崎秀実

東亜問題調査会にはもう一つ、昭和研究会との密接なつながりという側面があった。

昭和研究会は一九三三年（昭和八年）に創立された国策研究グループで、近衛文麿のブレーントラストであった。メンバーのなかには、緒方と親しい友人で後に近衛内閣の書記官長（戦後の内閣官房長官の前身）となる風見章、後述する同盟通信社の古野伊之助、そのほか主なメンバーとして有沢広巳、大河内一男、賀屋興宣《かやおきのり》、三木清、蠟山政道《ろうやままさみち》らがいた。そして東亜問題調査会に参加していた朝日新聞の論説委員の多くが昭和研究会にも参加していた。

昭和研究会は、やがて近衛内閣が主導した「新体制運動」の理論的推進力となっていく。「新体制運動」は、すべての国家機関を一つの政党の下に置こうとするもので、やがて「大政翼賛会」へと帰結する（その狙いや詳細は本書第5章を参照）。東亜問題調査会と昭和研究会と朝日新聞論説室が密接に関わり合っていたため、緒方も「新体制運動」と無縁ではいられなかった。

《主筆としての緒方も、内部的には、昭和研究会系の佐々、笠、沢村［克人］ら若手論説委員に影響され、また、外部的には古野伊之助、風見章らの圧力もあって、このいわゆる全国力結集運動に協力するか、ないしは少なくともこれにひきずられる傾向が強かった》（嘉治隆一『緒方竹虎』一七七頁）

ただし、この東亜問題調査会、ならびに昭和研究会について、もう一つ指摘されるべき重大な問題があることも忘れてはいけない。それは、そのメンバーのなかに尾崎秀実《おざきほつみ》のようなソ連のスパイが含まれていたことである。尾崎秀実らの活動がいかに日本を間違えた方向に引きずり込んだかは、拙著『コミンテルンの謀略と日本の敗戦』で詳しく述べたとおりである。

緒方は、東亜問題調査会を立ち上げた。そしてその人脈が、近衛文麿のブレーントラストである昭和研究会にも関わっていった。情報を集め、分析するのはもちろん大切なことであるが、一方でそのような組織をつくれば、間違いなく日本に敵対する外国の工作対象となる。

東亜問題調査会や昭和研究会のような組織は、世論形成に大きな影響力を持つメディアの論調に大きな影響を与えるし、実際に政策を動かす政治家の判断を左右するだけの力を持つ場にもなりうる。その場にスパイ、工作員となる要員を送り込むべく、様々な工作が仕掛けられることも十分に考えられる。その危険をどのように排除すればよいのか。

実はこれは、言うは易いが、実際にはかなり難しい問題である。

歴史的に見て、インテリジェンス活動にしのぎを削っていた世界各国が、相手のスパイのうちの何割を、どの段階で把握できたのかを考えてみるべきだろう。九割のスパイが捕らえられたとしても、残りの一割のスパイが政権内部に入り込んだら、それで情報工作の目的は達せられるということもありうる。そのようなことを検討すればするほど、完全にスクリーニング（ふるい分け）し、排除できるという前提は成り立たないと思うべきなのだ。

加えていうならば、情報を取る局面においては、「情報の質」そのものが重要になる。明らかに自分たちの陣営に属する人間、あるいは味方であっても、希望的観測なども交えて、全く客観性のない信頼のできない情報ばかりを流してくる者がいる。そのような情報は「百害あって一利なし」なのだ。

逆に思想心情的には相容れない人間、あるいは相手の陣営にいることが濃厚に疑われる人間が、日々の活動のなかで信頼できる情報を数多く上げてくることもある。このような情報は有用であり、ぜひとも利用しなければならない。

スパイ排除は本当に難しい

そもそもインテリジェンスというものは、情報を盗み取ったり、何らかの欺瞞《ぎまん》工作などを仕掛けたりということばかりではない。お互いに相手が敵方のインテリジェンス畑の人間だということを知りながら、独特の信頼関係を培い、相互に情報をやり取りすることも重要なのだ。たとえ敵方の情報であっても、否、敵方の情報だからこそ有効に使う知恵が求められる。

しかも、スパイをスクリーニングすることばかりを考えると、「相手との接点を積極的につくって情報収集や情報分析に精を出し、相手方の情報を正確に上げてくる人間」が、スパイと疑われるということも起きかねない。

現在であれば、たとえば中国の大学に留学し、中国の人脈をたくさん持っている人が、中国のスパイだと疑われるようなこともよく耳にする。だが、「本当にその人はスパイなのか」ということは重々考える必要があるし、疑わしき者を排除してばかりでは、相手方の情報が入ってこなくなってしまう危険性が高まる。

とはいえ、もちろんその一方で、日ごろは有益な情報をもたらしてきた（敵方の）人が、ここぞというときに、何らかの意図に基づいてこちら側の行動を操作すべく、あえて違った情報を上げてくることもある。そのような情報は、見抜いて排除しなければならない。これらは、本当に難しい。

このように考えてくると、情報活動のために、東亜問題調査会や昭和研究会のような組織を立ち上げる場合は、「その場からスパイを排除できる」と考えるよりは、むしろ「あらかじめそこにスパイや相手陣営方の人材が入り込むであろうことを予見しておいたほうがよい」ということにもなる。これはけっして、尾崎秀実らが入り込むことを許してしまった緒方を弁護する意味でいっているのではない。私が強調したいのは、残念ながら尾崎のような優秀なスパイの浸透を事前に食い止めることは限りなく困難なのが「現実」だということである。

よって大切なことは、そのような情報収集のための組織に、あるいは政権中枢にさえスパイが入り込んでいる可能性があることを「前提」として対策を講じることが重要だということである。

いちばん悪いのは、「この人は信頼できる」「このテーマについては、この人に聞けば十分だ」「この人に聞けば間違いない」という考えを持ってしまい、それに凝り固まってしまうことである。どんなときにも、別ルートの、別意見を集めておかなくてはいけない。

別ルートの情報を上げてくるのが、いけ好かない人であったり、思想心情的に共感できない人だったりする場合であっても、それでもなお、そのような情報を虚心坦懐に聞かねばならない。そしてその情報をダブルチェック、トリプルチェックしながら、常に情報の精度を検証し、裏に隠されているかもしれない意図を見破っていかないといけない。スパイ工作に対抗しつつ、情報を取り扱うのは本当に疲れることなのだ。

英仏独の「国際報道寡占体制」打破と同盟通信社の設立

この時期の緒方の働きのなかでもう一つ重要なことが、同盟通信社設立との関わりだ。

戦前の一時期、存在していた同盟通信社は、世界的規模の通信社として日本人の手で海外のニュースや情報を収集し、世界に向けて発信する、「明治から現在に至る日本の歴史の中で、唯一ロイター、ＡＰと肩を並べうる」（里見脩『ニュース・エージェンシー――同盟通信社の興亡』中公新書、二〇〇〇年、ⅵ頁）通信社であった。

「同盟通信社」は、「新聞聯合社」と「日本電報通信社」の通信社部門とを合併し、一九三七年（昭和十二年）一月一日に業務を開始した通信社である。

ちなみに新聞聯合社の前身の国際通信社（略称「国通」）は、一九一四年（大正三年）に渋沢栄一の強力なリーダーシップによって創設された通信社であり、日本電報通信社（略称「電通」）は光永星郎《みつながほしお》が一九〇六年（明治三十九年）に創業した通信社兼広告代理店であった（現在の大手広告代理店「電通」の前身）。

設立以後、敗戦後の一九四五年（昭和二十年）に占領軍によって解体されるまでの約七年半の間、同盟通信社は日本の唯一のナショナル・ニュース・エージェンシー（一国を代表する通信社）として世界各地に支局を開設し、膨大な情報・ニュースを収集し、かつ世界に向けて発信し続けた。

一九四一年七月時点で朝鮮・台湾を含む国内に五支社四四支局、国外は中国およびアジアに三総局二八支局、その他ワシントン、ロンドン、パリ、メキシコシティなどに二〇支局、二七通信部を置いていた。一九三六年の準備段階では社員数一一〇〇人・雇員数六五〇人の合計一七五〇人だったのが、翌年のシナ事変勃発から太平洋戦争にかけて規模を拡大し、第二次世界大戦末期の一九四五年には社員・雇員合計で五五〇〇人（内訳不明）まで増えている（里見脩『ニュース・エージェンシー』一五一〜一五二頁）。

通信社の役割は、よく、「ニュース・情報の卸問屋」と表現される。簡単にいうと、通信社の業務は、取材・収集したニュースを海外に送信することと、国内の報道機関（新聞社や放送局など）に配信することである。主な海外通信社としては、イギリスのロイター、アメリカのAP、フランスのAFP、中国の新華社、ロシアのタスなどがある。現在、日本の通信社としては共同通信と時事通信の二社があるが、これらは戦後、同盟通信社を解体・分割して設立されたものだ。

ではなぜ、同盟通信社の設立が重要だったのか。

日本が幕末以来、西洋列強との間で不平等条約を結ばざるをえなかったことはよく知られている。近代日本が苦しんだのはこうした外交的不平等だけではなかった。ニュースや情報の送受信という通信の世界では、幕末・明治の日本と西洋列強との不平等条約に匹敵するような状態が、実は一九三三年（昭和八年）まで続いていたのである。

十九世紀後半から二十世紀初頭にかけてニュースや情報の送受信の世界で覇権を握っていたのは、英仏独の列強であった。イギリスのロイター通信社、フランスのアヴァス通信社、そしてドイツの大陸電報会社（通称ウォルフ通信社）である。以下、元人妻女子大学教授・里見脩氏の『ニュース・エージェンシー』（二三一〜二二六頁）を参考に、この三社の動きを見ていこう。

ロイター通信社、アヴァス通信社、ウォルフ通信社は、いずれも十九世紀半ばに相次いで創立された通信社であったが、十九世紀後半に強力なカルテルを形成するに至る。一八七〇年、三社は「世界通信社連盟」を結成し、世界をこの三社の縄張りに分割する協定を結んだのである。この協定の結果、ロイターは「大英帝国、トルコ、エジプトの一部、極東（中国、日本）」、アヴァスは「フランス（植民地を含む）、スイス、イタリア、スペイン、ポルトガル、エジプトの一部と、中南米、フィリピン」、ウォルフは「ドイツ（植民地を含む）、オーストリア、オランダ、北欧、バルカン諸国、ロシア」を支配することに合意した。

そして、三社はそれぞれの支配地域におけるニュース送受信の独占権を認め合い、通信の交換や頒布で協力し合うようになった。たとえばロイターの支配地域にある新聞社や地元通信社は、国際ニュースを受信したければロイターとしか契約できない。ロイターの許可なく、ロイター以外の通信社からニュースを買うことはできないし、自分が取材したニュースを海外に向けて自由に発信することもできなかった。地元新聞社や通信社が取材したニュースのどれを世界に向けて発信するかはロイターが決めて、ロイター電報として発信する。

もちろんアヴァスの支配地域ではアヴァスが同様の権限を持ち、ウォルフの支配地域ではウォルフが同じように仕切っていたわけである。

つまり、世界の地域の大半が、この三社によってニュースの国際的流通を支配されていたのだ。そして三社のうちでも特にイギリスのロイターは、ヨーロッパと東アジアを結ぶ海底ケーブル網を持ち、圧倒的な強さを誇っていた。

大正時代から第二次世界大戦終戦まで新聞記者として活躍した御手洗辰雄もこう証言する。

《ロイテル〔＝ロイター〕が世界最大の通信社として、その世界を蔽《おお》う領土と海底電信を利用して居った頃、世界の新聞は——そして世界の人々はロイテルによるニュースを信ずる外なかった。世界の出来事はすべて英国人の利害と感情の濾過《ろか》を通して世界の人々に伝えられるだけであった。（中略）支那をして日本に反抗させ、日本をして支那を憎ませるのも、ロイテルを通ずる通信の操作によって自由自在であった》（御手洗辰雄『新聞太平記』一三五～一三六頁）

日露戦争において日英同盟を結んだことが国際的な世論戦においてどれほど重要だったのか、ロイター通信の役割を考えれば自ずと理解できるはずだ。

日本を含む極東でのニュース流通の独占権は、先に述べた世界の三大通信社の協定に従い、ロイターが持っていた。御手洗辰雄が述べているように、国際ニュース流通に関する限り、一九三一年（昭和六年）までの日本はロイターの属領であった。

同盟通信社の光と影

《ロイテルは英国の領土の外、極東や中東一帯、その他世界の半ばをその通信領土として、政治上の大英帝国と同様に、世界に跨《また》がってその威力を揮《ふる》っていた。わが国は国力の微弱と立後れから依然、ロイテル通信領土の一部分として扱われたばかりでなく、日露戦争後になっても、まだ新聞の発達が後れていたためロイテルと直接の関係さえ結べず、上海経由の間接領土として、即ち三等国扱いの貧弱な境遇におかれてあった》（同、一三六頁）

ところが一九三一年に、新聞聯合社が近代日本の通信史上初めて世界最強の通信社ロイターと対等な契約を締結する。そしてこの聯合を主体として、日本電報通信社の通信部門を合併し、設立されたのが同盟通信社だった。

聯合と電通の合併は、聯合の専務・岩永裕吉と総支配人・古野伊之助が主導し、一九三一年から約五年間にわたり、複雑な経過を経て揉めに揉めた末にようやく成立に至ったものだ。そして新聞界で同盟通信社設立を最も熱心に支援したのが緒方だったのである。

同盟通信社設立によって日本は初めて外国の通信社に依存せず、自らの手で世界の情報の取材と発信を実現した。通信、ニュースの分野でも日本は文字どおり独立を勝ち取ったのだ。

ところが、同盟通信社は政府から多額の資金を受けるようになり、政府との距離感を失っていく。

政府関係機関のなかで、特に情報局と陸軍は、最初から同盟通信社を言論統制のために使おうという思惑があった。同盟通信社は総経費の三割から四割にあたる助成金を政府から受けると同時に、年度目標や事業計画について政府の「示達」に従っていた。助成金は機密費から秘密裡に支払われた。里見氏は、同盟通信社が報道機関として守るべき一線を守りきれず、政府との距離感をなくしていったことを批判している（里見脩『ニュース・エージェンシー』二〇〇～二〇二頁）。

第二次世界大戦中、同盟通信社だけでなく、ロイターやAPも、もちろん政府の統制を受けていたし、国策に協力もしていた。軍事・外交など安全保障に関わる情報の報道は、特に戦争中には一定のルールが必要だ。

それでも、たとえ戦争中であっても報道機関として守るべき一線があると里見氏は指摘し、その一線を「インテグリティー（高潔）」と呼んでいる。一方、同盟通信社は経済的に政府に依存していただけでなく、意識のうえでも「国策会社」として情報局や外務省に対する「身内意識」を持っていた（同、二一三～二一三頁）。

実務のうえでも、軍や情報局からの記事差し止めや、見出し・紙面での扱いなど具体的な記事指定の指示が、同盟通信社を通じて出されていた。

さらに、岩永裕吉が死去した一九三九年に二代目の同盟通信社社長となった古野伊之助が、新聞業界が国策に協力するための「自主的統制団体」として一九四一年（昭和十六年）に発足した日本新聞連盟（後述）の会長に就任し、政府と軍の意を体して、出版社や新聞社への用紙配給や、新聞統制のための新聞社統廃合に中心人物として関わった。紙の確保は出版社と新聞社にとって死活問題であり、新聞社の統廃合はまさしく企業の存廃を左右する。

古野へのこうした批判は、緒方にもはね返らざるをえなかった。緒方の下で朝日新聞の論説委員、経済、東亜部長を歴任した野村秀雄は戦後、「緒方の欠点というか失敗というか、古野君を信じすぎて、その同盟に依存しすぎるところがあった。古野がいい気になって国策通信のような考えで、しまいに新聞までを統合して、自分がドイツの国策通信社DNBとかいうふうにしようとしてのさばらしたのは、緒方の責任だと思う」と批判している（今西光男『新聞　資本と経営の昭和史』一七六〜一七七頁）。

戦時中、メディア界に強権を振るった同盟通信社や古野に対する新聞各社の反発が、後に述べるように戦後の緒方の新情報機関設立の障害となっていく。

だが、同盟通信社が、時の政権に協力・追随する役割しか果たせなかったと考えるのは早計である。たとえば、同盟通信社の「戦時調査室」の動きは注目に値するものであった。

同盟通信社内に「戦時調査室」が新設されたのは、大戦末期の一九四四年（昭和十九年）一月のことである。「各種の資料を収集し、敵国側はもとより諸般の情勢に関する機動調査を行い、対外思想戦遂行に資するとともに、これを関係当局に提出して戦争完遂に寄与する思想戦の参謀本部」であると謳う組織であった。

皮肉なことに、この戦時調査室の実態は、里見氏によれば「戦争に懐疑的なリベラル社員」の「隔離室」だった。同盟の元ワシントン特派員で帰国後に海外部次長を務めていた加藤萬寿男は、古野に「君は思想が悪い。自由主義でいけない」といって同調査室に回されたという（里見脩『ニュース・エージェンシー』二二二、二二四頁）。

「リベラル社員の隔離室」でもあった戦時調査室の調査分析は、きわめて冷静かつ的確であった。拙著『日本占領と「敗戦革命」の危機』（三〇〇～三〇一頁）でも指摘したように、ソ連による日ソ中立条約破棄やGHQの占領政策の内容、アメリカ政府内の皇室に対する考えなども正確に予見していた。里見氏によれば、戦時調査室の調査分析は限られた要人にのみ配布され、宮内省式部長官・松平慶民《まつだいらよしたみ》らを通じて昭和天皇にも届けられており、終戦に大きく寄与することになったという（里見脩『ニュース・エージェンシー』二三四～二三六頁）。

戦時調査室が優れた分析を行なうことができた理由は大きく分けて二つある。

一つは、同盟通信社の大規模な通信網が収集を可能にした豊富な海外情報である。同盟通信社が政府の助成に頼ったことは、報道機関としての独立性を損なった反面、内外八〇支社局、七〇〇〇キロに達する専用電話線、七五〇台の無線機から成る通信網の構築を可能にした。また、当時の同盟通信は、日本国内においてロイターやAPなどの「敵性情報」収集を許された数少ない拠点の一つだったから、世界の情報を幅広く集めることができた。世界各国の情報を収集していれば、独りよがりの分析は是正されていくものなのだ。

もう一つの理由は、戦時調査室の報告書が「自由主義」的で「戦争に懐疑的なリベラル」、すなわち、政府べったりではないスタッフによって、報道を前提とせずに、すなわち言論統制の枠外で作成されていたことにあった。

記事にするとなれば、軍や政府の事細かな検閲や自主規制が避けられないが、戦時調査室の報告書は非公開が原則であったため、憲兵の目に触れないようにして番号をつけて管理され、少数の要路の人々にのみ渡されていた。時代の圧力のなかでも批判的思考力を持ち続けていた人々が検閲を受けずに作成した報告書だったからこそ良質のインテリジェンスを提供することができたと思われる。

本当に国策に役立つ良質なインテリジェンスは、政治権力に迎合しない批判的な思考から生まれるものなのだ。よってその機微を深く理解した政治家でなければ、インテリジェンスを使いこなすことは難しい。

自らの手で日本の真意と実相を世界に報ずる

加えて、繰り返し言及しているように、同盟通信社がロイターやAPといった世界の一流通信社と対等の地位に立って、世界のニュースの収集と日本のニュースの発信を大規模に行ない続けたことも事実だ。

こうした同盟通信社の功罪を、戦後、緒方は御手洗辰雄との対談で回顧している。「戦後の国際ニュース報道は共同通信の独占状態なのはよくない、共同通信に対抗できる通信社があるべきだ」という御手洗の指摘に対し、緒方は次のように述べた。

《「同盟通信」をつくるとき、わたしはその加勢者の一人ですが、あのときは逓信省であらたに新聞社に短波を使わせる、しかし、それは一社にしか使わせられんということがあって、その意味で通信の合同を必要とした事情、それからもう一つは岩永君畢生《ひっせい》の理想だった通信の平等権確立ということでした。あのころ世界の通信網といえば、だいたい「ルーター」とアメリカの「A・P」のテリトリーなんだ。ことに「ルーター」のテリトリーは伝統が古くてつよかった。たとえば支那は日本の隣国にもかかわらず、「ルーター」のテリトリーで日本は手を出させない、印度も同様で、大きなサービス・チャージをとられる。

この通信の平等権をうちたてるためには、日本の通信社を強力にせにゃァならんということで、「同盟通信」をつくったんです。いま御手洗君が云った面も、たしかにありますが、太平洋戦争の間に地方新聞に、戦争に関する通信とか、あるいは外国ニュースというものが、だいたいどこの新聞もあまねくキャリーされたのは「同盟」ができた結果でもあるんですね。

「同盟通信」をつくるべく奔走しているとき、いまの「西日本」、当時の「福日」の菊竹六《きくたけろっ》鼓《こ》君がおこって、これは「朝日」「毎日」が日本中の新聞をことごとく骨ぬきにして、中央の大新聞が全国的に覇をとなえる陰謀をしているのだ、まことに遺憾の極みであるという手紙をよこした。之《こ》の手紙は戦災で焼いてしまった。しかし、太平洋戦争の際には「同盟」の恩恵をうけたことも事実まちがいない。ただそれがことごとく独占される結果、弊害を生ずるのも免れぬことで、私もいまの通信社は一つより二つ以上あって、競争したほうがいいという感じがするんですね》（緒方竹虎、御手洗辰雄、木舎幾三郎「新聞今昔」、『政界往来』一九五二年一月号、三四頁）

情報は常にダブルチェックにさらされてこそ、その質を担保できる。複数の報道機関があってこそニュースの質は担保できるのだ。そしてそのことは、国際社会における日本に関する報道にもあてはまることになる。

現在、日本の新聞社は外国通信社からの配信により、膨大な量のニュースを「輸入」している。『新聞年鑑』二〇〇九・二〇一〇年版（日本新聞会編、電通、二〇〇九年）によれば、共同通信社の一日の送受信量は、外国通信社からのニュース受信量が一三〇万語であるのに対し、共同通信社が日本から発信する送信量は八万語しかない（最新の二〇二一年版では一日平均送信量五万語。なお、二〇一〇・一一年版以降は受信量が記載されていない）。

大手の中央紙は自社の特派員を海外に置いているが、それだけでは国際ニュース報道には足りず、外国通信社を頼らざるをえない（里見脩『ニュース・エージェンシー』ⅳ頁）。海外支局や特派員がない地方紙は当然大手紙よりも外国通信社への依存度が高くなる。

今の日本は、日本の国情を海外に向けて十分に発信することができず、海外ニュースもかなりの部分が外国通信社頼みの状態である。同盟通信社解体後、「日本人自らの手で、日本の真意と実相を世界に報ずると同時に、世界各国の動向と実情を、わが国に伝える」（「同盟の組織と活動」、里見脩『ニュース・エージェンシー』ⅶ頁）力量は、明らかに弱体化した。

それは言い換えれば、国際社会において流通する日本に関するニュースは外国通信社による一方的なものばかりだ、ということでもある。国際宣伝戦もインテリジェンスの一つだ。日本が日本の立場で日本に関するニュースを国際社会に提供しようとしない限り、日本に関する誤報は是正されない。果たしてそれでいいのか。そう考えていたからこそ、本書第10章で詳述するように、緒方は戦後、第一段階として内外のニュースを収集・分析する情報機関を新設し、将来的には日本版ＣＩＡをつくろうとしたのだ。

第5章　二・二六事件と大政翼賛会

二・二六事件で襲撃を受ける

一九三四年（昭和九年）秋に朝日新聞社内に東亜問題調査会を創設し、ジャーナリズムの立場から自ら国策策定に向けて情報収集・分析に動き出した緒方だったが、軍部もまた大きく動き出す。

一九三六年二月二十六日未明、国家改造をめざす現役の陸軍青年将校らが約一四〇〇名の兵士を率いて首相官邸や、斎藤実《まこと》内大臣、高橋是清大蔵大臣、渡辺錠太郎《じょうたろう》陸軍教育総監らの私邸を襲い、永田町一体を占拠した。決起した青年将校たちは、政治腐敗や農村困窮を解決するためには、重臣たちを殺害し、天皇親政を実現させるべきだと考えたのだ。

岡田啓介首相は襲撃を逃れ、また、湯河原温泉滞在中に襲われた前内大臣・牧野伸顕《まきののぶあき》も無事だったが、鈴木貫太郎侍従長は重傷を負い、斎藤、高橋、渡辺は殺害された。

朝日新聞社も襲撃を受けたが、たった一人で「叛乱軍」（以下、緒方の表記をここでは使用する）将校に立ち向かって朝日新聞社を守ったのが緒方だった。

緒方は二十六日の朝七時ごろに、社会部の磯部佑治から事件を知らされた。「今暁《こんぎょう》軍のクーデターがあった。岡田首相、斎藤内大臣、高橋蔵相、その他の人が殺された。おそらく戒厳令が布かれるだろうが、今新聞社の車を廻すから直ぐ来て下さい」と電話で告げられた緒方は早速会社に駆け付けた（緒方竹虎「叛乱将校との対決」、『文藝春秋』一九五五年十月臨時増刊号、二〇八頁）。

このときにはまだ、「叛乱軍」は朝日新聞社に来ていなかったが、車のなかで緒方は「必ずやってくる」と予測していた。

《社から電話で事件のあらましを知らせてくれたので自動車ですぐ社にかけつけた。途中、車のなかで、今度は必ず社にやってくるように思えた。その時には、こうしようという三つの考えがすぐうかんだ。第一に自分が殺されてしまえばそれでおしまいだ。次に社を占拠するとか、または何か彼らに都合のいい記事を新聞に掲載しろとか要求されたら、これは命にかけても断然拒絶する。第三に社をたたきこわすというのなら社員に死人や怪我人の出ないように処置したい。こう考えて出社した》（古川登久茂「慈父の如き緒方さん」、修猷通信『復刻版　緒方竹虎』西日本新聞社、二〇二一年、一二五頁）

朝日新聞社は「叛乱軍」の攻撃目標の一つであり、事前に下見までしていた。

会社に着いた緒方が編集幹部たちと話をしているうちに、外には兵隊が集まって円陣をつくっていた。最初、その様子を見た緒方は「これは何か市街戦が始って朝日新聞を守ってくれるのじゃないかと」思い、社員たちも緒方と同じように勘違いして歓声を上げたり、窓から手を振ったりした（緒方竹虎「叛乱将校との対決」二〇八頁、今西光男『新聞　資本と経営の昭和史』一二三頁）。だが、実際には「叛乱軍」に包囲されていたのだった。

《社の守衛の一人が飛んでやって来て、今、下に叛乱軍の将校がやって来て代表とここで会見したいといっている、どうしましょうかという。僕が代表者だから、僕が会おうということになり、同時に大阪に電話をかけた気がする。『こういうことで残念だが、これが最後の電話になるかも知れぬ』というようなことを大阪側に対していった》（緒方竹虎「叛乱将校との対決」二〇八頁）

そして緒方は「叛乱軍」のいる一階へ向かった。「叛乱軍」将校との対決の様子は、元朝日新聞記者・古川登久茂の前掲記事によるとこうである。

《エレベーターで下に降りて玄関へ出たら、突然拳銃を片手にやってくる若い将校がいるのでなるべくからだを近くにくっつけて、僕が東京朝日の責任者の緒方だといって名刺を渡したら、一瞬はっとしたようすで、目をふせ、敬礼をする時のようにからだを少し前にかゞめたようだった。が、すぐ思い直してそり身になり、のびあがるように背延びして靴をならし、大声で自由主義の走狗《そうく》朝日新聞に天誅《てんちゅう》を加えるんだと叫ぶので、社内には女子供や大勢の社員がいるから暫《しばら》く待って貰いたいといって三階に帰り、皆を社外に避難させた。幸い一人の怪我人もなく大したこともなくて何よりだった。この将校はちょうど僕の次男の研二位の年頃だった。中学の上級生か高等学校の生徒位にみえたが、こんな若い青年が誤った愛国心にかられて、あんな大それた事を仕出かしたかと思うと、可哀想で不愍《ふびん》な気がしてならなかった。僕に拳銃をつきつけて威張っていたが僕は腹も立たなかった。怖くもなかった。ただ不愍でたまらなかったよ》（古川登久茂「慈父の如き緒方さん」一二五～一二六頁）

二･二六事件で東京朝日新聞社を襲撃した中橋基明中尉

この青年将校は、中橋基明《もとあき》という陸軍中尉で、高橋蔵相を殺害した後、朝日新聞社にやって来たのだった。いわば「血刀を下げて」やって来たような状態だから「目を血走らせていた」のも不思議ではないし、一つ間違えば何が起きていてもおかしくなかった。

事件後に逮捕された中橋は死刑に処されるが、刑務所で田中軍吉という大尉に、「お前いずれ出るんだろうが、出たら、朝日新聞に行って緒方という人に甚だ不作法をしたが、宜しくと言ってくれ」と言付けたという（緒方竹虎「叛乱将校との対決」二〇九頁）。彼らは愛国心からこうした行動をしたわけで、暴徒ではなかった。

二・二六事件後の三月、廣田弘毅内閣が成立した際、朝日新聞社では、緒方をはじめとする論説委員たちと、当時上京中だった取締役会長・上野精一らが集まって会議を開いた。緒方は会議の席上で、朝日新聞としては軍の力を抑えるために、文官である廣田首相の内閣を支持する方針を採るべきだと主張した。

だが、緒方が主張した廣田内閣支持の方針に対して、論説委員として緒方の両腕のような存在だった前田多門と関口泰は、不偏不党を綱領に掲げてきた朝日が特定の内閣を支持するのはおかしいと批判し、前田は一九三八年、関口は一九三九年に朝日を去っていった。当時のことを緒方は次のように振り返っている。

《廣田内閣が出来たときには、論説委員と編集重役との連絡会議が開かれた。その席上で上野社長は廣田内閣を支持しよう、と言い出し論説委員には相当反対論が強かった。僕は廣田内閣を支持して軍に対する政府の立場を立直らせたいという主張をした。廣田内閣を軍の傀《かい》儡《らい》と見るかどうかによって、議論が岐《わか》れたのだと思う。この廣田内閣支持論が前田多門君の退社の一動機となったと見え、前田君はその著書『山荘静思』の中に『酸素が少くなって、息苦しくなったので退社の決意をした』ということを書いている。論説に社長が容喙《ようかい》したことに不満だったと思われるが、上野社長もこの時は廣田内閣に対し、僕と同じ認識を《ママ》持ったのではないかと思われる。結果においては僕らの認識が甘かったということになった》（高宮太平『人間緒方竹虎』九七〜九八頁）

一九三六年五月、朝日新聞は大阪と東京のそれぞれにあった主筆を一本化し、社説も統一して、緒方が東西両社を通じての主筆を務めることになった。

大阪朝日はもともと本社だったので、東京朝日に社説が統一されることに反発があり、緒方一人に権力が集中することに対しても社内で批判があった。だが、緒方としては、自分一人が責任を負うことによって、ほかの記者たちを守るための行動だった。

軍による言論統制の強化

言論・出版の自由は、帝国憲法第二十九条で「日本臣民は法律の範囲内に於て言論 著作 印行（引用者注：出版のこと）集会及結社の自由を有す」と規定されていた。この条文に関連する法律は、帝国憲法制定当時は、新聞紙条例、出版条例、集会条例、保安条例の四つで、まとめて「言論四法」と呼ぶ。

一九〇九年（明治四十二年）に新聞紙条例の内容をほぼ引き継ぐ形で新聞紙法が制定された。この新聞紙法と、一八九三年制定の出版法が明治以来の言論統制の中心的な法律だった。これら二つの法律は、主に以下のような制限を定めていた。

- 出版・発行の届出の義務

- 安寧秩序を妨害し、または風俗を害すると認めるときは発売禁止

- 外交軍事その他官庁の秘密事項の無許可掲載禁止

- 皇室の尊厳を冒瀆《ぼうとく》し、政体を変壊しまたは朝憲を紊乱《びんらん》させようとする事項の出版掲載禁止

（伊藤隆監修、百瀬孝著『事典　昭和戦前期の日本――制度と実態』吉川弘文館、一九九〇年、八四頁）

記事が「安寧秩序を妨害」または「風俗を害する」かどうかを判断するのは内務大臣の所管だが、具体的な判断基準が示されておらず、処分に対する不服申し立てはできなかった。「外交軍事その他官庁の秘密事項」については、外務省や陸海軍が記事掲載を禁止する権限を持っていた。また、これらの法律は出版掲載禁止という行政処分だけでなく、筆者および発行者に

対する禁固刑や罰金刑の刑事罰も定めていた。

これらは一九三〇年代以降に軍や政府による言論統制が厳しくなっていく前からある法律だが、新聞紙法について緒方は戦後、次のように述べている。

《私自身当時情報局総裁を兼ねていたのであるが、廃止された法令の残骸を点検してみて、よくもかかる法令の下、新聞の発行ができたものだと、今さらながらおどろかざるを得なかったことを想い起す。

以上の諸法令のうち最も平時的にして平凡な新聞紙法を一つ取り上げても、その事前検閲の制度のごとき、ナポレオン三世時代以外《ママ》絶えてない制度だと、ラスキー教授がよく嘲笑したものであった》（緒方竹虎「言論逼塞時代の回想」一〇六頁）

このような法制下でも朝日新聞が、満洲事変直前まで歯に衣着せぬ政府や軍への批判記事を書いてきたのはすでに見たとおりだ。だが満洲事変後になると、特に陸軍からの圧力が強くなった。緒方はこう証言する。

《陸軍予算の紙面の扱いが小さく、特に社会主義者布施辰治に関する記事の隣りに排列したのは、故意に陸軍を蔑視するのではないかなど、愚にも付かぬ言い懸りをつけ、所もあろうに偕行社の奥まった一室に、編輯局長たる私を呼び出し、A新聞班長をはじめ参謀本部および陸軍省軍務課の歴々がぐぜり散らしたことなどもあった。こんなことを書きつらねていると際限がないが、そのうちに軍は新聞紙法の欠陥と検閲制度とを利用して記事を差止め、まず鉄砲を打ッ放して、輿論と新聞の追随を余儀なからしめる手を覚えたのである》（同、一〇八〜一〇九頁）

二・二六事件の際は、事件発生から十三時間後に陸軍省によって事件概要を発表するまでの間は一切の報道が禁じられた。

その間に「東京が全滅した」「戦争が始まった」「秩父宮（昭和天皇の弟宮）が東北の師団を率いて攻め込んできた」などの流言飛語が飛び交ったため、事件後、「不穏文書臨時取締法」が制定された（杉山光信「明治期から昭和前期までの日本での言論統制─統制の仕組みとじっさいの運用について─」、『明治大学心理社会学研究』第六号、二〇一一年、二六〜二七頁）。

報道が一斉禁止されたためにデマが飛び交ったのだが、そのデマを防止するためにという名目で言論統制を強化する法律が新たに制定されたわけだ。そもそも軍が報道を禁じなければ、デマが飛び交うこともなかったはずなのだが、「デマは許せない」という感情論を背景に言論統制はさらに強められてしまう。

帝国憲法体制の立憲主義を大きく損ねた国家総動員法

翌一九三七年七月に盧溝橋《ろこうきょう》事件が勃発し、シナ事変へと拡大していくにつれて、言論統制は格段に強化された。

シナ事変以前には、雑誌刊行後に特定の記事を発禁にする「事後検閲」が主体だったのが、一九三七年八月には、陸軍新聞班による発行前の雑誌内閲が始まった。事後検閲で発禁処分になると出版業者にとって経済的損失が大きいので、処分を避けるために出版業者側が要請したものである（佐藤卓己『言論統制――情報官・鈴木庫三と教育の国防国家』中公新書、二〇〇四年、三〇一頁）。

内務省は以前から、どういう記事を掲載したら発禁処分になるかを事前に新聞社に「示達」（「このような記事を掲載したら発禁にする」と通知する）、「警告」（「このような記事が掲載されたら情勢によっては発禁処分になるかもしれない」と警告する）、あるいは「懇談」（禁止処分にはしないが掲載しないよう要望する）による指導を行なっていたが、陸軍と雑誌の間でも同様の指導が行なわれるようになったわけだ。戦前、『朝日新聞』をはじめとするメディアが戦争を煽るような報道をしたのだが、その背景にはこうした言論統制があったことも留意しておきたい。

一九三七年九月には第一次近衛内閣の下で、同盟通信社の監督のほか、省庁間の連絡調整の目的で前年に設置されていた情報委員会が「内閣情報部」として改組された。このとき緒方は、松竹社長・大谷竹次郎、大阪毎日新聞主筆・高石真五郎、講談社社長・野間清治、同盟通信社主幹・古野伊之助、ジャパン・タイムズ社長・芦田均とともに「内閣情報部参与」に任命されている（ちなみに緒方と一緒に参与に就任した毎日新聞主筆の高石真五郎は私の母方の親族で、叔父が学生のとき、よくお世話になっていた）。

一九三八年には国家総動員法が制定され、国家総動員上「必要あるときは」「勅令の定めるところにより」、新聞紙その他の出版物の掲載について制限または禁止できると定められた。国家総動員法はこの後、様々な言論統制の根拠法となったという意味でも、帝国憲法体制を支える立憲主義を大きく損なったという意味でも重大な法律であった。

《これ（引用者注：国家総動員法）による勅令は、昭和一六年新聞紙等掲載制限令（勅令第三七号）として公付され、総動員業務に関する官庁の機密、軍機保護法上の軍事機密、軍用資源秘密保護法による軍用資源秘密を掲載することを禁じ、内閣総理大臣は外交・財政経済政策その他国策遂行に支障ある事項、外国に対し秘匿すべき事項等について示達をもって掲載事項の制限または禁止をすることができることになった。憲法上、法律によってしか侵しえないはずだった言論の自由は、法律の委任により勅令によって禁止されたばかりか、内閣総理大臣の単なる示達によって制限禁止されることになったのである。この段階で明治憲法の保証した法治主義は部分的に崩れたのである》（伊藤隆監修、百瀬孝著『事典　昭和戦前期の日本』八五頁）

すでに述べたように、国家総動員法施行より前から内務省や軍による言論統制が行なわれていたが、それらはあくまでも行政指導であって法律に基づくものではなかった。ところが、国家総動員法は「単なる示達」によって言論を制限・禁止することを法律によって正当化してしまった。

近衛内閣が国会に提出した国家総動員法案には、記事の掲載禁止や、問題のある記事を掲載した新聞の発売禁止のほか、原版差し押さえや発行禁止も含まれていた。発行禁止は、同一の新聞社・出版社・発行人による印刷物の発行そのものを禁止する、事実上の廃業命令である。緒方を含む各新聞社代表の反対運動によって「発行禁止条項」は削除されたが、国家総動員法の成立を止めることはできなかった。

こうした状況のなかで新聞発行を続けるため、緒方は政府や軍との人脈を築きつつ、妥協の道を探らざるをえなかった。

緒方は一九三四年（昭和九年）の鉄道運賃審議会委員を皮切りに、一九三六年には前述の内閣情報部参与に加えて重要産業統制委員会委員、一九三八年に議会制度審議会臨時委員、中央失業対策委員会委員、保険制度調査会委員、一九三九年に医薬制度調査会委員、中央社会事業委員会委員、傷痍軍人保護対策委員会委員、国語審議会委員、興亜委員会委員、中小産業調査会委員、軍人援護対策小審議会委員、一九四一年に軍人援護対策審議会委員と、数多くの政府関係の委員を引き受けている。

一九三九年（昭和十四年）の十二月から翌年一月にかけて緒方は論説委員の嘉治隆一とともに、上海、南京、漢口、北京を旅行した。日本軍占領下の朝日支局の活動を視察し、現地の軍・政府機関と朝日新聞社の関係を円滑にして、支障なく取材ができるようにするためだ。

現地では、汪兆銘《おうちょうめい》、影佐《かげさ》機関、支那派遣軍総司令部、北支派遣軍司令部などを訪問している。天津では現地軍司令官・本間雅晴から、近衛の「爾後国民政府ヲ対手トセズ」声明によって和平工作が頓挫《とんざ》した事情を聞いて、嘆き合ったという（緒方竹虎伝記刊行会『緒方竹虎』九二頁）。

朝日新聞社は一九四〇年八月、『大阪朝日新聞』『東京朝日新聞』の題号を、全国共通の『朝日新聞』に統一した。九州、名古屋の両支社を独立、大阪、東京、西部、中部の四本社制を採るとともに、主筆主催のもと編集総長、四本社編集局長、中央調査会長から成る編集会議を設置した。中央調査会とは緒方の発案でこのときに設置されたもので、実質的には東亜問題調査会を改称したものであった。

編集会議設置によって朝日新聞社には、緒方が率いる強力な編集指導体制が整った。言論統制の圧力のなかで新聞の発行を続けるための責任を、緒方は進んで背負おうとしたのである。

軍部を抑えるべく大政翼賛会に関与

一九四〇年七月に成立した第二次近衛内閣は、組閣前から始めていた新体制運動を推進したが、緒方は同年八月に新体制準備委員に就任し、十月に大政翼賛会が成立すると総務に就任している。大政翼賛会とは、「一国一党組織」の構想のもと、複数政党制を否定する政治結社だ。この翼賛会制度にともない、すべての政党が自発的に解散した。

なぜ緒方は、近衛の新体制運動や大政翼賛会の運動に関わったのか。彼自身の文章を引用してみよう。

《新体制の鳴物入りで舞台に上った近衛は、大政翼賛会の結成を急いだのであるが、憲法下、議会以上の力を持つ国民組織を作らんとする所に矛盾があって、近衛を繞《めぐ》るブレーンの脳漿《のうしょう》を絞っても、結局新体制は未完成に終らざるを得なかった。近衛はその手記の中に以下の如く翼賛会結成の動機を述べている。

「第一次内閣における過去一箇年余に亘《わた》る首相生活の結論は、自己の内閣が極めて宿命的なる中間内閣であり、また何等の輿論《よろん》の後楯もないものであるということであった。(中略)余自身むしろ支那事変拡大の責任を負うがため、自己の中間的存在を抛棄《ほうき》清算し、自ら国民輿論の後楯を得て、軍部を抑制せんとの決意と希望とを抱いていたのである。(中略)政党も五・一五、二・二六事件以来漸次落潮を示し、もはや各政党自体の力のみによっては、軍部を抑制すること不可能であった。故にかかる既成政党とは異った国民組織、全国民の間に根を張った組織と、それの持つ政治力を背景とした政府が成立して、始めて軍部を抑え、日支事変を解決することが出来るとの結論に達し、これが組織化について研究することが、余の第一次内閣総辞職に際し心に持った大きな希望であったし、第二次内閣組織の中心的希望であった(中略)」(「失われた政治」)

(中略)近衛は、近衛三原則の声明によって、対華問題の解決につき、軍に非ず、民間右翼にも引摺られざる近衛としての方針を明確にし、それによって「中間的存在」を脱皮すると共に、その背景としての大政翼賛会を組織しようと考えたのである。ところが武藤〔章〕軍務局長らの一国一党運動に捲きこまれまいとすれば、今度は特段の綱領主張を有する全国民の組織では「幕府的存在」であるとの非難を免れることが出来ず、百方《ひやっぽう》苦慮した結果、発会式の前夜に到って綱領を「万民翼賛、臣道実践」の一本に置き換えた。さらに、政事結社か公事結社かの議会の質問に会うて、研究の結果、公事結社と定義せざるを得ざるに至り、大政翼賛会は結成早々完全に政治性を喪失してしまった》(緒方竹虎『一軍人の生涯――提督・米内光政』文藝春秋新社、一九五五年。引用は光和堂版、一九八三年、八五～八七頁)

近衛首相は「自ら国民輿論の後楯を得て、軍部を抑制せんとの決意と希望とを抱いて」新体制運動を始めたのだが、新体制運動は「幕府的存在」であり、帝国憲法違反だと批判されたのだ。たとえば、京都大学の憲法学者であった佐々木惣一は、次のように新体制運動や大政翼賛会を批判した。

《昔時我《わが》国に於て見たる幕府の時代に在っては、特定の個人及び其の子孫が、恒久的に、我国の一般政治を担当する者と定められていたのである。(中略) 併《しか》し、かゝることは、今日は認められないのであって、天皇も之を為し給うことはない。(中略) 況《ま》して、国民に在っては、実質上、或《ある》特定の一者が、恒久的に、我国の一般政治を担当するものと、定まる、という結果を生ずるが如き、行動を為してはならぬ》(佐々木惣一「新政治体制の日本的軌道」、『中央公論』一九四〇年十月号、三一頁)

無論、緒方はそのような批判は重々理解していただろう。しかし、軍部を抑えてシナ事変を解決、つまり中国との和平合意を勝ち取るために近衛の運動を支えることを決断したのだ。

《これ（引用者注：緒方が新体制準備委員や大政翼賛会の総務に就任したこと）については、朝日の内部にも異論があったが、緒方は翼賛会の当初のアイディアが一つのよい政党を作って軍部を抑えて行こうとする基礎工作であることを認め、外部で勝手な熱を吐くよりも中に入ってその改善につとめるべきだとの立場から、準備委員にもなり、総務にもなったのである》（緒方竹虎伝記刊行会『緒方竹虎』九四頁）

ところが結局、先ほど引用した緒方の文章にも書かれているように、新体制も大政翼賛会も、構想とは全く違う方向に展開していく。緒方はすこぶる不満で「『翼賛会はでき損ないじゃないか。まあ、あれは駄目だよ』と述べて、個人的には次第に積極的な支持を与えようとしなくなった」（同、九四頁）。

最後まで戦争回避を模索したが

緒方は、第二次近衛内閣が締結した日独伊三国同盟にも批判的であった。緒方はこう嘆いている。

《満洲事変以後も「鉄砲を打ってしまえば国民はアトからついてくるよ」は何度か繰返され、ついに太平洋戦争に突入するに至った。弾丸はニッケルの弾丸ばかりでない。日独軍事同盟の時には、条約と同時に詔勅の弾丸が発せられた。

新体制準備会というものの席上、近衛首相は、

「昨夜天顔に咫尺《しせき》して（引用者注：天皇に拝謁して）日本の運命を今後五十年、百年に亙《わた》って決すべき国際取極《とりき》めにつき奏上したところ、御天職に対する御自覚の深き聖上《せいじょう》は直ちにそれを御嘉納あらせられた。私は責任の重大なるを痛感し、終夜眠りをなさなかった」

と述べ、それを聴いていた松岡外相は歔欷《きょき》（引用者注：むせび泣きのこと）の声をあげて泣いた。満座はその何のための歔欷であるか、何のために眠りをなさぬかを解し得なかったけれども、政府に的確な見通しと自信のないことだけは察せられた。にも拘らず事前に一切の報道と議論は禁ぜられ、発表と同時に詔勅の弾丸は打たれてしまったのである》（緒方竹虎「一老兵の切なる願い」、『文藝春秋臨時増刊　新聞・ラジオ讀本』一九五二年十二月、二八頁）

「的確な見通し」もないまま、三国同盟締結交渉で辣腕《らつわん》を振るった松岡洋右外相は、日独伊にソ連を加えた四国同盟を構想し、一九四一年四月、日ソ中立条約が締結された。松岡外相は、この四国同盟によってアメリカを牽制することを考えていた。しかし、その見通しは間違っていた。それからわずか二カ月後にドイツがソ連に侵攻（バルバロッサ作戦）し、松岡構想は崩壊する。

その背景には、インテリジェンスの運用の失敗があった。リチャード・J・サミュエルズ氏は、日本のインテリジェンス・コミュニティの歴史について書いた著書においてこう指摘している。

《おそらく、専門的な分析の代わりに希望や既成概念が表に出た最も有名な例は、差し迫った独ソ間の対立に関する大量かつ複数の情報源からの報告が1941年6月のヒトラーによる攻撃「バルバロッサ作戦」の何カ月も前からなされていたのに、参謀本部が信じようとしなかったことであった。大島浩大使が最初に東京にこの可能性について警告を発したのは1941年4月であり、ソ連の高位の投降者であるリュシコフ——元シベリアのNKVDの長〔内務人民委員部極東局長〕——はひと月前にドイツの動きを受入国である日本に警告していた。陸軍の第二部は即座に参謀本部に報告書を提出したが、それは無視された。東條〔引用者注：東條英機。当時は陸軍大臣）がそれは火急の問題ではないと主張したのだった。すでに南進を決めていたため、彼は平然とさらなる論議を一カ月先延ばしした。参謀本部はベルリンの大島大使からの、6月3日のヒトラーとリッベントロップとの会談に基づく明白で差し迫った警告をも無視することを選びさえしたのである。東條の無関心は松岡洋右外相からも同様の評価をもって迎えられた。松岡はドイツのソ連侵略に関する予測を無視し、それはドイツがイギリスに対して兵力を結集する計画を隠すための虚勢であるとの希望的確信を持って、天皇に独ソ間の現状が変わる可能性は高くても40％だと伝えていた》（リチャード・J・サミュエルズ著、小谷賢訳『特務（スペシャル・デューティー）——日本のインテリジェンス・コミュニティの歴史』日本経済新聞出版、二〇二〇年、一二六～一二七頁）

政権や軍のトップが自分たちに都合のいい情報だけを好むようになれば、いくら現場が優れた情報を集めても、優れた情報は軽視され、使われないのだ。愛国者ではあっただろうが、東條英機も松岡洋右も、インテリジェンスの素養が欠落していたといわざるをえない。

近衛首相は日米衝突を回避するために日米交渉を進め、一応の日米諒解案策定に漕ぎ着けたものの、松岡の猛反対に遭った。そこで近衛は一九四一年七月十八日に、松岡を外相から外すためにいったん総辞職し、第三次近衛内閣を組閣した。

だが日米交渉は好転せず、同年七月二十八日に日本軍が南部仏印進駐を行なったことに対して、アメリカは在米日本資産凍結と石油完全禁輸に踏み切った。

こうして日米交渉が暗礁に乗り上げていくなか、一九四一年九月六日の御前会議で「帝国国策遂行要領」が決定された。近衛内閣は「戦争ヲ辞セザル決意ノ下ニ概《おおむ》ネ十月下旬ヲ目途トシ戦争準備ヲ完整ス」、「十月上旬頃ニ至ルモ尚《なお》我要求ヲ貫徹シ得ル目途ナキ場合ニ於テハ直チニ対米（英蘭）開戦ヲ決意ス」と、対米（英蘭）開戦に向かう国策を決したのである。

日米交渉が暗礁に乗り上げた大きな原因はシナ事変にあった。皇族の東久邇宮稔彦王《ひがしくにのみやなるひこ》は事態を憂慮し、九月二十四日に、玄洋社のリーダーで、蔣介石とも懇意であった玄洋社の頭山満を自宅に招いた。東久邇日記は次のように記す。

《私から次のように頭山に話した。

「日本と支那とこんなに永く戦争をすることは、日本のためにも、支那のためにも、またアジア全体のためにもよくない。世界の情勢は、今日アジア民族が結束して白人、特に英米人の羈絆《きはん》から脱却する絶好の機会である。日本と蔣介石とはアジア全体のことを考え、このさい戦争をやめなければならない。しかし、蔣介石に和平を勧告するため、日本政府代表の官吏、軍人あるいは外交官が行っても、蔣介石はおそらく相手にしないだろう。

私は、頭山がもっとも適任者だと思う。頭山が一個の日本人として、適当な場所で蔣介石に会って、アジア永遠の平和のため、またアジア民族のために、和平を勧告してはどうか。これがためには、時機を選ぶことがもっとも大切だと思う」》（東久邇稔彦『東久邇日記——日本激動期の秘録』徳間書店、一九六八年、八七頁）

するとと頭山はこう答えた。

頭山 満

《「頭山も日支問題について、かねて心がけています。頭山は年をとっておりますが、殿下のお考えのように致します」

さらに私が、「頭山の国家に対する最後の御奉公と思って、しっかりやってもらいたい」というと、頭山は、「有難うございます。しっかりやります」と答えた》（同、八七頁）

緒方は翌日、頭山に電話で自宅に呼ばれ、この話を聞いて、その日のうちに東久邇宮邸に駆けつけた。緒方は学生時代から頭山に世話になっており、結婚に際して仲人を頼んでいる関係だ。九月二十五日の東久邇日記は次のように記録している。

《午後一時、朝日新聞主筆、緒方竹虎来たり、次の話をした。

「緒方はむかしから、頭山満と懇意である。今朝、頭山から電話で、来てくれとのことなので、頭山の家に行ったところ、頭山は少し疲労して寝ていたが、頭山から東久邇宮に呼ばれ、蔣介石と会見して日支和平をやれといわれたことを話し、最後の御奉公としてやることにしたと、大いに感激していた。

緒方は、頭山と私（東久邇宮）との連絡のために来たのである。頭山はかねてから、蔣介石は支那の第一人者であるから、日本は蔣介石を相手として、和平交渉をすべきである、といっていた。

第一次近衛内閣で宇垣外相の時、漢口陥落の直前、蔣はその代表者をして、和平問題につき宇垣外相に会見を申し込んだことがあり、まさにそれが実行の運びに入ろうとした時、宇垣が興亜院設置問題で外務大臣を辞職してしまったので、せっかくの和平交渉が立ち消えとなった。支那側では、宇垣が辞職したのは、和平問題のためだと考えたらしく、その後、和平問題について、何もいい出さなくなった。それから、ある人を通じて、蔣介石は日本政府の代表者とは会わないが、頭山となら会ってもいいといって来たことがある。そのさい蔣介石は、自分の写真に署名したものを届けて来た」

本日、緒方は、その頭山に贈られた署名入りの蔣の写真をもって来て、私にみせてくれた。なお、緒方と、頭山、蔣会見の時機の問題、政府ならびに軍部当局に話す時機、方法などを話し合った》（同、八七〜八八頁）

頓挫した東久邇宮内閣構想

だが、その直後の一九四一年十月十五日、元朝日新聞社員で、昭和研究会の一員として近衛文麿のブレーンを務めていた尾崎秀実が逮捕された。シナ事変を利用して尾崎が対英米戦を煽ったことや、ソ連軍情報部のスパイ、リヒャルト・ゾルゲに、日本がソ連ではなく英米と対立する可能性が高い南進論に決したという重要な情報を知らせたことは、拙著『コミンテルンの謀略と日本の敗戦』第六章で詳述したとおりである。

尾崎逮捕の翌日の十月十六日、対米外交の行き詰まりから第三次近衛内閣は総辞職し、翌十月十七日、東條英機陸軍中将に組閣の大命が下った。

緒方が書いた米内光政の伝記『一軍人の生涯』によると、近衛内閣では最後の最後まで、中国からの撤兵問題で近衛と東條陸相が激論していた。

《近衛手記によれば「開戦決定の時機を決めた『帝国国策遂行要綱』決議後のある日、東条は夜遅く近衛を首相官邸日本間に訪ね『駐兵問題に関しては米国の主張するような原則的に一応全部撤兵、然る後駐兵という形式は、軍として絶対に承服し難い』と強談《こわ》判を持ちかけ、超えて十月十二日には、近衛と陸海外三相及び鈴木〔貞一〕企画員総裁の重要会談において、外相が『今日の問題の最難点は結局支那の駐兵問題だと思うが、これについて陸軍が従来の主張を一歩も譲らないということならば交渉の見込はない』というのに対し、東条は『駐兵問題だけは陸軍の生命であって絶対に譲れない』と繰り返し」ほとんどこれが幕切れとなって近衛内閣は潰《つい》えた。

近衛の手記は更に会談の間に東条が「人間たまには清水の舞台から目をつぶって飛び降りることも必要だ」と語ったと書いてある。流石に近衛も聞き咎めて「個人としてはそういう場合も一生に一度や二度はあるかも知れないが、二千六百年の国体と一億の国民のことを考えるならば責任の地位にあるものとして出来るものではない」と答えている。仮りに一場の捨台詞にしても、サーベルの騒音のかげに如何に軽薄なる空気が動いていたかを想像させるのである。

然るに更に奇怪なのは、その東条が近衛を含む重臣会議の推薦によって次の政権を担当するに至ったことである》（緒方竹虎『一軍人の生涯』一〇一〜一〇二頁）

近衛の後継が東條に決まる前のこと、陸軍が東久邇宮を後継首相にすることを望んだこともあって、近衛首相は東久邇宮を推薦しようとした。だが、皇族に責任が及ぶことを懸念する内大臣・木戸幸一らの動きもあり、この時点での東久邇宮内閣は実現しなかった。

緒方の見るところ、これは和戦の岐路を誤った痛恨の出来事であった。

《陸軍が宮（引用者注：東久邇宮）を担ごうとしたのには深長な意味があった。陸軍は「清水の舞台から後飛び」を唱えながらも、未だ十分の覚悟が出来ず、さればといって部内の下剋上を乗りこなす自信もなく、皇族の出馬によって九月六日の御前会議の決議を御破算にし、自らは責任を避けようとしたのである。（中略）

東条は、宮と石原莞爾との関係から、平生は必ずしも宮に好意的でない。その東条が宮の出馬を希望せざるを得なかったところに、かえって時局の鍵があったと思われる。然るに木戸内府の輔弼は「皇族内閣の決定が開戦ということになった場合を考えると……」云々の理由にならぬ理由で反対し、東条推薦へと急いだについては、今日なお顧みて一抹の割りきれぬものを感ぜざるを得ない。

皇族内閣は軍人内閣と程遠からざる意味において変則である。議会政治の原則は議会に基礎を有しない内閣を認めないからである。

しかし、この議会政治の原則は満洲事変以後全く無視され、歴代ほとんど変則内閣ならざるはなき時代である。従って皇族内閣のみに附随する別種の問題がありとせば、それはその皇族の気力と識力とが民間のレベルに達するか否かだけであろう。

然るに問題は何人がよくルビコンの岸辺にさまよう陸軍を抑え得るかであり、皇族が物をいう限り、更に人を人臭しとも思わぬ御性格の東久邇宮は、当時この問題に応うべく最も適役者であったのである。そして更に終戦時に試みられた陛下の御努力をこの時に仰ぎ得たならば、多少のテロは免れなかったにしろ、太平洋戦争は或《あるい》は未然にこれを防ぎ得たかと思われる。戦争の終始を通じ、私心と形式主義とが如何に多くの大事を誤ったことか》(緒方竹虎『一軍人の生涯』一〇二～一〇四頁)

東久邇宮内閣を樹立して皇族の力で軍を抑え込み、中国からの撤兵に踏み切ってアメリカとの戦争を回避すべきだったと、緒方はいうのである。

もっとも先の日米開戦を、日本政府の決断だけで阻止できたかどうかは疑問ではある。アメリカのルーズヴェルト政権も、イギリスのチャーチル政権も、中国の蔣介石政権も、そして何よりもソ連のスターリン政権も、日米開戦を望んでおり、日米開戦となるよう、多くの工作が繰り広げられていたからだ。

だが、そうした事情を知らない緒方が終戦後、「戦争の終始を通じ、私心と形式主義とが如何に多くの大事を誤ったことか」と痛切な反省を述べたのは、再び「私心と形式主義」によって国策が左右されてはならないという自戒からだったに違いない。それほど緒方は、先の戦争に責任を感じていた。先の戦争で多くの同胞を、そして親友を失ったからである。

一九四一年十二月一日、東京朝日新聞は創刊から二万号に達したが、緒方は苦渋に満ちた挨拶を述べた。

《二万号を迎えるに当って、われわれはもう一度創業の精神を思い起さねばならぬ。それは要約すれば進歩主義であり、また非営利的であるということである。創業者は商売でなく、大小二本を腰にさした気持でこの事業に従事されたのである。近頃ややもすれば、新聞は意気地がないと世間からいわれる。全然否認するだけの勇気を私は持たぬ。もしこの際新聞が立ち直り得るものならば、新聞としても新聞社としても、相当の犠牲を払っていいと考える》（緒方竹虎伝記刊行会『緒方竹虎』一〇一頁）

そしてその一週間後の十二月八日、真珠湾への奇襲をもって日本は対米英蘭戦に突入した。日本は米英蘭とも戦争を始めたのだが、緒方は外敵ではなく、「国内の敵」との戦いを強いられることになる。

第6章

我に自由を与えよ、然らずんば死を与えよ

帝国憲法が保障した「言論の自由」を否定

議会制民主主義国ならば、世論の支援を得るためにも自国が直面している危機について積極的に知らせようとするものだ。だが、日米交渉にあたっていた近衛内閣は、言論統制を強めていく。

やむなく新聞界は一九四一年五月、社団法人日本新聞連盟の創立に踏み切った。シナ事変の長期化や、国家総動員法の制定などにより、報道の内容に関する事細かな指導や、用紙配給を梃子《てこ》にした経営への統制が着々と進むなかで、「統制整理が免れ難き運命ならば、自らの手で、最も好ましき統制に乗り出すべきである」（伊藤正徳『新聞五十年史』鱒書房、一九四三年、四四三頁、傍点強調は原文のまま）という認識のもと、中央の大手紙が協同して先手を打ったのである。

この動きを主導したのは、緒方だった。

緒方は、聯合・電通両通信社の合併の際に調整役を務めた田中都吉《ときち》（元外交官。当時、中外商業新報社長）、同盟通信社社長の古野伊之助、毎日新聞社会長の高石真五郎、読売新聞社社長の正力松太郎らに働きかけて新聞連盟を成立させた（今西光男『新聞　資本と経営の昭和史』一八五頁）。新聞連盟は、①言論報道の統制に関し政府に対する協力、②新聞の編集ならびに経営の改善に関する調査、③新聞用紙その他の資材の割当調整の三つを役割とし、参与理事として政府側から、情報局次長、情報局第二部長、内務省警保局長らを受け入れた。

しかし、さらなる統制に向けた政府の攻勢は止まらなかった。そのため一時は、日本中のすべての新聞社が独立を失う寸前に追い込まれた。

東條内閣（一九四一年十月発足）は大手新聞各社の抵抗を抑えて「新聞販売協同組合」を組織し、一九四一年十二月一日から新聞販売の共販制度を開始した。共販制度とは、全国の各新聞社の販売店を整理統合することによって販売競争を停止し、各新聞の配達や集金を共同で行なう仕組みである。

東條英機

新聞社の専属販売店網は、それぞれの新聞社の営業の血と汗の結晶だから、全国各地で部数を伸ばそうとしてきた中央の大手紙は強く抵抗した。だが、大手紙の販売攻勢にさらされて経営的に苦労してきた地方新聞社は、競争がなくなれば楽になるので共販制度を歓迎した。数のうえからいえば、中央の大手新聞社よりも地方新聞社のほうが圧倒的に多い。従って大手紙の抵抗にもかかわらず、新聞界全体としては、政府の統制をむしろ喜んで受け入れるような空気が醸成されてきた。既得権益を守るため、自由を手放し、政府の統制を歓迎したのだ。

次に東條内閣は、一元会社案と一県一紙主義を推進しようとした。一元会社とは、全国の新聞社の新聞発行権と有体財産（土地、建物、印刷機など）を一つの共同会社に統合し、その共同会社が各新聞社に新聞の発行を委託するという計画である。一県一紙主義とは、全国各地の新聞社を整理統合して、東京、大阪、福岡などの大都市に有力紙数紙ずつを残すほかは、一県一紙に統合するというものだ。

政府は新聞連盟に対して一元会社案と一県一紙主義を提案し、審議を求めた。新聞連盟の理事のうち、中央紙では朝日・読売・毎日の三大手と都新聞が反対、報知と国民は賛成、地方新聞は六社全部が賛成に回った。連盟内での論争は激しいものとなり、報知代表の三木武吉が毎日新聞代表の山田潤二に「鉄拳を揮《ふる》わんとしたが、傍の者に留められる」という険悪な場面もあったほどだった（御手洗辰雄『新聞太平記』一七二頁）。

戦後、緒方は当時を回顧してこう語っている。

《戦争中に——丁度東條内閣のときに軍が考えた構想ですが、つまり新聞の一元会社を考えたことがある。新聞社の建物、土地、機械、いわゆる有体会社を一つにまとめて、そして個々の新聞は従業員のみの総覧により夫々特色ある新聞をやらせるという構想なんです。
ところが、すべての有体財産をおさえれば、新聞の首ッ玉をおさえたようなもので、どんな圧迫でもきく。この時の軍の考えとしては、ニュースは同盟一本、新聞は一元会社と簡単に考えたと思うんですが、一体、新聞というものは、官か、民かというと、それは当然に民のものであるべきで、即ちどこまでも制作者自身の自由意志を尊重するのでなければ意味をなしませんね》（緒方竹虎、御手洗達夫、木舎幾三郎「新聞今昔」三一～三二頁）

読売・毎日・朝日の三社が結束して抵抗を貫いた結果、連盟の審議は三社案に近い内容で決着した。一元会社をつくる代わりに、新聞業界の自主的統制団体として日本新聞会を創立し、各新聞社の株式保有を社員のみに制限して外部資本を排除し、株式配当に一定の制限を設け、公益性を高めるという案だ。

東條政権は、連盟の決定を受け入れて「新聞事業令」を策定し、国会に送った。だがその一方で、日本軍による真珠湾攻撃の直後に「言論、出版、集会、結社等臨時取締法」を制定し、集会、結社、出版を許可制とした（一九四一年十二月十七日成立、十九日公布）。

《第二条　政事に関する結社を組織せんとするときは命令の定むる所に依り発起人に於て行政官庁の許可を受くべし。

第三条　政事に関し集会を開かんとするときは命令の定むる所に依り発起人に於て行政官庁の許可を受くべし。（後略）

第七条　新聞紙法に依る出版物を発行せんとする者は命令の定むる所に依り行政官庁の許可を受くべし》

出版、集会、結社を許可制にするということは、これらの自由が国民の権利であることを否定することだ。なぜなら許可制というのは、一般に法で禁じたことを、許可した場合にのみ禁止を解除して行なえるようにする制度だからだ。許可制の典型的な例の一つが医師免許である。一般人が人の体をメスで切ることは禁止だが、免許を持つ医師に対しては政府の許可により禁止が解除される。

出版、集会、結社を許可制にしたということは、人の体を切ることが基本的に禁止されているのと同様に、出版、集会、結社は基本的に禁止で、官庁が許可したものだけが認められる体制になったことを意味する。

帝国憲法が第二十九条で「日本臣民は法律の範囲内に於て言論著作印行集会及結社の自由を

有す」と定めていた。にもかかわらず、東條内閣は日米開戦と同時に、臣民の権利としての言論の自由を否定したのだ。

政府批判も事実上の犯罪とする法律が成立

ハワイ・マレー沖海戦をはじめとする対米英蘭戦争での緒戦の勝利で、日本国民は喜びに沸いた。

国内外の情報収集に熱心な緒方が、戦争の先行きを楽観していたはずはない。だが、戦いを始めた以上負けることはできないとの考えで毎月八日の宣戦詔勅奉戴日には、国民服を着て宮城（皇居）参拝の先頭に立っていた。

その一方で、東條政権が憲兵を使って政治家や新聞記者たちの言論を監視・弾圧する、いわゆる憲兵政治に対しては批判的だった。東條が総理大臣就任にともなって大政翼賛会の総裁になると、翼賛会の会議ではみな東條に阿《おもね》って起立、礼の号令で迎えたほどだったが、緒方だけは敢えて起立も礼もしなかったという（緒方竹虎伝記刊行会『緒方竹虎』一〇三〜一〇四頁）。

東條首相が政府批判にどれほど過敏だったかはこれまで多くの書籍で語られている。

朝日新聞をめぐっては、一九四二年六月二十五日の『東京朝日』朝刊に有竹修二が書いた記事に東條が激怒した事件がある。有竹は現在の『朝日新聞』の「天声人語」にあたる「有題無題」というコラムで、東條が視察の途上、自ら練炭配給の不手際を見つけて対処したことを指して「東條首相一流のテキパキしたやり口は気持がいゝ」と賞《ほ》め上げた。しかしその一方で、西漢の宣帝の宰相、丙吉《へいきつ》が街頭の乱闘には何も言わなかったのに、牛が喘《あえ》ぐのを見て質問した逸話を紹介し、「宰相は大体を抑うべきものだ。その宰相をして、忙中に細事を憂えしむるのは、下僚一般の責任であろう」と書いた。

群衆の乱闘にはそれを取り締まるべき担当者がいるから宰相である丙吉は介入しないが、牛が喘ぐのは天候が異常な徴であるから国事に重大な影響を与える可能性がある。些事は役人の責任であり、一国の宰相は大局を見るべきであると、東條をやんわりと皮肉ったのである。

この記事に東條は激怒して大本営報道部長の谷萩那華雄《やはぎなかお》大佐を呼び付けた。谷萩は元陸軍省新聞班で緒方と親しかったので、緒方に電話して「親爺が怒って困っています」と訴えた。緒方はこの記事を書いた有竹には何もいわずに、陸軍省へ行って話をつけたという（緒方竹虎伝記刊行会『緒方竹虎』一〇四頁）。

翌一九四三年に入ると、二月、日本軍のガダルカナル撤退、四月、海軍の山本五十六の戦死など、目に見えて敗色が濃くなってきた。欧州戦線も二月、スターリングラードのドイツ軍降伏、七月、イタリアのムッソリーニ失脚、九月、イタリア無条件降伏と、日本が属する枢軸国側は敗北に向かいつつあった。

そういうなかで東條内閣は、憲兵政治と言論抑圧をさらに強めていった。

一九四二年に「戦時に際して」の国政変乱目的の殺人、公共防空・気象観測・重要生産事業遂行などの妨害、買い占めや売り惜しみの処罰規定を設けた「戦時刑事特別法」を制定していた。

翌一九四三年二月、国政変乱目的の騒擾《そうじょう》その他治安を害する罪の煽動・協議や、同様の目的のために著しく治安を害すべき事項を宣伝することに対しても処罰規定を加える改正案を上程した。同改正案は内閣や大臣の不信任を求めることはもとより、政府批判ですら「国政変乱目的」とされて禁じられかねなかった。言論抑圧の危険があるとして帝国議会で強く批判されたが、東條内閣は三月に強行成立させた。

そしてこの年の十月、東條内閣は緒方の親友、中野正剛を弾圧の挙げ句、自殺に追い込んだのである。

「東條内閣」対「中野正剛」

中野正剛は第1章で述べたように、緒方にとって修猷館以来の親友であり、早稲田大学でも朝日新聞でも先輩にあたる。

朝日新聞在職中から閥族打破・普通選挙実現運動に熱心だった中野は、第一次世界大戦後のパリ講和会議を取材し、日本の外交的敗北に衝撃を受ける。

英米仏伊四カ国が戦後構想をめぐってしのぎを削る一方で、日本は国際連盟、国際労働、国際交通など、戦争終結と直接関係のない問題に対する準備がほとんどなかった（重光葵『外交回想録』中公文庫、二〇一一年、六五頁）。その結果、日本は戦勝国側だったにもかかわらず、重要案件は日本抜きで決められてしまい、日本は「サイレント・パートナー」と揶揄《やゆ》された。しかも中国での行動について批判され、ろくな反論ができなかったのだ。

石橋湛山《たんざん》が「袋叩きの日本」と題する『東洋経済新報』の社説（一九一九年八月十五日号）で、「条約の上からは確かにわが国の主張が正しい問題で、中華民国に非難され、米国の議会で散々な侮辱を与えられた。それでも、わが国政府は何の抗弁もできずに、自ら謝罪状を公表した」と慨嘆する惨状であった。

帰国後、中野は『講和会議を目撃して』（東方時論社、一九一九年）を刊行し、「我日本帝国は最初準備なくして世界の変局に際会し、講和会議の清算に於て、惨憺《さんたん》たる国運の蹉跌《さてつ》を招きしのみならず、再び無準備の儘《まま》、講和後の新局面に投げ出されたり」と訴えている。

中野は外交を立て直すために内政改革が必要と考えて普通選挙実現と議会政治の徹底をそれまで以上に熱心に主張し、新聞記者から政界に転じた。

一九二〇年（大正九年）に無所属で衆議院選挙に当選、大正末期から一九三一年（昭和六年）

まで憲政会・立憲民政党の若手リーダーの一人として活動したが、その後、一九三六年に政治団体「東方会」を結成した。中野は東方会を率いて日独伊三国同盟締結や新体制運動を推進し、一九四〇年には東方会を解党して大政翼賛会に参加、同会の総務に就任している。

政治に関する中野の考えは、日独伊三国同盟締結を阻止しようと奮闘していた緒方とは合わないところが多かった。そのため緒方はある時期から中野と政治の話を避けるようになった。

中野正剛

《ほとんど政治以外に興味を有しない中野君であるから、たまに会えば必ず政治論を闘わす。政治を論ずればほとんどきまって結論を異にする。中野君の性格がひたむきの性格であるだけ、これでは遂に政治論の相違から、交游まで傷《そこな》うことになりはしないかを、私はある頃から心配し出した。そこである日、私は中野君と晩餐をとりながら、爾後《じご》乗馬に関する話以外語らぬようにしようではないかと、真面目に提案した。中野君も笑いながらこの提案に賛成した。馬の

話をしていればお互いに少年の心のまま何のこだわりもなく話が出来たからである》（緒方竹虎『人間中野正剛』四二頁）

中野は一九四一年、大政翼賛会の改組に反対して脱退、東方会を再結成した。そして一九四二年の翼賛選挙を非推薦で戦い、官僚統制への反発から東條批判を強めていった。

東條内閣はこの一九四二年の総選挙にあたって初めて候補者推薦制度を導入し、内閣が推進する言論統制政策などを支持する候補者には翼賛会を通じて選挙資金を分配する一方で、言論統制政策などに反対する候補者は「非推薦」となり、選挙干渉が加えられた。このため「非推薦」の候補者はかなりの苦戦を強いられた。もちろん、こうした「翼賛選挙」は、議会を形骸化させるものであり、帝国憲法の精神に反している。

《中野君がいよいよ打倒東条の決意を固めたのは、東条内閣が推薦議員制を考えた時だと思われる。これより先き、東条内閣が言論出版集会結社等臨時取締法案を議会に提出した時も、中野君および東方会は真向からこれに反対したが、推薦選挙によって一挙に議会を骨抜きにし、軍閥独善のもと全く国民の口を塞ごうとするのを見て、遂に堪忍袋の緒を切らしたようであった。中野君は民政党生活を体験して逆に政党革新論者になったが、軍閥の驕慢が

議会を無用化し、国を誤るのを座視し得なくなったのである》（同、四四頁）

中野と東方会は、「軍閥独善のもと全く国民の口を塞ごうとする」言論出版集会結社等取締法案をめぐり、国会で東條内閣と激突した。中野はヒトラーやムッソリーニに傾倒する半面、玄洋社の一員であったこともあって有司専制・官僚政治を強く批判しており、「言論の自由」尊重も若いころから一貫していた。東條内閣との衝突は必然だった。

《昭和十六年十二月、太平洋戦争開始直後に開かれた臨時議会に、東条内閣は言論出版集会結社等臨時取締法なるものを提出し、言論も結社も集会もすべて政府の許可制とし、政府に都合の悪い言論、集会、結社等は一切これを許さない措置の法律的基礎を設けようとした。これは議会としてはまさに自殺であり、したがって、政府を独裁化するものに他ならない。憲法政治の否認である。

これに対し中野君は東方会の幹部に「この法案を叩き潰せ」と命じた。そこで幹部はじめ所属代議士は内務省、司法省の関係者間に膝詰《ひざづめ》談判して法案の撤回を迫り、議会においてもあらゆる方法を講じて阻止に努めたけれども、政府はあらかじめ政党側の領袖を抱き込み済みで、十分の審議も尽さず一夜のうちにこれを成立させ、この時以後東方会は明瞭に東条内

閣と倶《とも》に天を戴かざるの立場に立つに至った》(同、一七三頁)

天下一人を以て興る

さらに東方会は、まさに自分たちが叩き潰そうとした言論出版集会結社等臨時取締法に基づいて、解散を命じられてしまう。東條内閣が、「翼賛政治会」以外の政治結社を認めない方針を採用したからである。かくして中野は、東條内閣に立ち向かってゆく。

《ここにおいて中野君は沈潜幾日かの熟慮の後、遂に東条軍閥政治に対する宣戦布告を決意した。それが十七年十二月二十一日の日比谷公会堂における時局批判大演説会である。これは名は演説会であるが、実際は文字通り東条内閣に対する宣戦であった》(緒方竹虎『人間中野正剛』四五頁)

緒方が「宣戦布告」という日比谷公会堂での時局批判大演説会——その一月余り前の一九四二年(昭和十七年)十一月十日に、中野は母校早稲田大学の大隈講堂で「天下一人《いちにん》を以て興る」と題した演説を行なっている。これはまさに「伝説」ともいうべき名演説である。政府批判があれば演説を止めるべく、大隈講堂には憲兵が待機していたが、中野のあまりの熱弁と聴衆の熱気に止めることができなかった。約三時間にわたる演説の最後に中野が次の言葉で呼びかけると、満場の学生たちは起立し、早稲田大学の校歌「都の西北」の大合唱となったという。

《諸君は、由緒あり、歴史ある早稲田の大学生である。便乗はよしなさい。役人、準役人にはなりなさるな。歴史の動向と取り組みなさい。「天下一人を以て興る」。諸君みな一人を以て興ろうではないか。（中略）

天下悉《ことごと》く眠って居るなら諸君起きようではないか。この切迫せる世の中に、眠って居るのも、うすら眠りであろう。諸君が起ちて直ちに暁鐘を撞けば、皆醒《さ》めることは必定である。天下は迷わんとする。言論のみでは勢を制することは出来ぬ。誰か真剣に起ちあがると、天下はその一人に率いられる。諸君みな起てば諸君は日本の正気を分担するのである。日本の巨船は怒濤の中に漂っている。便乗主義者を満載して居ては危険である。諸君は自己に醒めよ。天下一人を以て興れ。これが私の親愛なる同学諸君に切望する所である》（佐藤守男『中野正剛　附名演説選集』霞ヶ関書房、一九五一年、三三六〜三三八頁）

この早稲田大学での演説と、その後の日比谷公会堂での演説は、わずか一カ月ほどしか間を置かずに行なわれたこともあって、内容的には重複する部分も多い。これらの大演説で中野が説いた主題の一つが、民間企業を重視する自由主義の重要性であった。官僚主導の統制経済で生産力が破壊されることを憂慮したのだ。

《私は大政翼賛会の常任総務であったときに、我等の主張する統制経済について、その理念を明白にし、革新要綱を提出したことがある。私は一元的統制とは、民間の創意、民間の企業心を尊重し、個人の責任において経営する産業の個性をそのまゝ尊重しながら、綜合的にすべての力を一つの国家目的に集中させることであると主張した。（中略）

統制経済は、統制者の便宜の為のそれに非ず、統制せらるゝ者の生産力増大を目的とするものでなければならぬ。産業の個性など尊重せず、御破算で打ち毀《こわ》して、機械的に一つに纏《まと》める方が、形式的には便利であろう。しかし、それは生産力の破壊を招来する》（同、二九五頁）

そして中野は、板垣退助の自由民権論や、西南戦争での西郷隆盛の姿などを紹介して、日本における自由のあり方を高らかに論じつつ、次のように喝破するのである。

《物の本質を見ずして、自由主義は怪しからぬと唱え、凡《およ》そ民間的言議行動を罪悪視するが如きは思わざるの甚しきものである。左様な便乗主義者が天下に跋扈《ばっこ》して人の個性を奪う。囚われたる己の量見で小さく人を律する。権力の為の権力に服従せざるものを自由主義と言うならば、私は『我に自由を与えよ、然らずんば死を与えよ』と叫びたい》（同、三二一〜三二二頁）

緒方が『人間中野正剛』で言及している一九四二年十二月二十一日の日比谷公会堂における演説は、最初、警視庁が開催を許可しなかったが、政府攻撃はしない、警視庁の指示注意事項を守るという条件でようやく許可されたものだった。

しかし演壇に立った中野は火を噴くような東條批判を展開した。

《如何なる名案も計画も、官憲の力だけで上からおっぱじめると、ついには国家資本主義的形式になる。下から働きがなければ、決してうまく行かんことは原則である。（中略）

国と云いますが、国の営みは最後は人ですよ。人と国とを分ちて、抽象せる国というものはない。諸君は国そのものである。諸君が正しき己れを見出すならば、諸君は歴史を背負って居る諸君である。時代を背負って居る諸君である。日本全国駄目になっても、諸君一人は国のためになり得る諸君である。お互いに起とうじゃないか。日本の必勝体制は奴隷体制ではいかぬ。日本の必勝体制は有志家制体《ママ》である。われ〳〵は九軍神の如く自発的に国家に協力しようじゃないか。協力という字は独立性を有している。真善美を究めたる協力、起ち上れば同じ方向に向って独立自発的に猛進する。奴隷体制は経済上にも駄目、奴隷体制は軍隊の上にも駄目である。旧ツァーの軍隊、旧カイゼルの軍隊がこれを立証している》（同、一七六〜一七七頁）

法律と憲兵政治によって国民の自由を奪い、抑え込むような東條内閣は結果的に日本経済も軍隊もダメにしてしまっていて、このままでは戦争に勝つことも覚束《おぼつか》ない。大事なことは言論の自由、経済の自由を保障して国民が自主的に奮闘できるようにすることではないのか――。

午後一時からのこの演説会に、午前六時から入場希望者が列をつくり、一万人が並んだ。整理券を手に入れて入場できたのはそのうち四〇〇〇人で、諦めきれない群衆が閉会まで会場を取り巻いていた。

中野の影響力の大きさを恐れた東條内閣は以後、中野の演説を禁じた。愚かなことに、政府にとって都合の悪い話をする人間の口を封じることが国を守ることだと考えていたのだ。そんなことをすればますます民心は離れていくことが、東條内閣はわからなかったのだ。

戦時宰相論

明けて一九四三年一月一日、中野が書いた「戦時宰相論」が『朝日新聞』に掲載された。今西光男氏によれば、一九四二年十二月に朝日新聞政経部次長の西島芳二が中野に〝戦時宰相論〟を書いてもらうことを提案し、編集会議で通った企画だったという（今西光男『新聞　資本と経営の昭和史』二一八頁）。

今西氏によれば、緒方は中野の状況がわかっているので一面ではこの企画を喜びつつも、中野が激しい東條批判を展開して東條の反発を買うかもしれないという一抹の不安もあったという（同、二一八頁）。

緒方は中野の執筆当時の状況を次のように回顧している。

《中野君は当時このことを語って、君の新聞に頼まれたので考えてみたが、引受けて三日間はどうしても構想が立たない。四日目の朝、四時頃目が覚めたので、今日もし構想が立たなければ、不面目ではあるが新聞の締切もあるので断る他ないと思っていると、ふと諸葛孔明《しょかつこうめい》の前出師表《ぜんすいしのひょう》を思い浮べ、誦《そら》んじて「先帝臣が謹慎を知る、故に崩ずるに臨んで臣に託するに大事をもってす」に至り、この「謹慎」だとばかり直ちに床を蹴って筆をとったところ、実にすらすらと四十分にして書くことが出来た。一文の趣旨は「東条に謹慎を求むるにあるのだ」と語っていた》（緒方竹虎『人間中野正剛』四五～四六頁）

中野の「戦時宰相論」は冒頭で、第一次世界大戦期のフランスの首相、クレマンソーを例に挙げつつ、こう述べる。

《戦時宰相たる第一の資格は、絶対に強きことにある。戦いは闘争の最も激烈にして大規模なるものである。闘争において弱きは罪悪である。国は経済によりて滅びず、敗戦によりてすら滅びず、指導者が自信を喪失し、国民が帰趨《きすう》に迷うことによりて滅びるのである》（同、一一四頁）

そして、戦時宰相が強くあるためには国民との間の信頼が必要だと強調する。

《非常時宰相は絶対に強きを要する。されど個人の強さには限りがある。宰相として真に強からんがためには、国民の愛国的情熱と同化し、時にこれを鼓舞し、時にこれに激励さるることが必要である。（中略）

ヒンデンブルグ、ルーデンドルフは個人としてはもとより強かったに相違ない、されど彼らが真に強さを発揮したのはタンネンベルヒの陣中、戦砲を煙硝の臭に浸していた際である。全軍の総指揮権を握った刹那《せつな》、彼らは半可通の専制政治家に顚落《てんらく》した。ドイツの全国民があれだけ愛国心に燃え、最前線の少年兵が虚空をつかんで斃《たお》れても、なおパリの方向ににじり寄らんとした光景、それが彼らの眼には映らなかったのか。彼らは国民を信頼せずして、これを拘束せんとした。彼らは生産能力に対して何らの認識なく、「補助勤務法案」なるものを提出し、「満十五歳より六十歳に至る全男女に労役義務を課すること」を強行した。これが所謂《いわゆる》「ヒンデンブルグの絶望案」である。それは国民の自主的愛国心を蹂躙《じゅうりん》して、屈従的労務を要求するものであり、たちまち生産力を減退して、随所に怨嗟《えんさ》の声を招き、遂に思想の悪化による国民的頽廃を誘致したのである》（同、一一四〜一一五頁）

東條内閣は、戦争協力の名のもとに法律で国民に労務を強制しているが、それは「国民の自主的愛国心を蹂躙」し、「生産力を減退」させることではないのか。こう批判したのだ。そして最後に、日露戦争当時の桂太郎首相のあり方を描いて、こう締めくくった。

《日露戦争において桂公はむしろ貫禄なき首相であった。彼は孔明のように謹慎には見えなかったが、陛下の御為に天下の人材を活用して、もっぱら実質上の責任者をもって任じた。山県［有朋］公に頭が上がらず、井上［馨］侯に叱られ、伊藤［博文］公をはばかり、それで外交には天下の賢才小村［寿太郎］を用い、出征軍に大山［巌］をいただき、連合艦隊に東郷［平八郎］を推し、鬼才児玉源太郎をして文武の連絡たらしめ、傲岸《ごうがん》なる山本権兵衛をも懼《おそ》れずして閣内の重鎮とした。しかして民衆の敵愾心《てきがいしん》勃発して、日比谷の焼打ちとなった時、窃《ひそ》かに国民に感謝して会心の笑みを漏らした。桂公は横着なるかに見えて、心の奥底に誠忠と謹慎とを蔵し、それがあの大幅にして剰《あま》すところなき人材動員となって現われたのではないか。難局日本の名宰相は絶対に強くなければならぬ。強からんがためには、誠忠に謹慎に廉潔に、しかして気宇広大でなければならぬ》（同、一一九頁）

国家の指導者たるもの、言論統制と法律と憲兵の取り締まりで国民を抑えつけるのではなく、自ら謙虚になって有為の人材を活用すべきであり、そうした器の大きさこそが難局にある日本の指導者に求められているのだ——。

この批判が自分に向けられていることを東條首相は理解した。元旦の朝食の席でこの記事を読んだ東條は激怒し、直ちに情報局に自ら電話して発売禁止を命じた。当然のことながら、中野のこの記事も大本営報道部の事前検閲を受け、検閲済みとして通っていたが、それを引っ繰り返して発売禁止にしたのだ。

当時、朝日新聞東京本社査閲課長だった三大寺《さんだいじ》義久はこう証言している。

《緒方主筆が屋上の拝賀式で村山社長の訓辞を代読するのをきいていた時「情報局から電話だからすぐ降りて下さい」と呼ばれた。私はすぐ電話に出た。検閲課の「朝日」担当事務官がいきなり「今朝の朝日新聞が発禁になったよ」と事もなげにいうので「冗談じゃない。あれは二、三日前に事前検閲に出し、一字一句の訂正もなくパスしているじゃないか。そちらにゲラが残っているはずだよ。一体理由は何だ」と私も興奮して詰問したが、要領を得ず、仕方なく大石検閲官に直接電話した。大石検閲官は「むろん検閲は通っている。しかし発禁になったんだよ。理由をいっても納得してくれないだろう。泣く子と地頭には勝てないんだ。われわれは今、金井元彦課長をはじめ、辞表をふところにして飲んでいるから、君も一本持って来い」という》（今西光男『新聞　資本と経営の昭和史』二二二頁）

近代戦遂行能力が欠落した東條内閣

「戦時宰相論」掲載・発禁処分を受けた翌月の一九四三年二月、中野は企画院勅任調査官・田辺忠男と会談し、東條の戦争指導への深刻な危機感をますます高めることになった。

《田辺がそれまで一面識もなかった中野に、職務上知りえた重大な機密をあえてもらした動機は、経済専門官僚としての良識と真摯な危惧の念にあったが、そうであればこそ彼の語るところは、中野に少なからぬ衝撃を与えずにはおかなかった。

例えば、前年（引用者注：一九四二年）三月から五月にかけて閣議決定された第二次軍需産業生産力拡充計画、南方開発計画等が、きわめて杜撰《ずさん》なもので、基本的な数字そのものに正当な根拠が欠けていること、またその結果、「昭和一八年以降、南方資源の入手とともに、軍需品供給は拡大する」という企画院総裁の閣議における言明は、全くの空言にすぎないこと。すなわち、「軍需産業生産の拡充こそ戦時内閣最大の責務」であるとする田辺の立場からすれば、東條内閣にはおよそ近代戦遂行能力が欠落しており、このまま事態を推移するにまかせれば、敗戦は必至と断ぜざるをえぬということであった。（中略）

そこに示された政府部内の実情は、中野の想像をはるかにこえていて、改めて彼を東條政権打倒へと駆りたてる衝撃力となった。既にこの会談の中で中野は「蹶起《けっき》」する決意を表明したといわれる》（室潔『東條討つべし——中野正剛評伝』朝日新聞社、一九九九年、一一四～一一五頁）

かくして中野は一九四三年春ごろから東條を総理の座から引き下ろすため重臣への工作を開始した。それを知った三木武吉は次のように中野に忠告したという。

《君は相変らず勇敢に戦っているが、もう戦局の先は見えた。敗戦は避けられない。そこで俺は友人として君に忠告したい。幕末の桂小五郎のように当分のあいだ、女の膝をマクラに酒でも呑んで韜晦《とうかい》することをすすめる。でないと君は、吉田松陰、頼三樹三郎《らいみきさぶろう》のあとを追う結果となる。バカバカしいじゃないか》（今西光男『新聞　資本と経営の昭和史』二二三頁）

中野はこの年の夏までに近衛文麿、若槻礼次郎、廣田弘毅、岡田啓介、米内光政を説得して、東條を下野させ、宇垣一成を総理大臣とする内閣をつくる構想を支持する約束を取り付けていた。後継内閣の閣僚の人選も具体的に構想し、中野自身は内相、情報局総裁として緒方竹虎起用を考えていた。

ところが八月三十日に重臣たちが華族会館で東條と会談し、重臣の総意として詰腹を切らせるはずが、東條に居直られてあっけなく失敗に終わり、重臣側は大した意見表明もできずに終わってしまう（室潔『東條討つべし』一一六〜一一七頁。猪俣敬太郎『中野正剛（新装版）』二一〇頁）。

緒方は後年、慨嘆してこう語っている。

《日比谷の演説によって口を封ぜられ、「戦時宰相論」によって筆を折られた中野君は、もはや端的に東条内閣を倒す以外に彼の主張を活かす道はなかった。これが彼の逮捕の原因となった重臣工作である。しかし、私はこのいわゆる重臣工作が果してどこまで具体化されていたかを疑っている。それは中野側の熱意でなく、重臣側の態度である》（緒方竹虎『人間中野正剛』四六〜四七頁）

このときは、戦争という非常事態だ。にもかかわらず、重臣たちは「どうせ今動いても無駄だ」と考えて本気で動こうとしなかったわけだ。これは酷いと批判するのは簡単だが、そうした批判ができる資格がある人が今の日本にどれほどいるのか。

いつの時代でもそうだが、言い訳を並べて動かない人が多い。たとえば憲法改正の問題について話をすると、「どうせ親中派が幹事長のうちは何もできない」とか「あの政党と連立をしている間はダメ」とか「どうせアメリカが許さない」とか、初めから勝手に諦めて動かない人が本当に多い。有権者がそんな空気だから政治家のほうもあれこれと言い訳をするだけで、やがて何もしなくなる。そんなニヒリズムと戦うためにも中野は「天下一人を以て興る」と訴えたのだが、重臣たちには通じなかった。愛国心教育が徹底していた戦前でさえもこうだったのだ。それだからこそ中野正剛のような政治家がいたことは語り継がれるべきであろう。

福岡県福岡市の鳥飼《とりかい》八幡宮の境内の一角に中野正剛の銅像が立っているが、私は学生時代、幾度となくここを訪れた。

不当逮捕、そして中野の自決

一九四三年（昭和十八年）十月二十一日未明、特高警察は一〇〇名以上の課員を招集し、東方会を含む三つの団体を一斉に検挙した。中野の自宅にも警察官が向かった。

警察は中野を留置して取り調べたが、行政執行法第一条による行政検束《けんそく》だったため、帝国憲法五十三条の規定により、議会召集前に釈放しなければならなかった。臨時議会の開会は十月二十五日に迫っていた。そこで東條内閣は陸軍刑法および海軍刑法の「造言蜚語《ぞうげんひご》」の容疑で起訴しようと考えた。

ところが、一向に証拠らしい証拠が出てこない。また、検挙は秘密裡に行なわれたが、永田町では中野検束の事実がまもなく知れ渡り、翼政会を脱退していた鳩山一郎らが議会事務局や内務省に中野釈放を求めて動き始めた（緒方竹虎『人間中野正剛』一八四〜一八五頁）。

焦った東條は召集日前日である十月二十四日夜、内相、法相、警視総監、東京憲兵隊長、法制局長官らおよび検事総長を呼び集め、検事総長に対して、中野を起訴するよう求めた。

《「中野の日比谷演説といい、戦時宰相論といい、全く怪しからん話だ。議会においては翼政会に入らず、自分の反対派となっており、つねに政府に反対の言論行動をなしている。平時ならとにかく、戦時においては、こうした言動は利敵罪を構成すると思う。検挙して以来、取調べしているが、あのまま令状を出して起訴し、社会から葬るべきである」》（同、一八七頁）

検事総長は、証拠不十分だから起訴は不可能だとはねつけた。東條は、それなら行政検束のまま議会出席を阻む根回しをさせようとして翼政会幹部の大麻唯男《おおあさただお》をその場に呼び付けたが、大麻は、行政検束で議会人の議会出席を阻止することは憲法違反になる、そんなことを認めれば、政府の法案に反対する議員を行政検束することにより、政府はどんな法案でも通す独裁的権力を持つことになってしまうといって反対した（同、一八五～一八八頁）。

ところが、議会召集日当日である十月二十五日の午前四時半ごろ、中野の身柄は東條の意を受けた憲兵隊に移された（佐藤守男『中野正剛　附名演説集』二〇七頁）。

緒方竹虎『人間中野正剛』（一九七～一九八頁）によれば、憲兵隊の取り調べに対し、中野はガダルカナル敗戦について、「東条の乱暴なやり方に島田〔嶋田繁太郎〕海相が心にもなく賛成したため、陸海軍の作戦不一致を来した結果である」と、東方会の地方会員二名に対して自宅で語ったことを「自白」したという。これが陸海軍刑法の「造言蜚語」にあたるというのである。

さらに憲兵隊の中野聴取書によれば、「ある宮様の前で近衛文麿と中野が一緒に会談した際に、中野が口をきわめて東条の施政を痛罵《つうば》非難したので、さすがの宮様も、『中野、お前そんなことを言っていいのか』とたしなめられたことがある」のが不敬罪にあたるというのだ。

これほど実体のない「罪状」であっても、自白したからには起訴せよと東條内閣は検事局を督励し、二十五日夜、起訴前の強制処分を東京地裁に請求させた。検事局では若手検事の大部分が請求に反対で、「最後に、予審に回す手続きをとるようにしようと松阪総長が断を下した時、某検事は、総長を見損ったと書類を机上にたたきつけたほど白熱した場面が展開された」（緒方竹虎『人間中野正剛』一九四頁）ほどだった。

この日宿直の小林健治予審判事は、すでに議会は会期中であるため、議会の許諾がなければ議員の逮捕はできないとして却下した。こうして中野は釈放されたが、警察は中野に議会に出席しないという誓約書を書かせ、警察の宿直室に泊めて家に帰らせなかった。

翌二十六日の朝、さらに憲兵隊に連行され、中野は午後二時ごろ、憲兵付添でようやく自邸に帰った。中野はその夜、二十七日未明に自刃した。緒方はその報せを聞いた瞬間、「遂に東条によって殺されたなと思った」と書いている（同、四八頁）。

黒田武士の作法どおりの最期

中野正剛が自決した夜のことを、読売新聞の井川聡氏が次のように描いている。

《その夜のことを、筆者は、当時、中野と同居していた四男の中野泰雄氏から直接聞いた。取材したのは平成十二年（二〇〇〇年）六月二十日、東京都福生市武蔵野台二丁目のご自宅を訪ね、お話をうかがった。

中野は自決直前、夜遅くまで起きていた泰雄氏に対して、

「もう遅いけん、早く寝やい」

と声をかけたという。

中野の寝室の真上が泰雄氏の部屋だった。

翌二十七日早朝、家族が自室のひじかけ椅子に座った状態で、前に置いた椅子に倒れ伏している中野を見つけた。

紋付きの羽織袴姿で、右手に、習字用の半紙を巻いた日本刀を握り締めていた。

中野は関兼貞《せきのかねさだ》の銘刀を横一文字に二回腹に当てたが、切れないため、刀身を頸動脈に当てた。噴き出す血しぶきを左手で押さえ、隣室に控えていた憲兵二人に気づかれないようにしていた。従容とした黒田武士の作法どおりの最期だった。机上には『大西郷全伝』が広げてあった。

五十七歳の生涯だった》（井川聡『頭山満伝』潮書房光人新社、二〇一五年、一三五～一三六頁）

この中野正剛の死をめぐっては、自刃当時から、「好意ある見方を為すもの」「悪意ある見方を為すもの」とで諸説が入り乱れていた。悪意ある見方のなかには、「彼は独乙（引用者註：ドイツのこと）より金品を受けたるも、そが暴露せるためなり」という意見さえあったことを、細川護貞《もりさだ》が日記に書いている（細川護貞『細川日記（上）』改版、中公文庫、二〇〇二年、一二頁）。

東京憲兵隊長の四方諒二《しかたりょうじ》の証言として「お前は普段随分と頻繁にイタリア大使館に出入りしているようだが、いったいお前はどうしてそんなに再々イタリア大使館に出入りしてるんだ？」「もしお前が先方に日本の問題で話してはならないことでも話していれば、それは絶対に許すわけにはゆかないんだ。国家の秘密を洩らしておればスパイ行為ということになるんだ」と中野正剛を追及したことを紹介するものもある（村田光義『海鳴り――内務官僚村田五郎と昭和の群像（下）』芦書房、二〇一一年、一一七頁）。

村田五郎は内務官僚で、一九四三年四月からは情報局次長を務めた人物である。この書には、四方憲兵隊長の部下の藤野憲兵少佐が「大体中野という野郎もつまらぬ男ですよ。普段は国士気取りで大きなことばかり言っているくせに、日本刀一振りすらもっていないんですから」と語ったとする話も載せられている（同、一一五頁）。この記録が本当だとすれば、当時の憲兵が、いかにして情報を操作しようとしていたかが伝わる話である。

「中野が東條に勝ったのだ」

当時、東條首相がいかなる心理に陥っていたのか。中野の親友であった緒方竹虎は、そのことについて、次のように断じている。

《執拗にして陰険な東条政府は、裁判所の裁断があったにかかわらず、なお中野の肉を啖《くら》わんとするのである。この点、東条政府もソ連の共産政権も独裁者の心理は常に一なるを考えざるを得ない。彼らは失敗した後の反撃を惧《おそ》るる怯懦《きょうだ》の心理に駆られるのである。すべての不正非理を死によって抹殺せんとするのである》（緒方竹虎『人間中野正剛』二〇三頁）

中野の葬儀に対しても東條内閣はあの手この手で嫌がらせを行なった。大勢の会葬者が集まれば面目が潰れるからである。実際、中野の葬儀に関われば東條首相に睨《にら》まれることを恐れて、供物を贈ったり、参列したりすることをためらう人々もいた（古野伊之助伝記編集委員会編『古野伊之助』古野伊之助伝記編集委員会、一九七〇年、一六四頁）。

しかし緒方は葬儀委員長として親友を見送った。緒方は『人間中野正剛』にその葬儀の模様を、万感の想いを込めて書き記している。

《私は中野君の葬儀委員長になった時、中野君の葬儀が非常の盛儀であったならば、中野君が東条政府に勝ったことになるのだと考えた。政府も無論それを知るが故に、あらゆる方法で会葬者を少なからしめようとした。まず新聞記事の取扱いを制限した。東方会員の弔問会葬のため上京する者を地方各駅で検束した。中野自刃の裏には不敬事件があるなど放送した。軍人はもちろん、都下の学生団体にも、警察官を通じて会葬を禁止する旨伝えた。中野を殺した返り血を浴びて悚毛《おじけ》をふるった形である。葬儀委員長たる私に対しても、いろんな厭がらせを行い、どこまでも個人たる中野正剛の葬儀にしてくれと、代々木署長らの辞を尽くした懇請であった。（中略）

葬儀は中野君の愛馬「天鼓」に天野少年が騎乗して先頭し、ありし日に中野君が逍遥《しょうよう》したであろう神宮参道から外苑を迂回し、沿道の人々の目送に応えながら青山斎場に着き、そこで厳粛に行われた。乗物の不自由な時であったにかかわらず、大臣、重臣、議会人、官吏、新聞社関係、労働者、浪人、学生等々、無慮《むりよ》二万人。カーキ色だけは一人もいなかった。

中野が東条に勝ったのだ》（緒方竹虎『人間中野正剛』五〇～五一頁）

多くの国民が中野を支持してくれた。ならば、その思いに応えた政治を実現しなければならない。紆余曲折がありながらも緒方はこの後、民間から政府の要職へと転じることになる。

第7章　情報なき政府と最高戦争指導会議

二十年近く続いた緒方筆政の終わり

中野正剛の自決から約二カ月経った一九四三年（昭和十八年）十二月二十七日、緒方は朝日新聞の主筆兼中央調査会長を解かれ、副社長に就任した。形のうえでは昇進だが、実際は違う。緒方筆政の下で政治部長やニューヨーク支局長を歴任した細川隆元はこう述べる。

《実際、新聞社では副社長なんてまったく飾りものも同然で、実権を持った社長の下の副社長なんてまるきり無意味である。しかも論説を率いていた緒方の主筆は体よくはぎとられてしまって、いわば新聞記者がペンをもぎとられてしまったようなものである》（細川隆元『朝日新聞外史――騒動の内幕』秋田書店、一九六五年、一四六頁）

一九二五年に東京朝日新聞編集局長に就任して以来、二十年近く続いた緒方筆政は終わった。

緒方は創業社長の村山龍平に気に入られ、入社以来ほぼトントン拍子に出世してきた。第1章で述べたとおり、白虹事件の余波で大阪朝日の鳥居素川らが退社した穴を埋める形で、緒方は弱冠三十歳で大阪朝日論説委員に抜擢されている。

その後、英国留学に赴くが、ワシントン会議取材から帰国した後は最年少で東京在勤大阪朝日東京通信部長、三十七歳で東朝編集局長となる。村山龍平は一九三三年に逝去し、村山家とともに朝日新聞の経営を支えてきた上野家の二代目である上野精一が社長を継ぐが、翌一九三四年に、緒方は四十六歳で主筆に就任している。

だが一九四〇年五月、村山長挙が社長に就任することで流れは変わっていく。長挙は創業社長・村山龍平の長女、藤子の夫であり、生まれは旧岸和田藩主・岡部長職《ながもと》の三男であった。結婚の翌年、一九二〇年に取締役として朝日新聞社に入社し、大阪・東京両朝日新聞の計画部長、航空部長、大阪朝日新聞印刷局長、朝日ビルディング初代社長などを歴任。村山龍平の死を受けて一九三三年（昭和八年）に朝日新聞社会長・専務となり、その七年後に社長となった。

この村田長挙社長との確執と、朝日新聞社内における東西対立や論説委員室・政治部に対する社会部の不満が背景となって、緒方は副社長に就任することになったのである。

緒方は、対外的にも朝日新聞社の「顔」となっており、政府関係の各種委員就任要請が引きも切らなかった。一方、社長の村山長挙には一つもそうした要請が来ない。ある時、重役会の席で村山が緒方をこう詰《なじ》ったことがあったという。

《「君はいろいろな政府委員をやっているが、一度も社長の僕に相談したり諒解を求めたことがない。今度もまた発令されたようだが、あんなことは社の規律として僕に一応相談してもらいたい」》（細川隆元『朝日新聞外史』一四一頁）

今西光男氏によれば、一九三六年に朝日新聞社が東西主筆を一本化した際に作成した「朝日新聞主筆規定」をめぐっても確執の種があった。主筆規定の原案には最初、「主筆は社論を定め、社を代表する」という文言が含まれていた。主筆が社論を定めるのは当然だが、それに加えて、社を代表するのが社長ではなく主筆の緒方だという原案になっていたのだ。村山長挙が異論を述べたため、「社を代表する」という部分は削除された（今西光男『新聞　資本と経営の昭和史』二四二頁）。

村山が緒方に反感を強めていくだけの原因の積み重ねがあったわけである。

朝日新聞社内の内部対立

村山長挙の緒方への反発と同様、朝日新聞社内の東西対立や、論説委員室・政治部に対する社会部の反発も見逃せない。朝日新聞もまた一枚岩ではなかったのだ。

まず東西対立についていうと、第5章で述べたとおり、朝日新聞社は一九三六年までは大阪本社と東京本社のそれぞれに主筆を置いていたのを、同年に両社を通じての主筆制に改め、初代主筆に緒方が就任した。朝日新聞は大阪で創刊されたので、大阪本社には自分たちこそ本社であるという意識があり、それまでも何かと大阪方と東京方の鍔《つば》ぜり合いがあったところへ、主筆統一によって大阪が東京の下風に立たされることになったのだから、大阪方の反発が強まるのは当然である。

次に社会部と政治部の対立だ。緒方が政治部長出身であり、東京の論説委員たちともつながりが深かったことから、緒方筆政を支える腹心は政治部や論説委員に占められ、社会部出身幹部の反感を買っていた。社会部出身の「反緒方」代表格が鈴木文四郎（東京朝日社会部長、編集総務を経て初代名古屋支社長）。そして、大阪の「反緒方」代表格が、鈴木と同様に東京朝日社会部長を務めたこともある原田譲二である。

ゾルゲ事件に連座して朝日新聞政経部長・田中慎次郎と政経部記者・磯野清が逮捕されたことを契機として、反緒方派はまず東京朝日新聞社内で勢力を伸ばした。引責して編集責任担当者を辞任した緒方に代わり、原田譲二が後任になったのである。

緒方が朝日新聞社内で実権を一手に握ることができたのは、政府や軍の幹部との間に豊富な人脈を持ち、それゆえに統制が強化されるなかでも朝日新聞を守るべく調整能力を発揮できたからだった。

だが、中野事件以後、緒方はむしろ東條政権の弾圧を呼び込む危険要素として社内で槍玉に挙げられるようになった。

《朝日社内では、中野の葬儀委員長になったことを緒方の東条政権への反撃と見て、「主筆たる立場にある者が不謹慎ではないか」との声が公然と出された。とくに、編集責任担当者の原田譲二は「そんなことをやったら社が迷惑するじゃないか」と面と向かって、緒方に嫌みを言った。原田は東条内閣書記官長の星野直樹と親しく、社内では原田の動きをみて、「緒方が朝日の筆政を掌《つかさど》るのはいかがなものか」という政権中枢からの意向を受けたものだ、とのまことしやかな情報が流れた。こうした「東条の威光」を背に、朝日社内での「反緒方」の動きが広がった》（今西光男『新聞　資本と経営の昭和史』二六〇〜二六一頁）

反緒方派の動きに対抗し、東京朝日の営業畑の要職にあった石井光次郎は村山社長に、緒方社長擁立を打診した。村山はその場では「考えておく」とだけ答え、原田譲二や鈴木文四郎に相談したところ、反緒方陣営の二人は大反対した。鈴木などは緒方を「まるで弓削道鏡《ゆげのどうきょう》のような態度だ」と非難したほどである（細川隆元『朝日新聞外史』一四七頁）。

村山は一九四三年十二月二十六日、緒方を大阪に呼び、副社長就任と主筆制の停止を通告した。緒方は「承知しました」と答えたほかには、何も意見を述べなかったという（細川隆元

『朝日新聞外史』一四六頁）。村山は緒方の主筆・中央調査会会長を解き、主筆制を廃して、四本社の編集部門を統括する編集総局を東京に設置した。そして原田譲二を編集総長に指名し、編集総局を掌握させた。論説委員室も原田の下に置かれることになった。

東亜問題調査会員や論説委員として緒方の薫陶を受けてきた嘉治隆一は、原田体制下の東京朝日新聞の変貌ぶりをこう慨嘆している。

《論説委員室は原田編集総長、北野編集副長という軍国臭味の高い新職名の下風に立つこととなった。社説を書いたことのないものが論説委員室を統督することのいかに無理であるか。ほとんど毎日のように夕方になると総長室から筆者らが呼びつけられ、社説の中の片言《へんげん》隻句《せきく》を指して前後の意味も十分汲み取らないままに「この字句は問題になる恐れがあるから困る」というような理解無能力の上に、取り越し苦労か意地悪か、判明しないような不快な圧力が加えられ、これに対抗するだけの毎日であった》（嘉治隆一『緒方竹虎』一九〇～一九一頁）

副社長としての緒方の生活は、習字や私設秘書・浅村成功相手の碁、乗馬などの毎日であった。緒方自身は、副社長といっても特にやることもないので、上海にしばらく駐在してシナ事変の終戦工作に献身したい気持ちがあった。

緒方は中野事件のしばらく前の一九四三年六月八日から七月三十一日まで、仏領インドシナ、中国、満洲、台湾など各地を回って視察した際、上海で南京政府考試院副院長の繆斌《みょうひん》と会い、日中和平について突っ込んだ議論をしている。上海で和平工作をしたいという緒方の希望はこのときの会談が頭にあったものだろう。このときは緒方の希望は叶わなかったが、この後、小磯國昭内閣で本格的に繆斌工作に取り組むことになる。

東條内閣総辞職と小磯國昭内閣の組閣

この間に日本は太平洋のあちこちで敗北を重ね、戦局がますます厳しくなっていった。一九四三年十二月にギルバート諸島の日本海軍が玉砕し、一九四四年二月にはトラック島が米軍の空襲により基地機能を喪失した。

トラック島は東條内閣が唱えた「絶対国防圏」の中核の一つであり、海軍にとって、来たるべき対米艦隊決戦の拠点であったので、トラック島の基地機能喪失は絶対国防圏の一角が崩れたことを意味した。

だが基地喪失以上に深刻だったのは、トラック空襲によって大量の航空機・艦船を失ったことである。航空機・艦船さえあれば基地を奪われても挽回のチャンスがあるが、もはや不可能になってしまったからである。

東條首相は態勢立て直しのため、陸海軍大臣（軍政）が両幕僚長（軍令）も兼任する形に変えることを決意し、自ら陸軍大臣と参謀総長を兼摂、嶋田繁太郎海軍大臣も軍令部総長兼任を決めた。この措置に対し東條の前任の参謀総長・杉山元が統帥の独立の観点から反対したのに加え、海軍や重臣たちの間からも東條批判が噴出した。

第二次近衛内閣のときの首相秘書官で、戦時中には近衛の意を受けて高松宮（昭和天皇の弟君）に戦況を報告していた細川護貞は一九四四年二月二十三日付『細川日記』にこう記している。


《一昨二十一日午後四時発表となりたる、杉山、永野両統帥首脳者の引退と、その後任に東条、島田が陸海軍大将を以て継ぎたることとなり。東条は実にかねての宿望を達したるなり。憲法上の重大問題ならんも、実は憲法は今日既に有名無実にして、徒に残骸と虚名を残すのみ。次に東条が望むものは、道鏡の地位か》（細川護貞『細川日記（上）』一三三頁）

だが、このような批判を受けて三職（首相・陸相・参謀総長）の兼任をしたものの、東條は態勢を立て直すことはできなかった。

一九四四年七月には「絶対国防圏」のサイパンが失陥し、以後、日本本土がB29爆撃機の爆撃圏内に入った。サイパン陥落前から東條内閣倒閣を考えていた重臣たちは、木戸幸一内大臣と手を組み、議会では翼政会が倒閣運動を進め、東條の盟友だった岸信介も倒閣に動いた。

東條は内閣改造を断行することによって危機を乗り切ろうとしたが抵抗に遭い、昭和天皇の支持も失った。万策尽きた東條内閣は七月十八日、総辞職した。

外交評論家の清沢洌《きよし》は七月二十日付『暗黒日記』に「東条内閣総辞職す。（中略）さるにても、これくらい乱暴、無知をしつくした内閣は日本にはなかった」と記した（清沢洌『暗黒日記2』ちくま学芸文庫、二〇〇二年、二九九頁）。

七月十八日付『細川日記』は「嗚呼《ああ》、遂に東条内閣は倒れたり。我国はじまって以来の愚劣なる内閣は、我国始って以来の難局に直面せるこの時、遂にのたれ死にたり。恐らく国民が、是程一致して内閣を倒したることなかるべし。日本国民の中に宿れる聡明は、遅かりしと雖《いえど》も遂に此の愚劣なる内閣を倒したり。官庁の空気は明るくなり、知れる者は皆互いに慶び合いたり」（細川護貞『細川日記（上）』二七六頁）と書いている。

東條の後継首相候補者を決める重臣会議では寺内寿一、畑俊六、小磯國昭の三人が候補に上った。だが、東條が参謀総長の資格で参内し、第一線総司令官を戦局が苛烈な今、引き抜くべきではないという理由で寺内起用に反対する上奏を行なっており、それなら畑も前線司令官であるからということで、当時、朝鮮総督だった小磯が奏薦されることになった。

小磯内閣の誕生にあたっては、海軍の米内光政と連立して組閣するようにとの大命が下った。緒方は小磯とも米内とも親しいので組閣、つまり閣僚の人選に協力していたが、自分が入閣するつもりはなかった。ところが小磯と米内は、緒方に情報局総裁就任を求めた。特に米内は緒方を組閣本部に呼んで、「自分としては誰も相談相手がいない。君なら安心して頼ることができると思うから、是非どうか」と熱心に口説いた（嘉治隆一『緒方竹虎』二〇五～二〇六頁）。

小磯國昭（右）と米内光政（左）

　緒方は新聞記者を辞める気はなく、断るつもりで社の若い友人たちの意向を聞いてから確たる返事をすると答えたが、東條内閣から蔵相として留任することになった石渡荘《いしわたそう》太郎《たろう》も、その夜、就寝中の緒方に電話をかけてきて入閣を頼み込んだ。

　翌朝、緒方が組閣本部に行って断ったが、米内は受け付けなかった。一生一業を貫きたいという緒方に米内は「それは君ひとりの道楽じゃないか」と語気を強めたという（緒方竹虎伝記刊行会『緒方竹虎』一一五

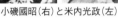

頁)。

入閣を決意し、朝日新聞社を退社

かくして緒方はついに入閣を決意し、朝日新聞社を退社することになった。緒方が入閣を承諾した理由を、嘉治隆一は次のように述べている。

《小磯・米内連立内閣に緒方が加わったのは、小磯との古い関係からだと見るのは、素人だが、米内に懇請せられて断われなくなったと見るのは、玄人だとは、後に緒方自身、新聞記者に打ち明けたところであった。緒方は前から海軍の理性派に親近感をいだいており、ことに竹馬の友で日魯漁業社長をしたことのある真藤慎太郎の斡旋で、米内、山本五十六、井上成美らとは機会あるごとに会合して、国事に対する憂いをともにしていた。同じく海軍系統から出た鈴木貫太郎内閣にも緒方は内閣顧問として何ほどかの連絡を保っていた》(嘉治隆一『緒方竹虎』二〇九頁)

今西光男氏は、小磯・米内内閣のなかで、緒方が陸軍の小磯と海軍の米内をつなぐ存在であったと指摘している。小磯と米内はそれまで特に交流があったわけではないが、小磯にとって緒方は陸軍以外の数少ない親友であり、米内にとっては日独伊三国同盟阻止のため、ともに戦った同志だ。従って「緒方が取り持つかたちで小磯、米内が『東条後の難局』の舵を取ることになった」（今西光男『新聞　資本と経営の昭和史』二七五頁）のだ。

一九四四年七月二十九日、緒方は東京朝日新聞社七階の講堂で、村山社長以下社員一同を前に決別の辞を述べた。以下はその一節である。

《情報局の仕事をやりはじめまして以後のことは、簡単に申しますればまだ鳥が籠《かご》に馴れていない、従っていい囀《さえず》りも出ないというような状態が偽らざる現在の私であります。

しかしただ一つ痛切な感じをもちましたことは、新聞社におりまする間は必ずしも私は新聞を毎日よく精読していなかったのでありまするが、編集局の中に三十分立っておりまするど、世間の動向がどう向いているか、ということを直に感ずることができたのであります。それが役所の中に閉じ籠って大臣であるとか、総裁であるというようなことによって、印刷した文書、報告のみを見ておりまするというと、世の中の動向あるいは人心の趨向《すうこう》というようなものを直かに身に感ずることが、甚だ難しくなったということを痛切に感じておりまず。そのことは即ち新聞というものが如何に今日この戦争を遂行する上に重要なものであるかということを立証することになると考えるのであります。（後略）（朝日社報昭和十九年八月

十日号)》(緒方竹虎伝記刊行会『緒方竹虎』一一七頁)

緒方は二十三歳で入社してから五十六歳までの記者生活を振り返りつつ、万感胸に迫り、「目には露が宿り、何べんも鼻をつまらせて演壇に立ちすくんだ」(細川隆元『朝日新聞外史』一三六頁)。

だが会社側の扱いは冷淡だった。村山社長の送別の辞は緒方退社の経緯のみで、これまでの緒方の功績には何も触れず、社員からの謝辞や送辞もなかった。ちょうどジャワから帰国していた野村秀雄が見かねて緒方のために進み出て万歳を三唱した。壇上の緒方は項垂《うなだ》れて万歳を聞き、頬は涙に濡れていたという(今西光男『新聞　資本と経営の昭和史』二七九〜二八〇頁)。

かくして緒方は朝日新聞から政府の情報局総裁、つまりインテリジェンス・コミュニティのトップに就任することになった。それまでも政府の審議会の委員などを務めてきた緒方だったが、本格的に政府の側に立ってインテリジェンスを統括する立場になった。そして政府の内部に入って「情報なき政府」という驚くべき実態に直面することになるのである。

言論暢達政策

情報局総裁として入閣するにあたって緒方は、当時、朝鮮の京城にいた盟友の美土路昌一《みどろますいち》に電話で、情報局に入ったら言論統制を満洲事変のころまで引き戻したいと語った（緒方竹虎伝記刊行会『緒方竹虎』一一九頁）。

緒方はその言葉どおり、「言論暢達《ちょうたつ》」政策を掲げて東條内閣の言論統制政策の転換に乗り出した。「暢達」とは「のびのびしている」という意味であり、「言論暢達政策」とは、言論統制を緩和してのびのびした活発な言論を喚起する政策である。

緒方は、メディアや国民が萎縮していいたいことがいえず、正確な情報を知らされることもなく、政府の厳しい言論統制に面従腹背していては政府と国民の間の信頼が低下し、国力が損なわれると考えた。

十月六日、緒方の方針は「決戦与論指導方策要綱」として閣議決定され、正式に小磯内閣の言論政策として認められた。陸軍大将であった小磯首相は、言論の自由の意義を理解していたのだ。軍もまた一枚岩ではなかったわけだ。

要綱には「報道宣伝は国民の忠誠心を信頼し事実を率直に知らしむ殊に戦況（空襲を含む）の発表は率直且《かつ》迅速に之を為す」、「民間より自発的に起る戦争完遂上有益と認めらるる国民運動的行事は之を活発に行わしむ」、「与論指導を活発ならしむる為防諜及言論集会の取締方針等に付必要なる再検討を加え之を刷新す」といった項目が組み込まれた（栗田直樹『緒方竹虎——情報組織の主宰者』一二五頁）。

緒方は内閣記者団との会見で要綱について、次のように解説している。

《一億国民がその能力を発揮するには国民の一人々々がわが国の当面せる事態を十分に認識することが前提である、国民にその認識さえあるならば政府は何もいわないでも国民の士気は昂まり、自ら進んでこの難局を突破せんとの気魄《きはく》は鬱然《うつぜん》として沸き上って来ることは必定である、従って戦況は固《もと》より総ての報道に当っては率直に事実を報ずるという大道を歩むことを重要項目の一とした次第である》（『朝日新聞』東京版、一九四四年十月七日、一面）

国民は、戦局の実相を知らされず、自分たちが製造している兵器や飛行機の何がどのように足りないかも説明されないまま、ただひたすら増産に追い立てられることに疲れていた。食糧不足と長時間の労働で消耗するなかで、国民総決起などの運動に動員されることにも疲れ切っていた（第八十五回帝国議会衆議院県議委員会議録第二回、昭和十九年九月八日、河野密《みつ》委員の発言）。緒方は「一般政策の上においても不必要に国民を圧迫干渉したり日常生活に不必要な負担を掛けるようなことは慎みたい」と述べている。

緒方は、情報局総裁として積極的に記者会見を行ない、可能な限り情報開示に努めた。元朝日新聞報道局副部長で、緒方とともに退社し、情報局で緒方の秘書官となった中村正吾は八月五日にこう記録している。

《内閣記者団との、連日にわたる共同会見でも殆ど余すところなく真相が語られた。記者団の方からも遠慮なく色々な意見が出た。ある時などは、色々なことを話して頂くのは有り難いが、どの程度、記事にしてよいのか判らなくなります、といった話が記者団から出た位である》（中村正吾『永田町一番地』ニュース社、一九四六年、一二四頁）

緒方は、先に述べた「日本新聞会」を解散し、情報局が新聞の編集について各新聞社と直接協議する方針に改めた。情報局が業界団体を通さず、直接、新聞の編集指導に乗り出すのだから、一見、統制の強化に見えるかもしれない。

だが緒方の意図は統制の緩和にあった。それまでのような画一的な統制を排し、新聞各社がそれぞれの独自性を発揮して生き生きとした紙面をつくることを望んでいた。栗田直樹氏は緒方の『翼賛政治』一九四四年九月号掲載のインタビューを次のように引用している。

《新聞人を長くやった経験からの感じだが、今日のように新聞が萎縮をしている時代はないと思う。唯、意見を言う上に萎縮して居るばかりでなく、総ての社会の要請は、報道を伝える上に非常に強い制約があって、その結果新聞が面白くないと云うのが常識になって居り、世間では又、新聞人に対して、何か新聞に載って居ないニュースがないかと云うことを聴くのが、殆ど寒暄《かんけん》の挨拶のような形になって居る。（中略）

私はやっぱり新聞を通じて国民が政府に向っても、その他社会に向っても、物を言って居るのだと云う気持を取返させないと、これから愈々《いよいよ》決戦段階に副《そ》って国民が底力を絞り出さなければならぬ時に当って、自分で戦争して居るのだと云う気持には仲々なれない。そこで極く平凡なことであるが、軍事上は総動員法示達の上とか云うことで、制約のあることは戦時中であるから免れないが、その間に於ても情報局に我々が多少肚の持方で、相当な輿論の暢達と云うことが出来るように考える。又政府の人達が新聞の一行一句に余り神経を悩まず、多少新聞がひどいことを言おうが、政府に注文をしようが、平気で居って貰いたいと云うことも、閣僚の間に御願をした》（栗田直樹『緒方竹虎――情報組織の主宰者』一三〇～一三一頁）

法律による取り締まりによって、いうことを聞かせようとしても国民の側は萎縮するか、反発するかしかない。政府が真実を伝えようとしない限り、国民からの自発的な協力を期待することはできない。何よりも政府と国民の間の信頼関係が成り立つためには言論の自由が必須であり、国民の声を政府や社会に伝える新聞の役割が非常に重要なのだという緒方の考えがよく伝わってくる談話である。

だが、緒方の言論暢達政策には障害があった。情報局の力が弱かったこと、肝心の情報を得ることができなかったこと、そしてこれらを是正するための方策が陸軍によって妨害されたことである。

お粗末な情報局の実態

緒方が総裁となった情報局という組織の概要を、ここで簡単に解説しておきたい。

情報局の源流は、満洲事変翌年の一九三二年、陸軍および外務省の情報部門間での連絡調整のために設置された「時局同志会」である。時局同志会はまもなく「情報委員会」と改称され、一九三六年には官制化されて「内閣情報委員会」となり、一九三七年、シナ事変勃発後に「内閣情報部」となった。その経緯についてサミュエルズ氏はこう解説する。

《1936年に内務省、外務省、逓信省、陸海両軍から人員が集められた内閣情報委員会は、統合されたインテリジェンスを首相に直接提供することを任務とされていた》（リチャード・J・サミュエルズ『特務』一三二頁）

一九四〇年十二月、第二次近衛内閣によって情報局官制公布とともに「内閣情報部」は「情報局」に格上げされた。部から局への格上げは、強力な情報・宣伝活動を行なう官庁が必要だという近衛の構想に基づいている。情報局発足にともない、各省の所管に属していた情報・宣伝に関する事務の一切が情報局に吸収された。

東條内閣のときの情報局次長・村田五郎の評伝『海鳴り』では、情報局が嘱託・雇いを含めて約四〇〇名の職員を擁し、日本国民が目で見て耳で聞くもの一切をコントロールする強力かつ広範な権限を持っていたと描かれている（村田光義『海鳴り（下）』八八頁）。

たしかに情報局は、マスコミに対する言論統制に際してはそれなりに力を発揮した。東條内閣が、情報局をマスコミに対する言論統制機関として使ったからだ。その失敗から戦後、情報機関へのアレルギーが蔓延《まんえん》してしまったわけで、東條内閣の失政は本当に罪深い。

その一方で、情報を収集・分析する機関として情報局はほとんど役に立たなかった。建前上は先に述べたように、「各省の所管に属していた情報・宣伝に関する事務の一切が情報局に吸収された」のであるが、実際は、これら事務・権限の統合がきわめて不十分だった。それは、官僚特有の省庁縦割り意識からであったが、根本的な要因は、近衛、東條首相らが自分たちに都合のいい情報ばかりを好み、インテリジェンスを軽視したからであった。

サミュエルズ氏はこう続ける。

《1940年9月、政府は大演習を行ない南進を具現化するために総力戦研究所を設立した。研究所は、日本はアメリカとイギリスに対峙するのにあと2年分の物資しか持っていないと結論づけ、もしソ連が参戦した場合には、日本はさらに早く力尽きてしまうと警告した。この結果が近衛首相と東條陸軍大臣に提出されると、後者は「机上の空論である」とそれを拒絶した。

その他のインテリジェンス改革への努力はあまりに小さくあまりに遅かった。1944年、陸海両軍の情報部の間で連絡将校を交換しようという取り決めがなされたが、その計画が実現されることはなかった。1943年半ばには、帝国陸海軍の各情報部長がついに彼らのはじめての正式な会談を行ない、1945年になってようやく陸軍の暗号解読者たちが海軍の同業者にアメリカの暗号の破り方を教えたが、陸軍参謀本部に反対者がいたためこれさえも「非公式」に行なわれなければならなかった。

日本の自己破壊的なインテリジェンスの縦割りは終戦まで続き、武官への外交通信経路を通じた情報要求は、外務省が軍事インテリジェンスの報告を見たり触れたり、さらには書き換えたり破棄したりすることを可能にしていた。1944年の10月から1945年の7月まで、海軍は外務省からたった2件の報告しか受け取っておらず、帝国陸軍から受け取ったのも11件にすぎなかった》(リチャード・J・サミュエルズ『特務』一三一～一三二頁)

情報「収集」は、情報局の生命ともいえる重要な業務であるが、これもバラバラだった。情報収集に関わる機関は局内の各部に分散しており、それぞれ他省庁との紐《ひも》付き人事も絡んで統一が取れていなかった。

そこで東條内閣時代に、当時の天羽英二《あもうえいじ》総裁と村田五郎次長が情報局内に「戦時資料室」を設置して国内情報と海外情報の収集にあたらせることにしたものの、十分な情報収集はできなかった。正確にいえば、トップが自分たちに都合のいい情報しか採用しなければ、現場も必死で情報を集めようとするはずもなかったのだ。

東條首相もサイパン防衛の実態を教えてもらえなかった

当時の日本において情報が不足していたのは、実は情報局だけではなかった。そもそも、総理大臣からして情報が不足していた。

自分に都合のいい情報しか望まなかったのだから自業自得なのだが、「独裁者」と呼ばれた東條首相ですら重要な情報が得られていなかった。東條内閣崩壊の重要な一因となったサイパン失陥について組閣大命拝受直前の小磯が東條とこんな会話を交わしているほどだ。

《(小磯)「サイパンの失陥は実に遺憾なことだが、又余りにも脆《もろ》く敗れたものだ」

(東條)「その通りです。統帥部は十分の防備を施しているものとのみ信じていたのだが、防備らしい防備はなかったのです。兎《と》も角《かく》もサイパンの失陥に伴い作戦態勢の建て直しをせねばならぬでしょう」》(小磯国昭『葛山鴻爪《かつやまこうそう》』小磯国昭自叙伝刊行会、一九六三年、七八六頁。カッコ内は引用者の補足)

東條首相は組閣以来、陸軍大臣を兼任していたので、陸軍の作戦・戦況の情報に接することはできたが、海軍の情報を得ることができなかった。サイパン防衛は元来、海軍の担当であったため、その情報を得られていなかったのである。

東條首相が政権末期に参謀総長を兼任し、嶋田繁太郎海軍大臣に海軍軍令部長を兼任させた目的の一つは、海軍の戦況や作戦の情報を得ることにあった。

東條内閣時代の情報局次長・村田五郎の評伝『海鳴り(下)』は次のように述べている。

《「そもそもあのとき自分が参謀総長を兼任する考えになったのは、当時特に海軍側の戦況や作戦を知ることが主な目的であった。それというのも、当時の自分には海軍の戦況や作戦があまりよくわかっていなかった。それで自分は、自身が参謀総長に就任して陸軍の作戦を指導するような立場になれば、これに関連して海軍の戦況や作戦も自然とそれを知り得るようになると思ったからだ」

この東条の言葉を聞くと、いやしくも総理大臣たるものが当時の海軍の作戦事項がわかっていなかったということであり、そのようなことは奇異であり馬鹿げたことに思われるかもしれない。しかしそれは決してありえないことではなかった。作戦を司る統帥府は政府、すなわち行政府から完全に独立していたからである。

このような制度をとった理由は、国家の存亡を決する戦争が時の政治によって左右されてはならないと言うことにあった。確かに統帥府が政治から完全に独立していることは、作戦を司る者たちにとっては好ましい制度かもしれなかった。

しかし国政に当たっている政府の方とすれば、そこにしばしば厄介な事態がおこってくる。それは作戦を司る統帥府が往々にして政府の司っている外交や財政や、軍需物資の生産力などとは無頓着に戦線を拡大したり、新規の作戦を立てることを行うからである。そういう事態が生じた場合にも、政府は常に統帥府の要求を受け入れねばならず、当時の制度から生じるこうした厄介な事態を、過去においても戦時の国政を担当していた内閣はしばしば経験したのであった。それで東条も幾つかのそうした厄介な事態に手を焼いた結果と思われた》（村田光義『海鳴り（下）』一七四〜一七五頁）

東條首相は、軍事作戦をつかさどる統帥府が行政府から独立している制度、すなわち「統帥権の独立」が原因で、海軍の作戦事項を知ることができなかったというのである。

東條が政権末期に参謀総長兼任を強行したのは、この統帥権独立の「壁」、正確にいえば縦割りの統治機構を乗り越えて戦争指導を行なうためでもあった。では東條首相は、参謀総長兼任によって、海軍の戦況と作戦を知ることができたのだろうか。

村田五郎は、総辞職から間もないころの東條に確かめている。

《東条の返事は「できなかった」という意外なものであった。さらに、「自分は野に下ってから後に、海軍が開戦以来相当手痛い被害を受けているという話を聞くようになったのだが、もしも自分が在任中にそうした話を聞いていたら、恐らく自分はインパール作戦などは絶対にやらなかっただろう」

と言ったのである》（村田光義『海鳴り（下）』二四七頁）

東條のこの発言が事実であるならば、インパール作戦で命を落とした日本軍将兵は浮かばれまい。情報なき政府は、国民を死に追いやるのだ。

政府に入る情報は何も彼も眠っている

一般的な行政に関わる情報収集も実はダメだった。繰り返しになるが、中野正剛に面会を求めた企画員の勅任調査官、田辺忠男はこう証言している。

《例えば、前年（引用者注：一九四二年）三月から五月にかけて閣議決定された第二次軍需産業生産力拡充計画、南方開発計画等が、きわめて杜撰なもので、基本的な数字そのものに正当な根拠が欠けていること、またその結果、「昭和一八年以降、南方資源の入手とともに、軍需品供給は拡大する」という企画院総裁の閣議における言明は、全くの空言にすぎないこと。

すなわち、「軍需産業生産の拡充こそ戦時内閣最大の責務」であるとする田辺の立場からすれば、東條内閣にはおよそ近代戦遂行能力が欠落しており、このまま事態を推移するにまかせれば、敗戦は必至と断ぜざるをえぬということであった》（室潔『東條討つべし』一一四〜一一五頁）

軍需生産や資源が、戦争遂行のためにきわめて重要なものであることはいうまでもない。それなのに、基本的な数字そのものに正当な根拠を欠く杜撰な計画が立てられ、閣議で通ってしまう状態だったのだ。

なぜ、そんな杜撰な情報分析がまかり通ってしまったのか。戦前の日本では、外務省、内務省、陸軍、海軍それぞれに立派なインテリジェンス機関があったにもかかわらず、相互の連携は十分ではなかった（実は今も外務省、防衛省、公安調査庁、警察など横の連携は十分ではない）。

軍需生産や資源についても担当官庁が存在していたが、陸軍や海軍との連携が欠落していた。しかも軍需生産を実際に引き受けているのは民間側であり、官民連携が重要なのに、東條内閣は法律などを使って民間にコストを度外視した「協力」を要請するだけであった。

各省庁や民間との相互の連携がなければ、自分たちに都合のいい情勢判断がまかり通ることになっていく。杜撰な軍需産業生産力拡充計画がまかり通ったのは、海軍と陸軍、企画院とがそれぞれの情報を突き合わせて分析・検証する仕組みがなかったからだ。

何よりもマスコミや議会によるチェック機能が働いていなかった。インテリジェンス機関同士が相互にチェックしたり、第三者である議会やマスコミからチェックを受けたりする仕組みになっていれば、いい加減な情報分析はできない。厳しい批判にさらされるからだ。

アメリカでも、中東情勢に関してCIA（中央情報局）が間違った情勢分析を繰り返したことを受けて、インテリジェンス機関に対しては連邦議会による定期的なチェックを行なう仕組みを導入している（宮田智之「米国におけるテロリズム対策――情報活動改革を中心に」、『外国の立法――立法情報・翻訳・解説（228）』〈国立国会図書館 2006-05〉などを参照のこと）。

東條内閣は、政府にとって都合の悪い情報を不採用にしてきたことでインテリジェンス機関の現場のやる気を失わせただけでなく、議会やマスコミによる政府批判を禁じたことで、政府の情勢判断能力を低下させてしまったのだ。

何しろ東條内閣にとって都合の悪い情報を出すと、「政府を批判した」として売国奴のレッテルを貼られ、逮捕される恐れがあった。そんな空気のなかで現場が都合の悪い情報を上げるはずもない。むしろ政権に迎合して権力者が喜ぶような、いい加減な情報と分析を上げるようになっていく。それでなくとも官僚は、民間の実情に疎く、しばしば頓珍漢《とんちんかん》な情勢分析を行ないがちなのだ。

かくして政権中枢には、本当の情報は届かなくなる。政府による言論統制は、インテリジェンス能力を低下させていくのである。おそらく東條首相たちは、議会とマスコミによる政権批判を禁じたことによって、日本のインテリジェンス能力を劣化させてしまったことに最後まで気づいていなかったに違いない。

議会から厳しい追及を受けることがわかっていれば、インテリジェンス機関は、より精度の高い情報収集と分析を心がけるようになる。よってインテリジェンスを本当に機能させようと思うのであるならば、インテリジェンス機関同士の相互チェックや議会とマスコミによる厳しい、しかも建設的な追及が重要なのである。だが、そのことを理解している人が、今の日本にどれほどいるのだろうか。

当時の政府の中枢に、民間からも軍からも生の正確な情報が入ってこなかったことを、緒方もこう慨嘆している。

《情報局総裁を引受けるときに、僕は今のように軍が情報の根源を握っていては、情報局が別にあっても工作の仕様がないではないか、ということを言ったところ『それは君の仕事のしやすいようにどんなに変えてもよい』ということだったので入閣したのだが、さて情報局に入ってみると、机の上に持って来られる刷物の情報は、中味がなくニュースヴァリウもない。

新聞社にいれば、編輯局に入ると生きた情報が身体全体から感ぜられたが、政府では何も彼も眠っている。死んでいる情報だ。これでは総裁として生きた任務は果せないが、首相となれば更にそれが酷くなっている。これでは適時適切な施策は行えるものではない。陸海軍から派遣将校は来ていたが、それは陸海軍の中では大した人物でない。また派遣将校の提供する情報も大したものでなく、陸海両省局長会議の一部を情報的に持って来るに過ぎない》

（高宮太平『人間緒方竹虎』一八七頁）

日本のインテリジェンスの中枢であるはずの「情報局」に集まっていたのは「死んでいる情報」ばかりであったのだ。これで、まともな戦争指導ができるはずもなかった。この事態をいかに改善するのか、緒方は小磯首相とともに奮闘することになる。

総理の戦争指導のため「最高戦争指導会議」に衣替え

小磯内閣としては敗北必至の局面に際して、まずは政府と軍とが連携する仕組みを構築しようとした。

大命降下、つまり政権を担当せよと命じられた当時、小磯は、海上戦力の劣勢でサイパン失陥にまで立ち至った以上、戦争を継続しても「最早《もはや》成算はあり得ない」と判断していた。その一方で、大陸での戦闘では概ね負けていなかった陸軍や、聖戦完遂に向かって駆り立てられてきた国民が簡単に和平を受け入れる見込みは薄いとも考えた（小磯国昭『葛山鴻爪』七八二頁）。

そこで小磯は、国力を集めて一戦を交えて勝利するか、あるいは撃滅はできないまでも一時的撃破を成功させ、その機を捉えて和平に持ち込むという「一撃和平」をめざした（同、七八三、七八五頁）。

そして和平を決するためには、総理大臣が軍に対して強力な発言力を持つことがどうしても必要であった。そこで小磯は、三つの条件を陸海軍の統帥府に出した。もし三条件がすべて拒否された場合には大命を拝辞する（総理大臣就任を固辞する）覚悟であった。

第一は、総理大臣が、戦争指導にあたっている大本営に加わることができるように大本営令を改正すること。第二に、もし第一の条件を統帥府が承認できない場合には、この戦争の間に限って総理大臣が大本営に加わることができるという単独の軍令を発すること。第三に、第一と第二の条件のどちらも認められない場合には、総理大臣が大本営に加わるのと同様の効果を発揮できるような、何らかの特別な機構を設立することであった。

予備役になったとはいえ、陸軍大将でもあった小磯首相の要請に対して統帥府は、統帥権独立に悖《もと》る、つまり統帥権独立という趣旨に反するという理由で第一と第二の条件を拒否し、第三の条件のみ認めると回答した（同、七八七〜七八八、七九二頁。江藤淳監修、栗原健・波多野澄雄編『終戦工作の記録（上）』講談社文庫、一九八六年、二八九〜二九一頁）。

そこで小磯首相は、それまで大本営と政府の連絡調整のために置かれていた「大本営政府連絡会議」を「最高戦争指導会議」に衣替えし、総理大臣が戦争指導を行なうための機構とすることにした。政府と軍が戦局に関する情報も共有することなく、バラバラに動いていたら戦争を続けることも、敵国との和平交渉をすることもできないからだ。

朝日新聞記者から緒方の秘書官となった中村正吾は、「従来の大本営政府連絡会議のように統帥に政治が盲目的に追従するのであってはならない。この会議では、政治こそが戦争指導の根幹であることを明らかにする要がある」と述べ、日本の劣勢の最大の原因は日本が国力に見合わない軍事行動を行ない、陸海軍の対立が戦力集中を妨げ、国際情勢を洞察せずに相手の戦力を過小評価し、自分に都合のよい希望的観測に縋《すが》っていたからだと指摘する（中村正吾『永田町一番地』一二六頁）。

そして、最高戦争指導会議設置の意味を次のように語っている。

《一、（前略）戦争指導の実際の上では、最高の戦争指導は政治を離れて行い得るものではない。最高の戦略はその国の国力、国内情勢、それと国際情勢の正確な認識の上に立ってこそはじめて決定される。国内の施策といい外交といい用兵作戦といい、これらは何《いず》れもこの最高の戦略に即応して割り出される。

一、最高の戦略が若《も》し統帥の問題として主張され、それが軍部の独断専行下に置かれてしまい、政治の参与さえも拒否するならば、国を誤まるものこれより甚しきはない。統帥大権の名の下に、軍部が最高戦争指導権を掌握するのは戦争指導の最も危険な邪道である。陸軍と海軍が対立抗争するに至ってはさらに危険が増大する。

一、現戦局下では、日本の戦力と国内情勢、国際情勢等の冷静な再検討が何よりも重要である。最高戦争指導会議が、戦争方針を策定し国務と統帥の吻合《ふんごう》調整を計るというのならば、右のことから再出発し、その攻撃をどの線で撃破出来るか、日本の存立はどの点で危うくなるか、勝算なしとすれば、終戦問題は如何にするか等に至るまで議題となり得る》（中村正吾『永田町一番地』二七～二八頁）

中村が挙げている項目は、どれも当然のことばかりだ。だが、当時の日本は、対米開戦から三年近く経ったこの時期になってもまだ、どれもできていなかった。帝国憲法に基づいて総理大臣のもと軍と外務省と大蔵省などが一体的に運用されていた日露戦争当時の戦争遂行体制が、先の大戦時には存在していなかったのだ。

「今度の内閣は二ヶ月を出でずして倒壊する」

敗戦必至の局面になっている以上、さすがに政府と軍とは連携せざるをえなくなるはずであった。だが、最高戦争指導会議を設置したにもかかわらず、政府と軍の連携は構築できなかった。軍が反対したからだ。

たとえば、組閣直後の七月二十九日、軍務局長・佐藤賢了は大日本翼賛壮年団（翼壮。大政翼賛会の下部組織）の全国支部長会議で、次のように述べている。

《諸君は東條内閣が退陣した経緯を知らないであろうが、今度の政変は全く一部の者の謀略に基いたものである。謀略のため東條内閣が倒れたというのが真相である。従って、どうか諸君も今後、依然として東條内閣当時と同じ気持ちで地方において翼壮の運動に精進して頂きたい。一体、今度の内閣は二ヶ月を出でずして倒壊すると思っている》（中村正吾『永田町一番地』二一〇頁）

この発言で、満場は騒然となったという。ここに至っても陸軍の一部首脳は、政府との連携を図るつもりはなかったのだ。

緒方もまた、情報局総裁として政府（国務）と軍部（統帥）との連携・協力体制の構築を切望したが、陸軍から拒否される。

《緒方総裁は記者団との会見で、最高戦争指導会議は純統帥事項には勿論容喙《もちろんようかい》（引用者注：

口出しをすること）出来ない。その任務と目的は、戦争指導方針の策定、国務と統帥との吻合調整を計るにある。この会議の決定した事は法律上、政府を拘束しないが、事実上、政府は政治的に会議の決定事項に従わざるを得ない。然《しか》し、従来の大本営政府連絡会議よりも国務と統帥の緊密化について一歩を進めたものである、と説明した。

陸軍省報道部は右の官邸発表を知って、陸軍省詰記者団に対し、今度の最高戦争指導会議は従来の大本営政府連絡会議と何ら異るところのものではない。よろしく、その建前で紙上に報道すべしと命じた》（同、二二五～二二六頁）

最高戦争指導会議の席上でも陸軍首脳の態度は頑《かたく》なで、小磯首相が作戦用兵について意見を述べるのを嫌い、同席していた秦彦三郎参謀次長が「近代的作戦用兵を知らぬ首相が、作戦用兵に関し容喙するのは遠慮して頂きたいです」と放言したほどだった（小磯国昭『葛山鴻爪』七九六頁）。

こうした話を書くと、「陸軍の横暴はけしからん」、「統帥権の独立が問題だったのだ」という話になり、陸軍の横暴ぶりや統帥権の独立が批判されるのが常である。だが、果たしてそれだけ《ヽヽ》でいいのだろうか。

戦争は、作戦用兵だけではない。終戦交渉のための対外交渉、国際交渉を有利に運ぶための国際的宣伝戦、作戦を継続する兵站《へいたん》、つまり軍需産業生産力の維持・拡充とそれを支える資金と労働力の確保、物流など多くの要素が揃って初めて成立する。そして対外交渉も宣伝戦も兵站も資金も労働力も、軍が担当しているわけではなかった。政府と民間の協力なくしてこれらは成り立たなかった。

にもかかわらず、あたかも作戦用兵だけが戦争であるかのような致命的な視野狭窄《きょうさく》に当時の陸軍首脳が陥っていたことも問題視されるべきではないのか。というのも、この視野狭窄は残念ながら現在も一部の安全保障、防衛問題の専門家たちにも見受けられるからだ。

軍隊の行動のためには国民と国会の支持が必要

緒方も情報局総裁として、最高戦争指導会議への出席を小磯総理に求めた。政府のインテリジェンス・コミュニティのトップとして戦局についての詳細を知ろうとするのは当然の要求であり、小磯総理は好意的だったが、陸軍の反対に阻まれて緒方の望みは実現できなかった（中村正吾『永田町一番地』二八頁）。

要は戦局の真相を情報局、ひいては国民に知らせる必要はないと陸軍首脳は判断したのだ。たしかに軍事機密の漏洩《ろうえい》は防がなければならないが、それが極端な秘密主義に走れば軍事に関する国民の理解は深まらず、国民の支持を失ってしまいかねない。そして国民の支持を失えば戦争は継続できないのだし、実際に継続できなかった。

実はアメリカでも、ベトナム戦争「敗北」の反省を踏まえて、軍事行動を起こすに際しては国民の支持が重要という原則を打ち出している。「ワインバーガー・ドクトリン」と呼ばれる。キャスパー・ワインバーガー国防長官が一九八四年に次のように発表した。

「アメリカの軍隊を外国に派遣する際には、十分なテストを行ない、また、軍隊を外国に派遣するということが、アメリカ国民と選出された国会議員たちによって支持されているという十分な証拠がなければならない」

米軍が外国で軍事行動を起こすに際しては、アメリカ国民と政治家に支持される必要がある、というのだ。

このワインバーガー・ドクトリンは、「アメリカの軍事力行使に反対する人たちに加担するものだ」として攻撃された。たとえば、ニューヨーク・タイムズのコラムニスト、ウィリアム・サファイアは「ワインバーガーの呆れたドクトリンは、銃の引き金を引く前に国民の投票を行なえというようなものだ。国民に支持されていない戦争は嫌だ。民衆が兵士たちを送る大きなパレードを行なってくれなければ、戦争には行かないといっているのだ」と評した。

だが、陸軍戦略大学教授のハリー・サマーズ大佐は一九九五年に出した『*The New World Strategy : A Military Policy for America's Future*（新しい世界戦略、邦訳『アメリカの戦争の仕方』杉之尾宜生・久保博司訳、講談社、二〇〇二年）』（Touchstone）においてこう反論している。

《軍隊を行動させる前に、国民の支持と国会の議決を取り付けるという制限に対して、当惑することはわかる。けれども、国民と議会の支持を取り付けないで、政治と軍隊との良い関係が保たれたことは、アメリカの歴史にも現実の出来事にも存在しない。

軍隊の行動のために、国民と国会の支持が必要であるということは、ベトナム戦争に限ったことではない。それは独立戦争、そして建国にまで遡る。ベトナム戦争の問題は、最も基本的な事柄を守らないという危険を冒した歴史上の実例として、我々は考えなければならないのだ》（筆者の仮訳）

政治と軍事の関係、いわゆる政軍関係を考えるうえでアメリカの事例は大いに参考にしたいものだ。

台湾沖航空戦とレイテ沖海戦に関する大誤報

緒方が情報体制の欠陥、つまり陸軍と海軍と政府との間での情報共有の仕組みの欠落を特に強く痛感することになったのが、台湾沖航空戦とレイテ戦である。

日本海軍は一九四四年（昭和十九年）十月十二日から十六日にかけて、台湾沖で米機動部隊に対し、大規模な航空戦を実施した（台湾沖航空戦）。大本営はその戦果として、空母一一隻、戦艦二隻などを撃沈、空母八隻、戦艦二隻などを撃破、「その他火焔火柱を認めたるもの一二を下らず」と発表した。政府も国民も久しぶりの勝報に沸き、「台湾沖の凱歌」という軍歌までつくられた（辻田真佐憲『大本営発表――改竄・隠蔽・捏造の太平洋戦争』kindle版、幻冬舎新書、二〇一六年、第五章）。

ところが実際には、米軍は一隻の空母も戦艦も失っていなかった。重巡洋艦二隻が大破したのみであり、日本の航空機を多数撃墜した米側の勝利だった。

米内も緒方も台湾沖航空戦の戦果を信じ切っていたので、日本軍は満身創痍《そうい》（であるはず）の米機動部隊にレイテでも勝てると確信していた。朝日新聞東京本社の報道部長・長谷部忠《ただす》は政府の楽観的な態度を危惧し、わざわざ緒方を自宅に訪ねて忠告した。戦時中、一般の国民が海外短波放送を聴くことも、短波放送が聴けるラジオを持つことも禁止されていたが、朝日を含む大手紙は憲兵の監視の目を避けつつ、海外放送を受信して情報を集めていた。おかげで、大本営発表を鵜呑みにせず、戦況を把握することができたのである。

情報局は、同盟通信社や軍と協力して海外放送を受信することが業務の一つであるから長谷部と同等以上に海外放送からの情報を得ていた。それでも長谷部の忠告に耳を貸さなかったほど、緒方も楽観論に染まっていたのである（緒方竹虎伝記刊行会『緒方竹虎』一二一頁）。いったん政府のなかに入ってしまうと、都合の悪い情報に耳を貸さなくなってしまいがちなのだ。

米軍は十月十九日にフィリピンのレイテ島上陸作戦を開始した。これに対して日本海軍は主力艦だけでも空母四隻と戦艦九隻を投入し、レイテ沖海戦を決行する。中村正吾によれば、十月二十三日の時点での政府最高筋の見解は次のようなものであった。

《比島に対する米の攻撃は焦慮の結果である。台湾沖で敗走を喫したため強引な押しの手でつきこんで来ているのである。大統領の選挙をも控えているため何とか戦局の転期をつかみたいと考えているのであろう。比島攻撃を粉砕すれば、ルーズヴェルト大統領は来る選挙で落選するに違いない。落選したとしても勿論《もちろん》米国が対日戦争を持続することに変りないが、その戦争の様相は変って来ると思われる。米国の現在の攻撃ぶりから言ってもまた我が方の反撃準備から言っても、ここ一週間のレエテ戦況の発展は、今度の日米戦争の勝敗を決するものである》（中村正吾『永田町一番地』五六頁）

小磯首相は「是こそは今次戦争の終末を飾る決戦である」と信じて、ラジオの全国放送で「レイテ戦は方《まさ》に天王山であり、天下分け目の決戦である。必ず勝たねばならぬ戦である」と国民に呼びかけた（小磯国昭『葛山鴻爪』八〇六頁）。

十月二十五日、日本海軍はレイテ湾強行突入を図る。その翌日に大本営は、レイテ湾海戦の「大勝利」を発表した。空母・戦艦・輸送船など合計五五隻を撃沈・撃破・擱座《かくざ》または炎上、日本海軍の損害は戦艦沈没および中破各一隻のほか若干の自爆および未帰還機ありという「総合戦果」である。事実であれば、米機動部隊を壊滅させたに等しい。

ところがこの「戦果」も大誤報だった。緒方は後年、こう慨嘆している。

《忘れもしない。レイテ湾の海戦に際し、最初の情報は「元寇の役における博多湾以上の殲《せん》滅《めつ》戦」ということであった。ちょうど閣議の時、町田［忠治］国務相が米内海相の閣議室に姿を出すのを待ちかねて「その後の情報はないか」と質し、海相が「もはや米国の制式空母は三、四隻しか残らぬらしい」というのを聴いて雀躍《じゃくやく》せんばかりに喜んだ光景を今も見るが如くに記憶している。政府はこの久しぶりの大捷《だいしょう》報《ほう》に、日比谷公会堂と大阪中の島公《ママ》会堂で祝勝大演説会を催し、国民全般に向って祝酒の特配までした。もちろん空景気を煽るためではない。口数の少い正直な米内が「米国の制式空母あと三、四隻」といったのは、公報でないまでも現地から正当の機関を通じて軍にはいった情報に相違ない。レイテ戦開始以後少くとも二、三日間は、陸海軍の首脳者たちは我方の大捷利を信じていたのである。然るに事実は、レイテ戦に続く比島北東海上及びスリガオ海峡その他の海戦で、大捷利どころか、帝国海軍は再び起つ能わざる程の大損害を蒙っていたのである》（緒方竹虎『一軍人の生涯』一二五〜一二六頁）

実際には、日本の機動部隊は武蔵を含む戦艦三隻、空母四隻のほか、重巡洋艦六隻、軽巡洋艦四隻など多数の艦船を沈められた。実質的に連合艦隊としての戦闘能力を失うに等しい大敗北であった。一方、米軍で実際に撃沈したのは、軽空母一隻、護衛空母二隻、駆逐艦二隻、護衛駆逐艦二隻などのみであった。

インテリジェンスの劣化への痛苦と悔恨

戦時中、日本の軍や政府は都合の悪い情報を隠蔽《いんぺい》したとよくいわれる。それはそれで事実であるが、隠蔽だけならまだよいのだ。問題が隠蔽だけなら、戦況自体は正確に把握できていることになるからだ。台湾沖航空戦やレイテ沖海戦の戦果誤報は、戦況を把握する力がなかったことを意味しているから、より深刻なのである。

情報局総裁である緒方にとってこの事態は、インテリジェンスの劣化が引き起こした、この上なく痛烈な屈辱であったに違いない。緒方は戦後、次のように述べている。

《これほどの馬鹿らしい喰い違いが、然らばどうして生じたか。それは情報機関の不備という以外説明のしようがない。混乱昂奮した夜戦の戦場では、大きな火柱は大空母の撃沈、小さな火柱は小空母の撃沈くらいに大雑把な戦報をよこす以外になかったというのが、実情であったと思われる。それは単なる情報機関の不備というよりは、以て当時の戦線の疲弊状態をも語るものであろう》（緒方竹虎『一軍人の生涯』一二六頁）

実は日本海軍のほうは、さすがにしばらく経つと米機動部隊が健在であることに気づいて戦果が誤報だったことを認識したが、なんと内閣にも陸軍にも伝えなかった。陸海軍が相互に情報をチェックする仕組みも、議会やマスコミによるチェックの仕組みもなかったため、こうしたデタラメがまかり通ってしまったのだ。

外国の報道を聞いていたマスコミによるチェック機能が働いていれば、誤報は直ちに是正されていたはずである。国際ニュースを報じるマスコミの動きを封じたことが、海軍の「誤報」をまかり通らせることになったわけだ。

かくして大本営発表の「大戦果」を信じたままの陸軍は、「米機動部隊が壊滅した今がチャンスだ」という判断に基づき、敗北必至の作戦を行なうことになった。

陸軍はかねてから米軍との決戦をルソン島で行なうために準備を重ねていたが、台湾沖航空戦とレイテ沖海戦の大戦果が報告されたために急遽、レイテ島での決戦に作戦を変更した。しかし急な変更で十分な準備を整えることができなかったうえに、レイテ島はルソン島よりも、米軍が得意とする艦砲射撃や空爆の効果が上がりやすい、日本にとって不利な戦場である。日本は数次にわたってレイテへの増援を行なったが、壊滅したはずの米機動部隊の攻撃により、その多くが目的地に到着することなく壊滅した。

たとえば一九四四年十一月のレイテ輸送では多数の艦船が沈没し、部隊や補給員の到着率は四五％にとどまっている（桑田悦・前原透編著『日本の戦争——図解とデータ』原書房、一九八二年、五八頁）。私の伯父は、このレイテ輸送の際に撃沈された巡洋艦「摩耶《まや》」に乗っていて戦死している。インテリジェンスの劣化は、多くの人を死に追いやるのだ。第二十六師団や戦車旅団のように、兵員は無事に上陸できても装備や物資のほとんどを失い、丸腰の部隊になってしまった部隊もあった。

サミュエルズ氏も「サイロ（縦割り）」と題して、レイテ沖海戦の事例を特筆している。

《縦割りが引き起こしたもうひとつの顕著なインテリジェンスの失敗は——後にアメリカのインテリジェンスが日本の「やり取りしない方針」とやんわりと言及したもので——194

４年10月のレイテ沖海戦の直前に起こった。この時帝国陸軍は帝国海軍に現況報告を提供せず、海軍は甚だしくまた無責任に自身の状況を誇張したのである。海軍は偽って11隻の航空母艦と２隻の戦艦、３隻の巡洋艦を撃沈したと報告し、それが陸軍の南方作戦への転換につながったのである。そこでは連合国軍が大量に滅ぼされたのだと信じて。その結果、陸軍の主力はその途上で連合国側の空襲により殲滅された。第14方面軍の司令長官であった山下奉文《ともゆき》将軍は戦後の尋問の中で、フィリピン戦役を通してインテリジェンスに難があったと認め、自身が「盲目的な戦い」を強いられていたことを明らかにした。一方、有末将軍は、功名争いに駆られて陸海両軍が作戦の展開に対する現実的な評価を共有するのを妨げていた、軍部における過度な派閥争いに憤慨していた》（リチャード・J・サミュエルズ『特務』一三一頁）

後述するように、緒方は戦後、第四次吉田茂内閣の閣僚としてインテリジェンス機関、つまり内閣調査室の創設を推進することになる。栗田直樹氏は、内閣調査室設立への緒方の熱意と努力の背景に、陸・海・政府三者の情報共有体制の欠落とそれにともなうインテリジェンスの劣化がもたらした、小磯内閣における痛苦な体験があったと指摘している（栗田直樹『緒方竹虎——情報組織の主宰者』一四五〜一四六頁）。

まさしく、そのとおりであろう。なぜ、あれほどに情報を収集できなかったのか。そのためにどれほど多くの将兵や民間人を死に追いやることになったのか。一時は、陸海軍の首脳者たちとともに大勝利の報を信じ、喜びに沸き立っただけに、緒方の喪失感と悔恨は限りなく大きかったはずである。

「なんちゃって統合司令部」だった大本営

一九四四年十二月、陸軍は再び決戦場をレイテからルソンに変更した。だが、小磯首相はそのことを、宮中で天皇拝謁のために参進しようとしているときに、杉山元陸軍大臣から耳打ちで知らされる始末だった。陸軍は、御前会議で決定した戦争指導方針を、総理大臣が知らない間に変更し、それまで報告していなかったのである。

このような体制では総理としての戦時任務の遂行など不可能だと痛感した小磯は陸軍に抗議し、明けて一九四五年一月、参謀総長と軍令部長に改めて大本営会議への列席を要求した。その結果、小磯の大本営会議参加は、昭和天皇の特旨によって許可された（小磯国昭『葛山鴻爪』八〇八頁）。

《レイテの場合はもちろん極端なる例であるが、いずれにしても、聾《つんぼ》桟敷からでは戦争指導など思いもよらぬ。気を腐らせた小磯は、大本営会議参加を奏請し、これは条例の改正によらず、思召《おぼしめし》によって出席を許されることになったが、出席は文字通り出席で、小磯の希望する国務、統帥の一本化の前進にはならない》（緒方竹虎『一軍人の生涯』一二六頁）

昭和天皇の決断によってようやく出席できた大本営会議であったが、その実情は、小磯首相の期待を裏切るものであった。

《大本営の会議は一週に二回開催せられ筆者も亦《また》出席したが、少くとも筆者の出席した場合に関する限り、単に陸海相互の戦況通報に止まり、使用兵力の指示もなく、殊に陸海協同作戦に関する策案の審議は一回もなかった》（小磯国昭『葛山鴻爪』八〇九頁）

大本営とは陸海軍同士の統合作戦立案や作戦上の調整を行なう組織のことだが、戦争にならないと設置されない仕組みであり、実際は機能していなかったのだ。

第二次安倍政権において外政担当の内閣官房長官補として国家安全保障会議創設に携わった同志社大学特別客員教授・兼原信克氏はこう説明する。

《大本営とは仮設の組織であり、戦争が始まらないと設置されない。日清戦争、日露戦争で設置された後、昭和前期まで設置されたことがない。日中戦争、太平洋戦争が始まったとき、久しぶりに大本営が立ち上がった。

しかし、戦争のような有事は段取り8割である。事前の作戦準備と訓練がすべてである。日頃顔を合わせて作戦を練り、訓練をしておかなければ、即応性は失われ、有事の際に機能しない。大本営は、試合の前に初めて顔を合わせたテニスのダブルスチームのようなものであった。それでは勝てるはずがない。

軍隊は、即応態勢が命である。帝国陸海軍は巨大であった。日頃から作戦立案や共同訓練をやっていない陸海軍を統合して運用することなど、即席の大本営にはできるはずもなかった。日本の大本営の実態は、戦争開始と同時に掻き集められる「なんちゃって統合司令部」にすぎなかったのである》（兼原信克『安全保障戦略』日本経済新聞出版、二〇二一年、六〇頁）

統合軍事作戦を取り仕切るべき大本営は常設ではなかったこともあって機能していなかったのだ。そんな「なんちゃって統合司令部」である大本営と政府との連絡・調整もうまくいくはずもなかった。兼原氏はこう続ける。

《日中戦争、太平洋戦争当時は、大本営と政府の間で、軍事作戦と国務全般を調整するために政府大本営連絡会議（後の最高戦争指導会議）が設けられたが、所詮は、小田原評定の重臣会議であり、政府による軍に対する政治的統制など不可能だった。

政府大本営連絡会議の決定的な弱点として、恒常的な事務局がなかった。陸海軍省の軍務課長が日程調整をしているだけだった。いきなり総理以下、外務大臣、大蔵大臣等の閣僚と陸軍参謀総長、海軍軍令部総長が集まって「ああだこうだ」と言い合っていただけなのである》（同、六〇頁）

陸軍と海軍とは平時から合同で作戦を立案し、訓練することもしていなかった。陸海軍と政府との間にも恒常的な調整機関（事務局）も存在しなかった。平時からの連携も十分に取れていなかったため、それでなくとも混乱が起きがちな戦争遂行中に、陸軍と海軍の間での情報共有がうまくいくはずもなかった（残念ながら今の日本の自衛隊も似たような状況だ）。

しかも戦力の低下とともに、戦況を把握する力も急速に衰えていた。そして外交と経済、財政を担当する政府はといえば、自国の軍事作戦に関する情報をほとんどもらえなかった。たしかに日本軍将兵は勇敢であり、有能であった。だが、これで日本が勝てるはずがない。

現代版「最高戦争指導会議」

こうした指摘はこれまでも繰り返されてきた。問題は、こうした失敗を繰り返さないためにどうしたらいいのか、ということだ。

そもそも戦争だけでなく、対外政策は軍事、外交、経済、インテリジェンスなどを総合して策定、推進されるものだ。政府（官邸）と軍と国会とが意思疎通を欠いていたら、まともな対外政策ができるはずもないし、世論の支持も期待できない。そして軍需製品の生産や輸送をはじめとする兵站一つをとっても民間、国民の支持がなければ成り立たないのだ。

そうした反省からアメリカをはじめとする先進諸国では、一つの解決策が講じられている。それは、総理大臣、官房長官、外務大臣、防衛大臣らによる国家安全保障会議（ＮＳＣ）を創設して、平時の段階から総合的な国家安全保障戦略を策定・推進する仕組みをつくることだ。

ここで重要なポイントは「総合的な国家安全保障戦略を策定・推進する」ことだ。戦前の失敗は、陸軍、海軍、外務省をはじめとする関係省庁の連携がなかっただけではない。日本政府としての統一した国家安全保障戦略がなかったこともまた、大きな問題であったのだ。サミュエルズ氏はこう指摘している。

《戦時の情報将校である杉田一次《すぎたいちじ》は、なぜ日本が米英の国際システムにおける傑出にもかかわらず米英に対するインテリジェンス活動の拡大が遅かったのかという問いに対して三つの理由を挙げている。第一に、政府も軍部も世界の勢力均衡の重大な変化を完全には理解できていなかったこと——戦略的インテリジェンスの失敗——である。第二に、海軍がアメリカを仮想敵としていたのに対し、陸軍はソ連に傾倒したままで、両軍の間で政策上の協調がまったくなかったことである。第三に、政府内ではいまだにインテリジェンスが国家の安全に対して持つ重要性について限られた認識しかなかったことである。実際、政府はずっと後になるまで外国の戦略の分析に特化した組織をまったくつくらなかったのである》（リチャード・J・サミュエルズ『特務』一〇一頁）

国家安全保障戦略とはある意味、何が国益にとって優先課題なのかを見定めることでもある。当時の日本にとって最大の脅威はソ連共産主義なのか、それともアメリカのアジア進出なのか、それとも中国の内乱なのか、共通した認識、共通の国家安全保障戦略が当時の日本には存在しなかった。そのため、海軍はアメリカを、陸軍はソ連をそれぞれ仮想敵とみなし、それぞれ別の方向を向いていた。陸海軍合同の作戦計画を立案したり、訓練をしたりする状況ではなかったのだ。

一方、政治家もその大半は国内政局に明け暮れ、相手国の状況について必死に調べ、分析し、対策を打つという仕組みを重視してこなかった。国際情勢に対応することよりも、選挙で勝つことのほうを優先したのだ。

インテリジェンス軽視は戦後も続いた。相手国の内情、戦略をきちんと調べ、分析し、それに対抗しようとする仕組みが整ったのは、なんと第二次安倍政権のときであった。二〇一三年、第二次安倍政権は国家安全保障会議とその事務局を担当する国家安全保障局（NSS）を創設し、戦後初めて「国家安全保障戦略」を策定したのだ。正確にいえば、明治以降初めて外交、インテリジェンス、軍事、経済の四つを統合する国家安全保障戦略を策定したのだ。

その背景には、まさにこれまで縷々《るる》述べてきた戦前・戦中の失敗を繰り返さないようにしたいという切実な思いがあった。NSC創設に関与し、NSS次長に就任した兼原氏はこう説明する。

《国家安全保障会議および国家安全保障局の眼目は、戦前に大日本帝国政府が大失敗した「国務と統帥の統合」を実現するという点に尽きる》（兼原信克『安全保障戦略』五七頁）

国務と統帥、つまり政府と陸海軍とを統合するためには、外交、インテリジェンス、軍事、経済の四つを総合的に踏まえた国家安全保障戦略について日常的に議論をしておく必要があり、そのためにＮＳＣが創設されたのだ。兼原氏はこう続ける。

《二度とこのような失敗を繰り返してはならない。このようなことを繰り返さないためには、常日頃から安全保障に関して、総理を中心に、主要閣僚がインフォームされ、様々な事案について政府の縦割りの弊害を排除して、横串の通った検討を繰り返し、国家の最高レベルで選択肢を議論しておく必要があるのである》（同、七四頁）

ある意味、日米和平に向けて政府と軍との間で統一した戦略を構築すべく、小磯首相や緒方らが必死で機能させようとした「最高戦争指導会議」の現代版が戦後六十八年かかってようやく実現したともいえよう。このＮＳＣをきちんと機能させていくためにも、戦時中の小磯首相や緒方情報局総裁の無念、そして苦闘ぶりは繰り返し語り継がれるべきなのだ。

第8章

和平・終戦を模索——繆斌《みょうひん》工作

戦争終結に向けた道筋

ここでいったん、時間を組閣直後の一九四四年秋（終戦の約一年前）に戻そう。

小磯内閣の組閣に協力しながらも自分が入閣するつもりではなかった緒方が、米内の強い説得で入閣を決意するにあたって、ぜひともやり遂げたいと思っていたことがあった。日中和平（中国との停戦協定の締結）の実現と、それを梃子にした大東亜戦争終結工作である。

《僕は米内小磯の勧奨によって入閣を決意した時、入閣して何が出来るかを一度反省して見た。僕はガダルカナルの反攻以来すでに戦局を楽観していなかった。僕は戦局が長期にわたる以上、近衛内閣以来の対支政策の失敗を改め、支那に頭を下げても支那との間の和平を実現する以外戦局収拾の道はないとまで考えていた》（緒方竹虎「自らを語る――戦争犯罪裁判に対する準備資料（昭和二十一年一月）」、嘉治隆一『緒方竹虎』二三一頁）

なぜ中国との停戦交渉なのか。緒方は戦争終結に向けた道筋を次のように考えていた。

《勇敢に和平の緒口《いとぐち》を手繰ったのは緒方であった。緒方は勝てる見込みのない戦争には速かに終止符を打つべきだ。然し、いきなり正面の敵米英に対して和平を申込むことは、全面降伏の決意のない限り出来ない相談だ。全面降伏などは軍が聴かないのみならず、軍の宣伝にすっかり乗せられている国民も、左右《そう》なくは承知しない。

そこで他の国を通ずることだ。スイスやスエーデンなどは中立国だが、何しろ実力がない。仲介の労を執る国としては、ある程度実力のある国でなければならぬ。単なる文書の取次国では物の役に立たない。そうなればソ連である。日本とは中立条約を結んで一応友好関係が存続している恰好である。けれども、ソ連は一方にドイツと戦っている。連合国の有力な一員である。その上ソ連ほど信用の置けない国はない。平時においてすら対ソ外交となれば日本のみならず、列国が手を焼いている国である。帝制と共産制の違いはあっても、国民性、伝統は少しも変っていない。

数えて来れば他にはない。残るは支那だけだ。同文同種といっても国民性は日本とは違う。だが、同じアジア人という立場には共通したものがある。満洲事変、支那事変以来日支の関係は非常に悪くなり、現に交戦状態にある。正統政府は重慶の辺陬《へんすう》に行ってはいるが、米・英・ソと共に連合国の一員となっている》（高宮太平『人間緒方竹虎』一八九〜一九〇頁）

先の大戦で日本は、アメリカ、イギリス、中国などの連合国と戦っていた。この戦争を終わらせようとするならば、これらの国との停戦交渉をしなければならない。

だが、当時のアメリカのルーズヴェルト民主党政権とイギリスのチャーチル政権は「無条件降伏」を日本に対して求めていた。そうなれば、皇室の廃止など難題を突き付けられる可能性が高く、「全面降伏などは軍が聴かないのみならず、軍の宣伝にすっかり乗せられている国民も、左右なくは承知しない」ので、直接交渉は難しい。

外務省なども密かに動いていたが、「スイスやスエーデンなどは中立国だが、何しろ実力がない」。

実力がある国といえばソ連だが、「ソ連ほど信用の置けない国はない」。緒方のこの見立ては間違っておらず、ソ連は終戦交渉の仲介をするつもりなどないことがほどなく明らかになる。

というのも内閣発足直後の時期、小磯内閣は当初、対ソ工作に取り組んでいたのだ。

開戦以来、軍と外務省が一致できる数少ない政策として独ソ和平仲介構想があり、小磯内閣もこの構想を踏襲して一九四四年八月に陸海外三省の事務当局が独ソ和平斡旋案を作成している（波多野澄雄『太平洋戦争とアジア外交』東京大学出版会、一九九六年、一四五、一五〇頁）。

東條内閣が下野する直前の一九四四年六月、欧州戦線ではノルマンディー上陸作戦が行なわれて連合軍の攻勢が続いていた。外相の重光葵は、戦況が連合軍に有利になるにつれて連合国同士の利害対立が必ず起きるという情勢判断に基づき、それに乗じてソ連を動かせる可能性があると考えた。

《戦況の彼等に有利に進むに従い彼等相互の間に将来に対する利害の相違を展開するは必然にして（尤《もっと》も戦争終結迄《まで》彼等の間に亀裂を生ずることなきは明らかなり）此点が今日に於ては吾人の利用し得べき唯一の敵の弱点となるに至れり》（一九四四年八月七日付佐藤宛電文、馬場明「重光・佐藤往復電報にみる戦時日ソ交渉」、栗原健『佐藤尚武の面目』原書房、一九八一年、九九頁、原文を平仮名に改めた）

重光は佐藤尚武駐ソ大使にこのように訓電し、ソ連の時局収拾策を探るよう命じた。さらに九月五日、特使派遣受け入れをソ連に求めるよう佐藤大使に指示する。重光は、外交官出身の廣田弘毅元首相を派遣するつもりだった。和平交渉に応じてくれるならば、「ソ連に南樺太・北満州を割譲し、重慶地区をソ連の勢力圏に、またそれ以外の日本の占領地域を日ソの混淆《こんこう》地区とする」という案もあった（伊藤隆『日本の内と外』中公文庫、二〇一四年、三四四頁）。

しかし実際の欧州情勢は、ナチス・ドイツ打倒について英米ソ三国の結束がきわめて堅く、「英米と共に『ナチス』打倒の政策を固持する蘇聯［ソ連］としては日本打倒を主張する英米に対し其の主張を翻《ひるがえ》さしめ若《も》しくは之を緩和せしむる如き態度を執ることあり得べからざること亦《また》理の当然なりと謂《い》わざるを得ず」（佐藤大使発一九四四年九月八日付第一八五三号電文、馬場明「重光・佐藤往復電報にみる戦時日ソ交渉」一一一頁）というのが実態であった。

要はナチス・ドイツと激戦中であるソ連が、日本打倒を主張する英米の意向を無視して日本と連携することはありえないというのが佐藤大使の見立てであった。実際、外務省の廣田派遣案はソ連に拒絶される（ただし、その後もソ連仲介工作は水面下で継続された）。

このような情勢分析に基づいて緒方は改めて中国を相手にした交渉に力を入れようとしたのだ。

繆斌を蔣介石政権との停戦交渉の窓口に

問題は、中国のどの政府と交渉するのか、であった。当時の中国は、蔣介石が率いる「重慶の国民政府」、日本の画策で南京に樹立された「汪兆銘政権」（本書では「南京政府」と呼ぶことにする）、延安に根拠地を置く「毛沢東の共産党政権」などが並存していた。小磯内閣当時、これら三つのうちで国際社会において最も影響力が大きかったのは、連合国の一員である重慶の国民政府である。

しかし、一九四三年九月十八日の大本営政府連絡会議で南京政府に和平工作を行なわせることが決定して以来、南京政府を通じて重慶工作を行なうことが政府の方針となっていた（江藤

淳監修、栗原健・波多野澄雄編『終戦工作の記録（上）』一一〇頁）。

ところが緒方は、停戦交渉を結ぶのであるならば、その相手は重慶の国民政府なのだから、蔣介石政権と直接交渉をすべきだと考えていた。そして一九四五年一月に米軍のルソン島上陸作戦、二月中旬に硫黄島上陸作戦が始まるなかで、蔣介石政権との直接交渉に踏み切ろうとしたのだ。緒方はその経緯を次のように語っている。

《支那には日本が苦しまぎれに作った傀儡《かいらい》政権がある。汪兆銘政権である。汪兆銘政権も国民党の有力な闘士であった汪兆銘が生存していてこそ、若干の魅力はあったが、その汪が病死（引用者注：一九四四年十一月に名古屋で病死）してからは陳公博が代っているけれども、勢望は汪に及ばない。こんな政権を相手にしていては埒《らち》があかない。直接重慶の蔣介石に当って話してみたら、打通の途があるかも知れぬ。

日支の和平が成れば支那の斡旋によって米英との橋も架設出来るであろう。第一段階は何としても日支和平を成功させることだ。そうすれば直ちに米英との和平が成立しないにしても、支那大陸に派遣している陸軍を日本に戻すだけでも、大きな負担軽減となる》（高宮太平『人間緒方竹虎』一九〇頁）

蔣介石政権と交渉するに際して、その窓口にしようとしたのが、繆斌《みようひん》であった。

緒方は朝日新聞時代の一九四三年六月に南方日本軍占領地域、仏印、タイ、中国、満洲各地を視察した際、上海で南京政府考試院副院長・繆斌と会談し、日中関係の将来について率直に議論したことがある。そこで緒方は小磯総理に対して組閣直後から繆斌を使っての蔣介石政権との直接交渉を進言していた（同、一九六頁）。

繆斌は一九〇三年（明治三十六年）江蘇省無錫《むしやく》生まれで、一九二四年に蔣介石が校長となって黄埔軍官学校を開学した際に同学校の電気無線科教官に就任。一九二七年から一九三五年まで国民党の中央執行委員を務めた。江蘇省民政庁長にも抜擢されたが、汚職事件で辞任している（微罪による冤罪という見方もある。岡田春生編『新民会外史　黄土に挺身した人達の歴史　前編』五稜出版社、一九八六年、四七頁）。

その後、日本軍占領下で北京に樹立された「中華民国臨時政府」に参加し、中華民国新民会の中央指導部長、副会長を務めている。新民会は日本陸軍の北支那方面軍の後押しによって、現地民衆の教化運動・自治運動・産業開発を推進すべく結成された「民衆団体」である（日本陸軍からは当時大佐だった根本博が大きく関わっている）。

その綱領は次のようなものだ。

一、新政権（引用者注：中華民国臨時政府）を護持し民意の暢達を図る。
一、産業を開発し民生を安んず。
一、東方の文化道徳を発揚す。
一、剿共滅党《そうきょうめつとう》（引用者注：共産党討伐の意）の旗幟《きし》の下に反共戦線に参加す。
一、友隣締盟の実現を促進し人類の和平に貢献す。

繆斌は中央指導部長として儒教や道教に基づく王道精神をベースとした「新民主義」を訴えたのであった（岡田春生編『新民会外史　黄土に挺身した人達の歴史（前編）』三七〜三八頁）。

また繆斌は、石原莞爾が主導する東亜連盟運動にも関わっている。東亜連盟運動とは、日本・中国・満州が政治的独立を保ちつつ、国防・経済・文化交流で大同団結し、「王道楽土」の建設をめざすことを謳った運動であった。

若き日の繆斌

その後、繆斌は一九四〇年の南京政府発足とともに南京政府側に移り、立法院副院長（日本でいえば衆議院副議長に相当）に任命された。よって蒋介石側とは敵対関係になったはずなのだが、そこが謀略渦巻く中国だ。繆斌は密かに蔣介石政権との連絡を保ち続けていたのだ。一九四一年九月に東久邇宮が頭山満による日中和平工作を構想した際、蔣介石の署名入り写真を頭山に送ったのは繆斌である（横山銕三《てつぞう》『「繆斌工作」成ラズ』展転社、一九九二年、二四四頁）。

だが、一九四二年、蔣介石の側近である「何応欽《かおうきん》宛密書」が南京の特務機関の手で発覚したことで繆斌と蔣介石側との連絡が露見し、考試院副院長（考試院は、公務員の人事を司る役所）の閑職に左遷される（同、二四五頁）。

そんな繆斌に会った印象を、緒方竹虎は次のように書いている。

《繆斌から受けた私の第一印象は、彼は仕事師的な俗人で、決して志士的な思想家ではないということであった。しかし、彼の説く太平洋戦争を中心の国際情勢は真に掌を指す如きものがあり、またこれを説くこと非常に熱心であった。殊に彼が、今、蔣介石政府をして急に日本と握手せしめんとするのは、抑ゝ《そもそも》無理の注文である、中日が戦いを止めることは日米戦争の終ることでなければならぬ、と説いたことも不思議に私の耳底に残っていた》（緒方竹虎伝記刊行会『緒方竹虎』一二九頁）

ソ連の満洲侵略への危機感

では、繆斌工作とはどのようなものだったのか。緒方自身が次のように書いている。

《小磯は、終戦工作は重慶を通ずる以外に途なしとの見地から、士官学校時代の同期生で、中国事情に通暁する山県初男大佐を中支に派遣して、その端緒を探らせようとした。

たまたま山県は上海で南京政府考試院副院長繆斌と相会し、会見を重ねるうちに終戦工作に関する意見が全く合致したので、急遽帰京して小磯に復命し、その結果が繆斌招致となったのである。当時筆者は小磯の意図に従い、東京着早々の繆斌と二日間にわたり意見を交換し、繆斌の説くところが、少くとも交渉開始の基礎になると信じて、最高戦争指導会議による検討を小磯に勧めたのであるが、会議の結果はただ奥歯に物の挟ったような意見の交換のみで、賛否ともに結論を得ることなく、あたら機会を見送る始末となった》（緒方竹虎『一軍人の生涯』二二七〜二二八頁）

緒方としては何としても蔣介石政権側と直接、停戦交渉の話をしたいと思っていたところ、繆斌もまた同じようなことを考えていたことを知り、繆斌を東京に招いたわけだ。

なぜ繆斌も日中停戦交渉が必要だと思っていたのか。それは、繆斌が親日派だったからではなかった。蔣介石政権にとっては「敵」であるソ連が、日本の敗北後、満洲に攻めてくる恐れがあり、それを防ぎたかったのだ。緒方はこう続ける。

《繆斌は究めて率直に、和平交渉は決して日本の為ばかりにやるのではない。沖縄失陥後にソ連の満洲進出が明らかに予見されるからだと言った。自分の立場についても、何応欽、兪《ゆ》鴻鈞《こうきん》、呉稚奇《ごちき》、戴笠《たいりゅう》ら重慶要人との関係も誇張せず、代表権も三月末までしか許されていないと言った。繆斌が羽田に着いたのは三月十七日である（引用者注：正しくは一九四五年三月十六日に来日）。彼はヤルタ会議の内容を知っていたかどうか判らないが、掌を指すが如くに太平洋戦争の帰趨《きすう》を予言し、東亜保全の機会はこのときを措《お》いて再び来ないと、声涙ともに下った》（緒方竹虎『一軍人の生涯』一二八頁）

繆斌が提案した和平実行（停戦協定）案は次のようなものであった。

①南京政府の即時解消と南京政府による自発的解消声明
②南京政府解消と同時に、重慶（蔣介石）側が承認する民間有力者から成る「留守府」政権樹立
③南京「留守府」成立と同時に、日本政府と重慶政府が留守府政権を通じて停戦撤兵の交渉

を開始すること　（江藤淳監修、栗原健・波多野澄雄編『終戦工作の記録（上）』四一一〜四一二頁）

日本との停戦協定を急いだのは、繆斌が次のような見通しを持っていたからだ。

《日支全面和平は固《もと》より日米和平の前提として考えている。これによって中日両国が戦争の徹底的荒廃から救われ、東亜の保全を維持し得るのみならず、世界の平和克復に資することが出来ると信ずる。

米国の次期作戦は琉球を指向している。その次には済州島である。かくすることによって、大陸と南方とから日本を完全に切離し孤立させることが出来る。その後は艦砲射撃と空襲とを以て徹底的に叩き、最後に日本本土上陸作戦を敢行するだろう。米国は支那大陸では作戦しない。若し中日全面和平の前提として日本が中国において停戦するならば、中国としては米軍の支那大陸上陸を許さない。ソ連は米国の対日攻撃が決定的段階に入った場合、必ず武力を以て満洲に侵入して来るであろう》（高宮太平『人間緒方竹虎』二〇二頁）

その後の歴史を見れば、「ソ連は米国の対日攻撃が決定的段階に入った場合、必ず武力を以て満洲に侵入して来る」という繆斌の見通しは正しかった。

この段階では、もはや日本の敗北はすでに時間の問題であった。それでもリスクを冒して蔣介石政権が日本との交渉を行なおうとしたとするならば、その動機は、一つには繆斌が指摘したソ連の満洲進出への恐れ、もう一つには中国共産党とアメリカの接近に対する警戒があった。

連合国の一員である蔣介石政権にとって、日本との和平工作を行なうことにはリスクがあった。当時、ニューヨークに本部を置くアメリカ最大のアジア問題専門シンクタンク、太平洋問題調査会は「血を流して日本と戦っているのは中国共産党軍だ、蔣介石は〝ファシスト〟の日本と手を組もうとしている」という中傷を盛んに行なっていた。交渉の事実が不用意に明るみに出れば、「蔣介石は日本に寝返った」と激しく非難されかねず、アメリカの対中政策にも影響を及ぼしかねなかった。

だが、一九四四年以後、米軍と中国共産党軍の協力が進みつつあったので、抗日戦（日本と中国との戦争）が長引けば、中国共産党軍が米軍の新型兵器や装備で強化される恐れがあった。戦争末期のこの時期、遅かれ早かれ日本が敗北することは明らかだったので、蔣介石が抗日戦の勝敗よりも、その後に予想される「中国共産党との覇権争い」や「中国共産党を操るソ連の動き」に敏感にならざるをえなかったことは十分に考えられる。

重光外相の強硬な反対

繆斌は小磯首相と会う前に、特に希望して東久邇宮と面談した。そして、日本の政治家、軍人、外交官は信用できず、ただ一人天皇陛下だけは信用できる、天皇陛下にお会いすることはできないから、その代わりに東久邇宮に会見を求めたのだと語った。

大いに心を動かされた東久邇宮は、木戸内大臣や陸軍首脳らと面談して熱心に説得を試みた。

一方、緒方は蔣介石政権との和平のために、必要とあれば命懸けで自ら乗り出す覚悟だった。高宮太平は、中村正吾の次のような回想を紹介している。

《緒方さんは中国関係を調整するには、繆斌を相手と限った訳でない。重慶政府があるのだから蔣介石が当の対手である。その為には先ず敵の懐ろに飛込んで行かねばならぬ。必要とあれば漢口でも、その奥でもよい。先方の指定する所に行ってもよい。そう言われるので私も緒方さんが政府の全権として行かれることが、解決の捷径《しょうけい》であろうといったが、そのとき、君も一緒に来るか、下手をすれば逮捕されて帰れなくなるかも知れないよと、冗談のように言われたが、本心はこの問題に一命を賭けておられたのだ》（高宮太平『人間緒方竹虎』

二二三頁）

だが、繆斌を窓口にした蔣介石政権との停戦交渉は、重光外相によって猛反対を受け、頓挫《とんざ》してしまう。

《然るに最高戦争指導会議における重光外相の反対論は、総理の動きは外交大権の干犯だというのである。周彬（何の用意か、外相から提示された外務省の文書は態《わざ》とこの別字を用いていた）の如き「重慶の廻し者」を東京に入れるのは危険千万だというのである。そして、南京総軍の参謀副長はわざわざ繆斌の跡を追って東京に来り、工作破壊に狂奔したのである。外交大権論議によって、かつて松岡［洋右］は近衛［文麿］の太平洋会談を徒《いたず》らに感情的に遷《せん》延《えん》させた。「重慶の廻し者」というが、「重慶の廻し者」で始めて和平の橋を架け得るのではないか。ここにも亡国の縮図があった》（緒方竹虎『一軍人の生涯』二二八頁）

ここに書かれているように、緒方は、重光外相を厳しく糾弾している。では、一方の重光は繆斌工作をどのように見ていたのだろうか。

《繆斌は、蔣介石によって曾《か》つて破門されて、日本軍占領地に居残り、日本軍の利用するところとなって、北京において新民会で会長（引用者注：正しくは副会長）として働いたことがあり、汪兆銘政府樹立の際に、日本軍の推薦によって政府員に加えられた人物である。汪兆銘は曾つて、彼を南京政府に対する裏切行為ありとして逮捕処刑せんとしたことがあるが、日本側の懇請によって助命せられ、且つ引続き政府部内に立法院の副院長として留まることが出来た。然るに彼は南京政府に対し引続き悪意ある策謀をなし、多くは上海にあって、重慶側の知人と連絡をとっておった。日本軍は重慶側の情報を入手するため、彼を諜報機関として利用し、彼が無線機を使用して重慶の知人と連絡することをも黙認していた。繆斌はまたこれを利用し、汪兆銘政府反対の日本側人士と往復して、重慶工作を売物にしていた。彼の立場は、南京政府の取消しと日本の支那撤兵の約束とを取り付けて、蔣介石に帰参を願い、その身を全うせんとするもので、上海における重慶工作ブローカーの一人であった。繆斌の連絡していた重慶側の要人は、秘密政治警察の長戴笠であった。戴は、米国の秘密諜報団（SACO, Sino - American Cooperative Organization）の日本軍後方攪乱機関と連絡していた中心人物であって、策謀に富む活動家ではあったが、少しも信頼の置ける人物ではなかった》（重光葵『昭和の動乱（下）』中公文庫、二〇〇一年、二八二〜二八三頁）

繆斌は「ブローカーの一人」だったので、重光外相は、繆斌工作に反対したというのだ。両者の繆斌に対する見方が、全く正反対であることがよくわかる。

ここで私が問題にしたいのは、どちらの見方が正しかったのか、ということではない。第7章で、情報が官邸に入らない状況を見てきたが、この繆斌工作についても、小磯総理や緒方情報局総裁側と、重光外務大臣側とで擦り合わせができていなかったことが問題なのだ。

和平交渉は、日本の命運を左右する重大事だ。その交渉に際して、交渉相手については様々な角度から十分な情報収集と分析を行なわなければならないはずである。それなしに適切な政策決定などできるものではない。しかも繆斌についていえば、日本陸軍が後押しした新民会の副会長を務めていた人物であり、日本人との交流も深く、情報収集と分析がしやすかったはずだ。ところが総理（官邸）、情報局、外務省、陸軍が一緒になって情報を分析する恒常的な協議機関、事務局機能がなかったため、十分な情報収集も分析も行なわれなかったのだ。

そもそも対中政策が一致していなかった

実は重光外相が反対したのは、繆斌個人への不信感からだけではなかった。中国に対する政策が異なっていたことが大きかったのだ。

《小磯大将は、かつて拓相（引用者注：拓務大臣）として、汪兆銘引き出しに対しては異議は唱えなかったが、決して衷心賛成ではなかった。その気持を総理になった後も持続していて、我が方の正式に承認している南京政府を尊重する従来の政府とは、考え方を異にしておった》（重光葵『昭和の動乱（下）』二七四頁）

緒方と小磯首相は、中国との停戦交渉を、繆斌を通じて直接、蔣介石政権としようとしたのだが、それまで日本政府は、南京政府を交渉相手にしてきたのである。繆斌工作は、重光外相がそれまで精力的に進めてきた「南京政府重視の対中政策」を大きく変えるものであった。

重光 葵

重光の対中政策とはどういうものであったのか。簡単にまとめておきたい。

一八八七年（明治二十年）、大分の漢学者の家に生まれた重光は、一九一一年（明治四十四年）に外交官試験に合格、中国で上海総領事や駐華特命全権公使などを務めたほか、一九三三年（昭和八年）に外務次官就任、以後、駐ソ、駐英、駐華（中国）特命全権大使を歴任、一九四三年に東條内閣の外務大臣に就任し、小磯内閣でも留任していた。

重光は、満洲における日本の権益擁護のために尽力する一方で、中国の民族主義の高まりや国権回復の欲求が必然的な流れであることも理解していた。従って、武力を背景にした強圧的な対中外交に対しては、国際社会における日本の立場を弱めるだけでなく、両国間の懸案解決を遠ざけるものであると批判していた。

日米開戦時の一九四一年十二月、重光は駐華特命全権大使となり、当時、日本が正式に承認していた汪兆銘政権下の南京に赴任した。重光はかねてからの持論に基づいて対中政策の転換をめざした。相次ぐ戦勝で経済的にも順調なこのときこそチャンスだと考えたのである。

《記者（引用者注：重光自身のこと）は、日支関係の順調な間に、根本的に政策の建て直しをやることを志した。多年記者の念願した対支政策を実現するのは、この機会であると思い、またこの際これを実現して置かねば、日本の真精神は永久に表わすことはできぬ、とも考えた。

それは、政治上、経済上の支那における指導を支那人に譲り、日本は一切支那の内政に干渉せず、而して支那人の要望する自主的建て直し実現に援助を与うる、ということで、換言すれば、支那を完全なる独立国として取扱わんとするにあった。

日本と支那との不平等な条約関係を一切廃止して、完全な平等関係において、対等の同盟関係を樹立し、自発的に政治上、経済上相互に援助するということにしよう。而して、戦争の進行に連れ必要がなくなるときは、日本は完全に支那から撤兵して、一切の利権は支那に返還しよう、というのであった。日支の平等及び相互尊重の政策の外には、日本が勝っても敗けても、日支関係を調整するの方法はない、と考えたのである》（重光葵『昭和の動乱（下）』一八一～一八二頁）

日本陸軍は中国大陸で、蔣介石率いる重慶国民政府との個々の戦闘に勝つことはできたが、国民政府の継戦意志が固く、泥沼の戦争が続いていた。

重光は、軍事力だけで対中戦争に勝つことは不可能であり、政治的方策が必須だと考えた。日本政府が、中国を「完全な独立国」として扱い、中国の主権を尊重して対等な関係を結ぶならば、日中が戦う理由はなくなる。また、平等・対等の日中関係を掲げることによって、日本の正しさを国際社会に示すことができる。

重光がたびたび東京に戻っては要路の人々に新政策の必要性を説いた結果、昭和天皇の全面的な賛成を得た。東條首相も天皇の思召が新政策にあることを知り、重光の外相起用を決断した。こうして重光は南京赴任から約一年後の一九四三年に外相に就任したわけである。

平等・互恵的な日華同盟条約を締結

重光が外相となった一九四三年の時点では、日本が承認している中国政権は汪兆銘の南京政府だけである。従って重光の対中新政策の交渉相手は南京政府しかありえない。重光は「新政策が実行されれば、重慶政府は日本と戦う理由は存在しなくなるので、ここに蔣介石と汪兆銘の妥協問題も生じ、進んで蔣介石と日本との和平問題も生ずる」と展望していた（波多野澄雄『太平洋戦争とアジア外交』八四頁）。

汪兆銘率いる「南京政府」との間に対中新政策で合意できれば、蔣介石率いる「重慶政府」ともいずれ妥協が進み、和平が成立できるはずだ、という考えだ。

そこで重光は、南京政府との間で一九四〇年に締結されていた不平等な日華基本条約を改訂し、平等・互恵的な日華同盟条約を締結する。

さらに平等・互恵的を旨とする新政策をアジア全域に拡大することを構想して、一九四三年に大東亜会議開催を実現、南京政府行政院長・汪兆銘、満洲国国務総理・張景恵《ちょうけいえい》、フィリピン大統領ホセ・ラウレル、ビルマ首相バー・モウ、タイ首相代行ワンワイタヤコーン、自由インド仮政府主席スバス・チャンドラ・ボースと東條首相が出席し、全会一致で大東亜共同宣言を採択した。

同宣言の内容と意義を、重光はこう記している。

《この宣言は、大東亜各民族が、独立平等の立場において相互に主権を尊重し、共存共栄の精神に則って東亜の発展向上のために、相互に協力することを決定し、通商の自由、文化の交流を行うことを宣言し、アジアの解放及び復興のために戦い抜くことを誓ったものである。その内容においては、一九四一年に発表された大西洋憲章に相対するものであるとともに、その精神において、これと共通する多くの思想を含んでいるが、大西洋憲章の如き単なる主義の声明ではなく、会合各国の政策実行の宣言であった。これが大東亜宣言と称せられるものである。

大東亜宣言は、対支新政策より発展した同一趣旨のものであって、真の日本精神の表示であり、戦争目的の発表であった》（重光葵『昭和の動乱（下）』二〇一頁）

小磯内閣組閣の際、小磯首相の腹案は有田八郎の外相起用にあったが、木戸内大臣が「外交は旧来の方針を変更されないことを望んでいる、之が為、重光外相が留任して呉れると好都合だと思う」と要請したので、米内と相談して重光に決したという経緯があった（小磯国昭『葛山鴻爪』七九〇頁)。

こうした経緯で留任された重光にしてみれば、昭和天皇の御賛同を得た対中新政策を推進するのが筋であった。よって繆斌が提案した「南京政府解消論」は、南京政府に対する裏切りであり、道義に悖《もと》る「不正義」に他ならなかった。

かくして最高戦争指導会議は、繆斌案への反対意見に席巻され、わずか四〇分で散会してしまった。

だが、何としても終戦に向けた道筋を見出したかった小磯首相は一九四五年四月二日に単独で昭和天皇に繆斌工作に関する内奏を行なう。昭和天皇の「深入りをしないようにせよ」という御注意に対しても、「如何にも惜しい」と粘った。

そこで翌四月二日に、昭和天皇が陸海外三大臣に繆斌工作について意見を徴したところ、三大臣とも反対論を述べた。宮中に呼ばれて御下問を受けた重光は、自らがどのように奏上し、それに対して昭和天皇がどのようにお答えになったのかを、具体的に回想している。

《記者は、最高戦争指導会議で述べた旨を繰返して反対意見を陳述した後に、更にこの機会に意見を付け加えて、「戦争は決定的に悪化していると判断せられる今日、これを如何にして終結せしむるかについては、聖旨《せいし》を奉じ、不肖心を砕いておりますが、国家の危局に対して、日本の執るべき態度は飽くまで大道を踏むべきである、大義名分さえ誤らなければ、一旦国は潰れても、また興ることも御座いましょう、もし小策を弄して道を誤る時は、日本は永久に立つことが出来ぬこととなるかも知れませぬ」と奏上した。陛下は「自分も全く同感である」との御言葉であった》（重光葵『昭和の動乱（下）』二八四頁）

理念外交を推進してきた重光外相からすれば、小磯首相と緒方情報局総裁による繆斌工作は、それまでの外交交渉を無視した、理念なき思いつき外交としか見えなかったに違いない。

蔣介石政権側の思惑は？

重光外相と陸相、海相の反対を受けて昭和天皇は四月四日朝、改めて小磯に工作打ち切りをお命じになった。小磯内閣は繆斌工作で天皇の信任を失ったことと、小磯の現役復帰が陸軍から拒否されたことが原因となり、四月五日、総辞職を決定した。

東久邇宮は事態打開の機会を待つべく、繆斌が日本滞在を延長できるよう世話をしたが、何の成果も得られないまま、繆斌は四月末に帰国した。そして繆斌は戦後「漢奸《かんかん》」として逮捕され、蔣介石政権によって処刑される。

繆斌は逮捕当初は、蔣介石政権のインテリジェンス部門のトップであった戴笠に手厚く保護されていたが、一九四六年三月、戴笠と、戴笠の指示で繆斌工作の現場指揮にあたった陳長風が、飛行機の墜落事故で二人一度に死亡したことで運命が変わったのであった。この事情を、緒方は次のように書いている。

《当時重慶にあって繆斌と連絡していたのは藍衣社《らんいしゃ》の首領戴笠であり、上海にあって直接繆斌に指令を与えていたのは、戴笠直系の陳長風であった。終戦後この二人が不思議にも同じ飛行機事故で急死したことは、突風的に繆斌の運命を悲劇に終らせた。戴笠が飛行機事故で死んだとき、蔣介石は重慶から現地に星馳《せいち》し、戴笠の遺骸を抱いて号泣したことが伝えられた。そのことは間接に戴笠―陳長風―繆斌の工作が何物であったかを語るといえるであろう》（緒方竹虎『一軍人の生涯』一二八～一二九頁）

そして、この繆斌工作についての想いを次のように記すのである。

《若し当時の繆斌工作が出来ていたら、日本の終戦の様相は多少違っていたかも知れない。筆者が小磯、米内内閣への入閣を謝絶し得なくなったとき、筆者を唯一《ただひと》つ鼓励したものは、その前年上海で知己の感を深うした繆斌を通じての和平工作であった。いささか私情にわたるが、終戦の今日顧みて憾《うら》みは長い。

〔追記〕本稿を草してから既に四年余の星霜を経た。身辺匆忙《そうぼう》の間にも気にかかるのは繆斌の刑死問題であった。たまたま一昨年何応欽将軍が入京せられ私と会談したとき、談このことに及び、将軍もその経緯について若干の感想を述べていた。また極めて最近蔣君暉《ママ》氏の来訪を受けて、やはりこの問題につき語りあった。蔣氏の話はここに詳細に紹介することを憚《はばか》るものがあるけれども、それによって繆斌の使命の真相と当時の私の判断が少しも間違っていなかったことが裏書された。それだけ繆斌の刑死に対しては、堪え難い感慨を催すのであるが、彼も此も今は戦争中の悪夢と諦める外はないことである》（緒方竹虎『一軍人の生涯』二二九頁）

ここに名前が出てくる蔣君輝とは、上海東亜同文書院大学、光華大学、上海女子大学などの教授を歴任した人物である。蔣介石によって繆斌工作の重慶政府側顧問に起用され、戴笠の部下・陳長風（本名顧敦吉《ことんきち》）とともに工作に加わっていた（蔣君輝『扶桑七十年の夢』扶桑七十年の夢刊行会、一九七四年、一一五頁）。

蔣君輝によると、実は重慶国民政府側では、繆斌の帰国後、日本の和平意志が今度こそ本物であると判断して期待していたという。東京大空襲で首都が灰燼《かいじん》に帰し、米軍を竹槍で迎え撃つと真面目に言い出すほど追い詰められ、しかも皇族の東久邇宮が和平工作を支援していたからである。重慶政府は和平工作の進展に備えて善後委員会を組織し、渉外や財務といった重要ポストの人選まで用意していた。だがその後特筆すべき動きがなかったので、五月二十五日、蔣介石が繆斌に対日和平工作の中止を指令したと、蔣君輝は書いている（同、一二一〜一二二頁）。

蔣君輝の証言を真に受けていいのかどうかはわからないが、繆斌工作が進展していたら、あるいは日本の命運も違ったかもしれない。

緒方の「道義」と重光の「道義」

何度も指摘するが、この繆斌工作の「失敗」の背景には、小磯・緒方側と、重光側の状況認識のズレがあった。

第一に、繆斌という人物に対する評価・分析だ。情報局総裁であった緒方は、元朝日新聞記者の田村真作から次のように聞いていた。

《重慶工作といわれているものは、いろいろあるけれど、それは重慶の誰かのところか、または和平地区に来ている誰かとの話合いで、蔣介石のところには、直接とゞかない工作である。私もそうしたものなら、今までにいくらでもあった。

上海の路線（引用者注：繆斌のラインのこと）は、そんなものではなく、じかに、蔣介石に結びついていることに特長がある。この線は、蔣介石の直属の生きた現役の線であり、もちろん敵性である。それが上海の繆さんのところまで延びて来ている。上海の繆さんのところが、接合点になっている。こゝで、日本の路線と結びつけられる》（田村真作『繆斌工作』三栄出版社、一九五三年、一四八～一四九頁）

石原莞爾の東亜連盟運動と関わりがあり、その関係で繆斌と親しかった田村は「繆斌は蔣介石の代理であり、停戦交渉に向けた蔣介石政権の熱意は本物だ」と受け止めていた。

一方、重光外相は、繆斌と重慶国民政府との連絡があることは承知していたものの、和平交渉を装った「重慶の謀略の手先」と位置づけ、南京政府倒壊を目的とする工作とみなしていた（「繆斌工作に関する最高会議懇談会」（第四十七号最高会議記録）、江藤淳監修、栗原健・波多野澄雄編『終戦工作の記録（上）』四〇八～四〇九頁）。そして繆斌と親しかった田村のことも、情報欲しさに繆斌に籠絡《ろうらく》された「職業情報取り」、「極めて単純な熱血漢で感激居士」であると考えていた（伊藤隆・渡邊行男編『重光葵手記』中央公論社、一九八六年、四六二頁）。

第二のズレは、南京政府に対する位置づけだ。

小磯内閣発足時の公式の方針は、対重慶（蔣介石政権）和平工作を南京政府経由とし、それ以外の方法を認めないというものだった（つまり直接、蔣介石政権とは交渉しない、という意味）。だが小磯首相と緒方総裁は、繆斌を通じて蔣介石政権と直接交渉しようと考えていた。

一方、重光外相は「戦争を有利に遂行するためには、重慶政府を米英の陣営より引き離すべく蔣介石政権と直接交渉をしたいという小磯首相の気持ちは理解するものの、「重慶工作なるものは我が国の正式に承認し、而して我が国と運命を共にする地位にいる南京国民政府の承諾の下になすべき」だとして、あくまで南京政府との交渉を優先させるべきだと考えていた（重光葵『昭和の動乱（下）』二七一〜二七二頁）。

そもそも南京政府との間で不平等条約撤廃のための交渉を進めるなど、南京政府の要人たちとの深い関係を築いてきた重光である。南京政府を弊履《へいり》のごとく捨て去るようなことは、道義的にも到底、許容できなかったに違いない。

先ほどから述べているように、重光が南京政府尊重を貫いたのにはもっともな「道義的」理由がある。だが、緒方は「僕は南京政府は嫌いだ。中国人の立場に立って考えればはっきりする。南京政府のようなものは道義として許されない」（緒方竹虎伝記刊行会編著『緒方竹虎』一二九〜一三〇頁）と語っており、これはこれで正論なのである。

緒方の「道義」に立脚する場合、そもそも「汪兆銘に南京政府を樹立させたこと自体が、道義的に許されるのか」という問題にも帰結するであろう。翻って考えるならば、それは昭和八年（一九三三年）ごろから陸軍を中心に推し進めた華北分離工作や、さらにいえば満洲事変前後の溥儀担《ふぎかつ》ぎ出し工作にもあてはまる。

両者の対立はついに解消されることはなかった。留意してほしいことは、ここでも「どちらが正しかったのか」という話をしたいのではない、ということだ。

繆斌に関していえば、蔣介石の代理であり、停戦交渉に向けた蔣介石政権の熱意は本物であったかもしれないが、同時に「南京政府倒壊を目的とする工作」という側面がなかったとはいえまい。蔣介石からすれば、その後の戦局の推移や同じ連合国の英米、そしてソ連の意向次第でどちらにも舵を切れるようにしておくべきだし、そういう「したたかさ」がなければ、国際社会では生き残ることはできない。

外交交渉は、相手の動向、そしてその交渉を取り巻く国際情勢の変化に応じて変幻自在に変わっていくものだ。よって中国との停戦交渉を実現するという大方針のもとに、どちらかを選択するのではなく、いかなる情勢になっても対応できるよう、多くの選択肢、シミュレーションをつくっていくことが必要だ。

そのためには外務省、軍、内務省、そして情報局などの事務局が一堂に会して、あらゆる情報を集め、分析・検討し、状況に応じた外交プランを複数、作成する仕組みが必要だった。だが、何度も指摘するが、当時の日本政府のなかにはそうした仕組みは存在しなかった。
関係省庁が結集して情報を収集・分析する場どころか、閣内で和平に関する見通しさえ率直な議論が交わされないまま、四月五日、小磯内閣は総辞職した。この日、中村正吾は次のように書いた。

《国務と統帥の調整問題、具体的には戦争指導は政治でなくてはならないということで、この内閣も潰れた。この問題こそ、近年の日本政治を一貫する暗礁である。近衛内閣以来心ある殆んどすべての総理がこれで悩み抜いている。日本も悩んでいる。客観的情勢のみが今となってはこれが解決の唯一の力である。その力も然し今日に至ってなお有効たり得ない。沖縄本島はすでに侵された。それにもかかわらずなお勝ちつつありとの妄想に捉われているところがある。小磯総理はしみじみ語ったという、この期に及んで陸軍も海軍も危局を真に理解していない、と》(中村正吾『永田町一番地』一九三頁)

沖縄本島はすでに米軍の攻撃にさらされていた。それにもかかわらずなお勝ちつつありとの妄想に捉われ、「この期に及んで陸軍も海軍も危局を真に理解していない」という小磯首相の嘆きは悲痛だ。

日本版「国務・陸軍・海軍調整委員会」は存在しなかった

敗戦間近となった時点でも、政府と軍部との間で和平に対する道筋どころか、戦局そのものに関する共通認識さえ持てなかった。その理由はいろいろあるだろうが、ここでは二つの要因を挙げておきたい。

一つは、憲兵らの厳しい取り締まりである。緒方はメディアに対する検閲を緩和することができたが、軍部の管轄下にある憲兵の取り締まりは管轄外だ。「日本は敗戦間際だ」などとうっかり口にすれば、敗北主義者のレッテルを貼られ、たとえ政府高官であっても憲兵に逮捕されかねなかった。軍事機密を守るスパイ防止法などは必要だが、運用を間違えると、国民弾圧法になってしまうのだ。

実際、終戦工作を行なっていた吉田茂は一九四五年四月に逮捕されている。これでは怖くて、内閣においてでさえ終戦問題、そしてその前提となる厳しい国際情勢について協議するのは困難であった。憲兵や特高などによる言論統制や思想統制は、国を守るためという大義名分があったのかもしれないが、冷静な情勢認識の共有と、それに基づく国策決定のために必要な議論を阻害していた。

もう一つは、最後の最後まで軍が徹底抗戦・本土決戦を主張し、和平に関する協議そのものを拒んでいたことである。よほど時機を選んで周到な手を打たない限り、内閣で終戦を協議しても、軍部の反対で潰れるのは必定だった。

一方、戦争相手のアメリカは、真珠湾攻撃直後から戦後の対日占領政策について議論を始めている。真珠湾攻撃からわずか三カ月後の一九四二年三月十七日には、民間シンクタンクの外交関係評議会の会合において元外交官のロジャー・グリーンが、軍部の特権を剝奪《はくだつ》するために大日本帝国憲法を改正すべきだと主張した。公の席で対日占領政策との関連で日本の改憲について言及したのは、グリーンが最初であったといわれている。

その後一九四二年十一月九日、アメリカ国務省は正式に天皇問題について検討を開始した。以降、戦争指導に関する省庁間の調整は専《もっぱ》らルーズヴェルト大統領主導で行なわれていたが、その一方で国務長官、陸軍長官、海軍長官は共通の問題を扱う定例会議を毎週開催していた。ただし、この定例会議には具体的権限がなかったため、エドワード・ステティニアスが国務長官に就任するや、アメリカの対外政策を一本化すべく共同運営の事務局を創設する提案を行ない、一九四四年十二月十九日に「国務・陸軍・海軍調整委員会」が設置されている。略称はSWNCCで、軍事、外交、経済、インテリジェンスを統合した国家安全保障戦略を策定する国家安全保障会議（NSC）の前身だ。

このSWNCCにおいて戦後の世界戦略と、その一環として対日占領政策の基本方針が策定された。民間サイドでも多くのシンクタンクが対外政策について活発な議論を繰り広げ、政府の議論に厚みを加えていた（この民間シンクタンクにソ連の工作員や協力者が入り込み、アメリカの対外政策を歪めたという問題点もあった。この点については拙著『日本占領と「敗戦革命」の危機』を参照のこと）。

アメリカは、このようにして軍事、外交、経済、インテリジェンスを統合した国策を策定する仕組みを構築していた。一方、日本は軍事と外交はバラバラで、インテリジェンスを集約する仕組みさえ持たず、しかも民間の議論を徹底的に抑圧した。日本にも優秀な人材はいた。だが優秀な人材、資源を活用する仕組みにおいて、日本はアメリカの足元にも及ばなかった。

四月五日、小磯内閣は総辞職し、大命は海軍大将であった鈴木貫太郎に下った。緒方は大政翼賛会副総裁を留任し、できるだけ早く大政翼賛会を解散することになった。加えて五月十日には内閣顧問に就任している。

その間、三月二十一日に大本営が硫黄島の玉砕を発表、四月一日に米軍が沖縄本島への上陸を開始、五日にソ連が日ソ中立条約不延長を通告、四月二十八日にイタリアのムッソリーニ逮捕および処刑、五月一日ヒトラー自決、五月八日ドイツ無条件降伏と、時局はいっそう厳しくなっていった。

鈴木内閣は六月から七月にかけて、ソ連による和平仲介を求めて交渉を行なうが、拒絶される。七月二十六日、連合国がポツダム宣言を発表、八月六日広島に原爆投下、八日、ソ連が対日宣戦布告、九日には長崎に原爆が投下される。この間、緒方は内閣や朝日新聞社に通い、戦争終結に関するかなり正確な情報を摑んでいたというが（緒方竹虎伝記刊行会『緒方竹虎』一四四頁）、その情報が政府部内で共有されることはなかった。

そして八月十五日の昭和天皇によるラジオ放送、いわゆる玉音放送を通じて国民は敗戦を知らされた。敗戦と敵国の軍隊の進駐という未曾有の危機に際して、緒方は戦時中の痛苦な体験を踏まえて「言論の自由」に基づく議会政治再建へと奮闘することになる。

第9章

東久邇宮内閣での情報開示、言論の自由政策

内閣書記官長兼情報局総裁に就任

戦争終結の大詔《たいしょう》が発せられた一九四五年八月十五日の午後、鈴木内閣は総辞職した。大命は皇族の東久邇宮稔彦王に下り、緒方は東久邇宮から入閣を懇請された。

東久邇宮は緒方に対する信頼が厚かった。緒方起用について、宮は「か丶る危急の場合には、一心同体となって働けることが何よりも必要であり、緒方君とは以前から乗馬関係で知り合っていたばかりでなく、戦時中始終意見を交換して、対太平洋戦争観、対中国観等すべての意見が一致していたからである」と述べている（緒方竹虎伝記刊行会『緒方竹虎』一四五〜一四六頁）。

一方、緒方も敗戦処理という未曾有の大任を果たせるのは東久邇宮しかいないと確信し、小磯内閣のときとは違って即座に引き受けた（これにともない、八月十五日付で貴族院議員に任ぜられた）。緒方は遺稿で「何となしに最近の健康が気遣われたが、事態は健康を顧慮している時でもないし、事実また局面の収拾如何によっては生命は幾つあっても足りないと考えたからである。今度は本当に死場所を得たような感で、半面身の果報をすら感じた」と述べている（同、一四六頁）。

東久邇宮と緒方、副総理格で組閣を頼まれていた近衛文麿の三人は赤坂離宮を本部として組閣にかかった。ところが東京は焼け野原でめぼしい人々の居所がわからず、電話もろくに通じない。それでも陸軍から自動車を五、六台と運転する兵隊を借りて入閣候補者を迎えに行かせ、十七日未明には外務大臣以外の組閣を完了させた。緒方は国務大臣兼内閣書記官長兼情報局総裁としての入閣である（情報局総裁は九月十三日に河相達夫に交代）。

東條内閣の情報局次長だった村田五郎の談話によれば、近衛はほとんど組閣に口を出さなかったと語っているが（栗田直樹『緒方竹虎——情報組織の主宰者』一五二～一五三頁）、組閣本部で緒方を助けた中村正吾によればそうでもなかったらしく、中村は日記に「内田信也（引用者注：戦前の三大船成金の一人で東條内閣農商大臣）などの顔も出ていたが緒方さんが抹殺した。近衛という人はどうしてあんなに変なものをすいせんしてくるのか」と書いている（『回想中村正吾』刊行事務局編・発行『回想中村正吾』一九七七年、一一〇頁）。

東久邇宮稔彦王

特に外相について、近衛は重光を強く希望した。東久邇宮・緒方は有田八郎を呼んだものの、有田に固辞され、結局、重光に決まった。とはいえ、全体としては緒方が主導権を発揮し、文部大臣に朝日新聞元論説委員の前田多門、首相秘書官には朝日新聞論説委員の太田照彦（のち編集局長、木村と改姓）、緒方自身の秘書官には小磯内閣でも秘書官だった中村正吾を起用した。また、太田を含めた五人の総理秘書官（太田のほかに内務省の館林三喜男、大蔵省の酒井俊彦、陸軍大佐・杉田一次、海軍大佐・庵原《いはら》貢《みつぐ》）はすべて緒方の推薦による。

拙著『日本占領と「敗戦革命」の危機』でも述べたように、東久邇宮内閣の課題は三つあった。第一に、軍と国民に終戦の御聖断を理解・納得させ、従わせること、第二に、終戦に必要な手続きを完了すること、第三に、終戦の条件であるポツダム宣言を実行することである。

敗戦と外国軍の進駐という未曾有の事態に直面して東久邇宮と緒方が最も力を入れたのは、軍を抑えて妄動させないことであった。ポツダム宣言を受諾した日本は一刻も早く、また不祥事を起こすことなく、連合国側と停戦協定を結び、アジア太平洋各地での戦闘を終了させ、本格的な講和条約締結に向けた態勢を整えねばならなかった。

玉音放送の直前には、映画にもなった『日本のいちばん長い日』でよく知られる、一部の陸軍省将官や参謀らによるクーデター未遂事件も起きている。一歩間違えば、大きな混乱が起きかねなかった。その危機の実態は拙著『日本占領と「敗戦革命」の危機』第五章で述べたとおりである。

従って東久邇宮内閣組閣にあたっては、陸海両相の人選が一つの重要な鍵であった。

陸軍はこれまでの慣例に従って陸軍三長官会議（梅津美治郎《よしじろう》参謀総長、土肥原《どひはら》賢二教育総監、自刃した阿南惟幾《これちか》陸相の代理として若松只一《ただかず》次官）で土肥原賢二を推薦したが、東久邇宮は東條に従順だった土肥原を適任と認めず、自ら陸相を兼任した（八月二十三日に下村定《さだむ》に交代）。海相には米内光政が就いた。

さらに東久邇宮と緒方は陸海軍を抑える対策として、戦争末期に密かに終戦工作に尽力していた小畑敏四郎・陸軍中将と高木惣吉・海軍大将を、それぞれ国務大臣と内閣副書記官長に起用した。加えて石原莞爾を内閣顧問に招こうともしている（石原は辞退）。

内務大臣については、元警察官僚で読売新聞社社長の正力松太郎を木戸が推薦してきたが、緒方は国内治安維持が重要なときに正力では力不足と考えて却下し、結局、緒方と同郷の山崎巌に決まった。正力が木戸からこの経緯を耳にしたため禍根が残ることになる。

「私は殺されるだろうと思っていたよ」

東久邇宮内閣は親任式を済ませると、早速、軍と国民に終戦の御聖断を理解・納得させるという第一の課題の実行を開始した。その際、大きな武器となったのは、新聞もさることながら、当時受信契約数が五七二万八〇〇〇に達していたラジオである（矢野恒太記念会編・発行

『数字でみる日本の100年』改訂第6版、二〇一三年、四七八頁)。東久邇宮首相は八月十七日の初閣議の後、ラジオで国民への挨拶を放送した。

東久邇宮は昭和天皇の言葉を引用して「陛下は、汝臣民の衷情《ちゆうじよう》はこれをよく知っている、気持ちはよくわかっている、しかし感情に走ってみだりに事端《じたん》を滋《しげ》くしてはならぬとお諭しあそばされているのであります」と訴え、秩序の維持に協力することによってこの難局を打開しようと国民に訴えた。ちなみにこの挨拶は今でも、「NHK戦争証言アーカイブス」サイトのニュース映像で視聴することができる。

翌十八日、東久邇宮は飯村譲中将を憲兵司令官に任命し、次のように訓示した。

《今までの憲兵は、あまりにも政治に関係して、個人の自由を束縛し横暴に過ぎたので、国民一般より大いに恐れられ、非常にうらまれ、にくまれ、敵視されている。今後、憲兵は軍事警察を専門とし、断じて政治に関係してはいけない。終戦の混乱に乗じて、軍人の中には不正の行為をなすものがあるとのうわさだ。憲兵はよくこれを取締って、わが陸軍の終りを清くするよう希望する》(『東久邇日記』二二四頁)

また東久邇宮は同日午後六時からの閣議で特に発言し、すべての政治犯の釈放と、言論、集会、結社の自由を認めることを関係大臣に即時実行するよう命じた。また、人心一新と国民生活の明朗化のため、すみやかな灯火管制解除を決定した（同、二一四〜二一五頁）。

外地の日本軍に対しては、停戦命令発出とともに、昭和天皇が皇族四人を派遣し、終戦の大詔を各地の重要軍司令部に伝達させた。

昭和天皇の御聖断の重みと皇族内閣の権威、迅速な対応によって、五〇〇万の日本軍はごく一部の例外を除いて矛を収め、占領軍進駐は平穏に無血で行なわれた。皇室のおかげで日本は内乱に陥らずに済んだのだ。緒方は後にこう記している。

《全体としては不幸にも最初の私の予想が当って、懸念した事件は殆ど何も起らなかった。私は敢《あえ》て「不幸にも」という言葉を使うのである。何となれば、大詔一たび渙発《かんぱつ》さるれば、如何なる言挙げも一擲《いってき》して承詔必謹《しょうしょうひっきん》（引用者注：天皇陛下の詔書が出されたならば国民は必ずその意図するところを重く受け止めるべきである、という意味）するのが臣子の本分ではあるが、七十年の陸海軍が今日の前に解消する時には一人の榎本釜次郎「武揚」、一個の彰義隊が飛び出す位は、あるべきではないか。

私は甚だ矛盾した考えではあるが、そういう意味の「頼母《たのも》しさ」を期待していた。そしてそれを涕《なみだ》を呑んで総理殿下の手で取鎮めたかったのである。その事のなかったのは、確かに東久邇宮殿下が皇族の身を以てこの危局を担当されたからにもよる。それは普通の臣下では迚《とて》も担当し得る場面ではなかった。

しかし、一面には軍さんが腐っていた証拠でもあったのだ。陸海軍の武装解除、連合軍の東京進駐を一発の銃声もなくやり果したのは、鈴木内閣のポツダム宣言受諾と同様、終戦に際する最も大きな事業で、これだけで東久邇宮内閣出現の意義は十分あったと考えたが、同時に私は心の何処かに一抹の淋しさを禁ずるを得なかった。殿下は「私は殺されるだろうと思っていたよ」と挂冠のきわに述懐されたが、殿下のほんとの心中は意義ある殺され方が欲しかったのでないかと思う。私は今も時々そんなことを考える》（緒方竹虎伝記刊行会『緒方竹虎』一五五頁）

五箇条の御誓文にかえれ

東久邇宮首相のラジオ放送、訓示、声明、国会演説などはすべて緒方の筆によるものであり、政府の積極的な情報開示の姿勢と言論の自由が強調されている。

八月二十八日に行なわれた東久邇宮の内閣記者団に対する初の記者会見では、東久邇宮はこう述べた。

《今日までわが国人は緘口令《かんこうれい》の猿ぐつわをはめられて、権力と威力とによる厳罰主義をうけていたのである。このためにわが国民は、涙をのんで言いたいことも言えず、結局、陰口をきいていたのが現状である。

政党にしても、政府の政治をやりよくするために、御用政党になって、何も意見をいわせなかったのである。言論機関にしても、最も重要な新聞社を抑圧して言論の自由を奪ってしまったのである。選挙すら、翼賛選挙とか、推薦選挙とかの美名をかりて、官憲が言論を抑圧し、選挙干渉をやったことの弊害は実に大きいと思う。

この際、よほど思い切った措置をとらなければならないと思っている。

まず、私自身の言論を活発に自由にしようと思っている。考えていることは卒《ママ》直に言うつもりである。

次に、国民をして言論を自由にさせるためには、今の特高警察を徹底的に自粛是正させなければならない。今まで政治にくちばしをいれてきた憲兵の方は、政治警察を全廃して、軍事警察に専念させるようにしたが、特高警察の方も、内務大臣に命じて行きすぎを徹底的に改めさせるつもりである》（長谷川峻『東久邇政権・五十日』行研、一九八七年、一八三頁）

議会制民主主義を否定したり、言論の自由を踏みにじったりしたことは間違いだったと明言したわけだ。

そして五箇条の御誓文を一箇条ずつ読み上げ、「この際この御誓文を読み奉ってわれわれ国民はこの国難に善処しなければならぬと思う」と訴えた。

東久邇宮内閣は、日本が敗戦に至った原因と経緯を国民の前で明らかにするために九月四日と五日の二日間、臨時議会を召集した。緒方はこう述べている。

《連合軍は進駐して来たが、国内の空気はなかなか落着かない。万一のことがあっては大変だから、できるだけ早く国会を開いて、敗戦に至った事情を、腹蔵なく、露骨に、議会を通して国民全般に徹底させる必要がある、というので、九月四日と五日の二日間、議会を召集することになった》（緒方竹虎「日本軍隊終焉の内閣」、『文藝春秋臨時増刊　讀本・戦後十年史』一九五五年四月、四五頁）

このため、首相は閣議で各省の大臣に、これまで秘密にしてきた戦況に関する情報を出すよう求めた。陸軍省も海軍省も最初は出し渋っていたが、下村陸相と緒方書記官長の説得で資料を出した。小畑敏四郎国務大臣は、国民の士気や復員軍人への影響を懸念して強硬に反対したが、東久邇宮は方針を変えず、二、三の字句の訂正にとどめた（『東久邇日記』二二九〜二三〇頁)。

緒方は以下のように述べている。

《私は殿下の議会演説の草案を書いたんだが、それに対して陸軍から「この戦争は海軍は負けたけれども、陸軍は負けていない」とか、いろ〳〵なことを言うて、「戦勢日に不利にして」というような言葉があると、「必ずしも利あらず」というふうに直したり、実に細かいことにまで干渉したが、殿下はすべて手厳しく拒絶された。太平洋戦争の間、自分らがいろ〳〵な意見を言うても、軍は取上げなかったじゃないか今は俺が全責任をもって局面の収拾に当っているんだ。俺の考えでやるんだから、一切君らの意見を容れるわけにはいかないと、全部断ってしまった》(緒方竹虎「暗殺・抵抗・挂冠」、『ダイヤモンド臨時増刊　日本の内幕』一九五二年三月十五日、一一一～一一二頁)

演説では、「戦争の長期化に伴う民力の疲弊」や「近代戦の長期維持は逐次困難を加え、憂慮すべき状況になった」経緯についてきわめて詳細・具体的に述べ、「汽船輸送力」「鉄道輸送力」「石炭其の他工業基礎原料資材の供給」「『ソーダ』工業を基礎とする化学工業生産」「液体燃料」など国力に関する重要な指標について網羅的に具体的数字を挙げながら、降伏がどれほど不可避だったかを「腹蔵なく、露骨に」明らかにした（第八十八回帝国議会衆議院本会議第二号議事録、一九四五年九月五日）。

これは国民に御聖断、つまり敗戦を理解・納得してもらうためだけでなく、政府に対する国民の信頼を取り戻すためにも、どうしても必要なことだった。

敗戦後の「言論暢達」政策は成功だった

もちろん国民は、戦争末期に激しさをどんどん増していった空襲を身を以て経験したし、ソ連の対日参戦なども知ってはいた。

だが、終戦時に大蔵次官だった山際正道ですら「われわれは広島に原子爆弾が落ち、ソ連が参戦して漸く政府や軍部に妙な動きがあるなと感じ出した位で、それまでは一億玉砕も已むを得ないと覚悟していた」といっていたほど、戦争の実態に疎かった（高宮太平『人間緒方竹虎』二五二頁）。

高宮太平は、このときの緒方の思いについて「況《いわ》んや大部分の国民は、敗戦は死と同義語と解して働いていた。だからどうしても政府としては、頭を垂れて国民に謝らねばならぬ。組閣以来緒方の胸中を来往していたものは実にこの一事である」と述べている（同、二五二頁）。

東久邇宮はこの演説の前日である九月四日の日記で「私は明日、今まで国民一般に極秘とされていた陸海軍の損害はもちろん、わが国全般にわたる驚くべき欠陥を議会に報告するつもりだが、国民は私の報告によってはじめて真実を知り、いかに驚嘆し憤慨することだろう」と書いている（『東久邇日記』二二九頁）。

だが、こうした懸念とはうらはらに、当時の警視庁の調査によれば首相演説は、国民に終戦の御聖断を理解・納得させるうえでかなりの成果を上げたようである。

「首相宮殿下の施政方針演説は大胆率直に述べられたのであり、戦争の敗因に就ても種々数字を上げて説明されたのであるが、あれでは到底戦争継続は不可能であることが納得出来た」「政府の誠意ある発表に依って敗戦の原因が明らかにされ、現政府に対する信頼を深めた」といった反応があった（栗田直樹『緒方竹虎――情報組織の主宰者』一五九頁）。

警視庁は、次のようにまとめている。

《敗戦の原因を完膚《かんぷ》無き迄《まで》に御説明になり、始めて無条件降伏に至る不得止事由《やむをえざるじゆう》が判然とし、寧《むし》ろ本土決戦必勝と称し今日迄戦争継続せることの無謀と政府並《ならび》に軍部の余りにも無計画なる秘密主義、頰被《ほおかぶ》り主義を以て国民を引摺って来た押しの太さに驚くの外なしとし慊《あき》たらざりしも、降伏と云う事実も納得出来た》（栗田直樹『緒方竹虎――情報組織の主宰者』一五九頁、原文を平仮名に改めた）

言論を活発にすること、そのためにはまず政府が率先して国民を信頼し、情報開示すること——これらは緒方の戦前からの持論であり、小磯内閣で掲げた「言論暢達」政策がめざしたものであった。

政府も軍も、国民に対してどころか、お互い同士にさえも情報を明かさず、自分が抱え込んでいる情報の評価が甘く杜撰になり、実はろくな情報を持っていないことすら十分に認識できずに悲惨な敗戦に陥ったことを、緒方は小磯内閣で目の当たりにした。よって緒方は、日本が再出発するには、何よりも政府自らが情報を積極的に開示し、言論の自由を取り戻すことが先決だと考えていたのだ。

「民の声を聞く」政策

言論の自由の尊重は東久邇宮の持論でもあった。東久邇宮は日記で「戦時中、軍部の威力で言論は極端に圧迫され憲兵政治のため国民は言いたいこともいわれなかった。政府は国民の実情がわからず、国民の不平不満は増大するばかりであって、敗戦の大きな原因の一つはこれである」（『東久邇日記』二二七頁）と喝破している。

東久邇宮がこのように考えるようになったのは、宮自身が戦時中、東條内閣のときに、「東條内閣は総辞職しなければならない」と発言したというデマを飛ばされ、憲兵司令官に尋問されそうになったという苦い経験があったからだった。

《あとで聞けば、陸軍省内部の意見が変って、私を訊問することを中止したのだそうだが、私は非常に不愉快だった。人間が言いたいことをいえないのは、苦しいことであると思った》（同、二二七頁）

東久邇宮は国民の声を積極的に聞くために、二つのことを行なった。

一つは内閣参与の任命である。賀川豊彦、田村真作、児玉誉士夫、大佛次郎、首相秘書官でもある太田照彦の五名を任命し、各自はそれぞれ以下について首相を補佐するものとした（今西光男『占領期の朝日新聞と戦争責任——村山長挙と緒方竹虎』朝日新聞社、二〇〇八年、三六頁）。

賀川　総懺悔運動と太平洋諸国間の親和増進
田村　日華親善
児玉　新日本建設のための青年層の士気鼓舞運動
大佛　新文明建設

東久邇宮は、「私が内閣参与をつくったのは、官僚組織を経ずして直接、民間の意向を私に反映させ、また私の意思を直接、民間に反映するようにするためだった」と述べている（『東久邇日記』二三〇頁）。

しかし、この措置は不評だった。内閣参与の人選は太田照彦（首相秘書官）の独断だったといわれている（細川護貞『細川日記（下）』改版、中公文庫、二〇〇二年、四三七頁。今西光男『占領期の朝日新聞と戦争責任』三六頁）。

児玉について東久邇宮は「児玉を私はよく知らないが、児玉は海軍および右翼と深い関係があったので、その連絡のために採用した」と述べている（『東久邇日記』二三〇頁）が、この人事には政府内でも危ぶむ声が上がった。前田多門（文部大臣）は児玉らの起用を知って緒方を詰問したが、緒方は「これはちょっと顧みて他を［言う］ですよ」とはぐらかすばかりだったという（今西光男『占領期の朝日新聞と戦争責任』四六頁）。

東久邇宮が国民の声を聞くために行なった第二の方策は、国民から「総理への手紙」を募集することであった。政権発足にあたって総理がラジオで国民に所信を述べるのも当時としては画期的なことであるが、国民一般からの手紙の募集も大胆かつ異例なことである。東久邇宮内閣は八月三十一日、新聞各紙を通じて、次のように訴えた。

《私は国民諸君から直接手紙を戴きたい、嬉しいこと、悲しいこと、不平でも不満でも何でも宜しい、私事でも結構だし公の問題でもよい、率直に真実を書いて欲しいと思う、一々返事は出せないが、即座に解決できるものはできるだけ解決し、参考にしたいと思うものは十分に研究致します、一般国民の皆様からも、直接意見を聞いて政治をやって行く上の参考にしたいと思っています》（『毎日新聞』一九四五年八月三十一日、一面）

手紙は日を追って増え、一日平均八〇〇、九〇〇通、多い日には一〇七〇余通に達した。手紙への対応は緒方の監督下、緒方の秘書官・長谷川峻があたった。内容は次のようなものもあり、すぐには解決できない問題も多かったが、すぐに手配したものもたくさんあったという。

「主人が出征してから、田舎に疎開して幼い子供を抱えて暮らしているが、知らない土地とて親切にしてもらえない。天井の五燭《ごしょく》の電燈の下で、この子供とともに死のうと思ったことが幾度もあります。早く南方からの復員をすすめて下さい。主人の胸に体をぶつけて思う存分泣きたい」

「僕たちは、戦争中に疎開学童として、親のところをはなれていました。殿下、一日も早く両親のところに帰して下さい」
「鹿屋《かのや》（鹿児島）飛行場から札幌まで貨車の屋根にへばりつくようにして、三日も四日もかかって復員した、この苦しみと敗戦が身にしみる」
「新橋の闇市場で大根一本五円だ、とても食っていけない」（長谷川峻『東久邇政権・五十日』一六九〜一七〇頁）

のちに緒方は第四次および第五次吉田内閣で、後述するように情報機関の創設に取り組み、その一環として世論調査機関を設立することになるが、長谷川峻は東久邇宮内閣の「民の声を聞く」政策が、こうした世論調査の先駆をなしたとしている（同、一七〇〜一七一頁）。

「戦犯」摘発の裏面

内閣にとって国内対策よりさらに難題だったのは連合国軍総司令部（ＧＨＱ／ＳＣＡＰ、以下ＧＨＱと略す）への対応であった。

降伏文書調印前後、重光葵外相はＧＨＱに命がけで対峙した。

降伏文書締結の準備としてまず、参謀次長・河辺虎四郎と外務省調査局長・岡崎勝男ほか数名がマニラのマッカーサー司令部に派遣されて降伏文書の写しを持ち帰り、八月三十日、マッカーサーが厚木飛行場に到着した。

九月二日に降伏文書（いわゆる停戦協定）調印が行なわれたが、このとき、近衛文麿をはじめとする要路の人々は、調印式の全権代表になることを嫌がって逃げ回った。そういうなかで、重光葵外相が敢然と引き受けたこと、さらに降伏文書が連合軍による直接軍政ではなく間接統治（日本政府による統治）を認めていたにもかかわらず、マッカーサーが軍政、軍票使用、米軍軍事裁判所による日本の裁判権行使（「三布告」）を出そうとしていることを知って、司令部にかけつけ撤回させたことは、拙著『日本占領と「敗戦革命」の危機』で述べたとおりだ。

重光の奮闘により、連合軍による直接の軍政や、日本円の代わりに連合軍の軍票が流通されるような事態を防ぐことはできたが、GHQは本格的進駐とともに、早速、戦争犯罪人の摘発に乗り出した。

九月十一日、東條英機元総理大臣への拘引命令を皮切りに、十二日には第一次戦争犯罪人リストが公表された。そのわずか数時間後に第二次リストも公表され、戦争を教唆《きようさ》煽動《せんどう》したとして黒龍会や玄洋社の関係者が含まれていた。そのなかに、玄洋社関係として廣田弘毅元総理大臣や緒方の名前もあった。

GHQが公表したリストはいい加減な内容で、すでに故人である内田良平や、東條の弾圧に抗議して自決した中野正剛も入っていた（今西光男『占領期の朝日新聞と戦争責任』五三頁）。

黒龍会や玄洋社が軍国主義団体であるかのようにみなされた背景には、ソ連情報機関との濃厚な関係が疑われるハーバート・ノーマンの影響があったことがよく知られている。日本研究者として頭角を現していたノーマンは一九四五年一月にアメリカ・ヴァージニア州ホット・スプリングスで開催された太平洋問題調査会第九回国際会議に提出した「日本政治の封建的背景」をはじめとする一連の論文で、頭山満を様々な面でヒトラーに類似した低劣なファシスト、玄洋社や黒龍会を日本の侵略の先兵となった謀略・テロ組織と位置づけ、頭山が支援した中国やフィリピンやインドの人々についても、その多くが「無節操な冒険者、安価な出世主義者、政治的山師など自国でも無能な、歓迎されない連中」だったとレッテルを貼っている（ハーバート・ノーマン「日本政治の封建的背景」、大窪愿二編訳『ハーバート・ノーマン全集第二巻』岩波書店、一九七七年、二六二〜二六四頁）。

緒方についてはもう一つ、戦犯指名数日前の九月八日に情報局総裁として連合軍司令部に呼び出され、フーバー新聞課長の逆鱗に触れた事件もある。検閲をどうするか尋ねられた緒方は、もう戦争は終わったので廃止したいと答え、占領軍として検閲をする気満々のフーバーを激怒させたのだ（緒方竹虎伝記刊行会『緒方竹虎』一五七〜一五八頁）。

この事件と緒方の戦犯指名に関係があるかどうかは不明だが、ともあれ重光外相はサザランド参謀長と面会し、重臣や現閣僚が戦犯に指定されたことに抗議して撤回させた。後で述べるように緒方は一九四五年の十二月に再び戦犯として指名されるのだが、九月の時点では重光の抗議により事なきを得た。

重光はサザランドとの面会の際、もう一つ重大な申し入れをしている。ＧＨＱが直接、東條の家に乗り込んで逮捕したことへの抗議である。

先に述べたように、重光はマッカーサーが発出する予定だった「三布告」を撤回させた。九月二日、降伏調印式が終わった後に「三布告」のことを知った重光は、翌朝いちばんに直接ＧＨＱに乗り込んでマッカーサーに談じ込んだのである。重光の抗議により、マッカーサーは、直接軍政を布くのではなく、日本政府による間接統治を認めた。ところがＧＨＱは日本政府を通さずに自ら東條を逮捕した。これは日本政府の司法権の侵害であり、約束違反である。重光はサザランドに、今後は万事約束どおりやってもらいたいと強硬に申し入れた。その結果、すでに逮捕命令が出ていた嶋田繁太郎以外は日本政府の手で連合軍に引き渡すことになった（『重光葵手記』五五〇～五五一頁）。

のみならず重光は、ポツダム宣言に則れば日本は自らの手で戦犯裁判を行なうことができると昭和天皇に進言した。昭和天皇は、敵側のいう戦争犯罪人、特に責任者の人々はかつてひたすら忠誠を尽くした人々であるから忍びがたいとのお気持ちだったが、九月十二日、東久邇宮内閣は閣議の結果、戦犯裁判を連合軍にさせるのではなく、日本政府自らが行なう方針を決めた（今西光男『占領期の朝日新聞と戦争責任』五三頁）。

もちろん重光は、日本が武装解除して占領されている以上、どんな正論を主張しても通らない現実を認識していただろう。事実、内閣のこの決定はＧＨＱに拒否された。だが重光は、たとえ拒否されると最初からわかっていようとも、主権国家としていうべきことはいわねばならないと確信していたに違いない。

緒方と重光の対立

それからわずか五日後の九月十七日、重光は更迭され、後任の外相として吉田茂が任命された。

その背景には第一に、終戦連絡事務局の所管をめぐる緒方と重光の対立があった。

終戦連絡事務局は内閣発足にあたって重光の提案で設けられた組織で、長官をはじめすべての部長が外務省の勅任官で占められる、外務省の外局的なものだった（緒方竹虎伝記刊行会『緒方竹虎』一五九頁）。

重光としては、戦前・戦中に軍部が外交に介入して混乱をもたらしたことを踏まえて、外交窓口は外務省の専管で一本化しておくべきだという考えのほか、占領下であっても主権国家としての建前を外形だけでも維持するべきだという意図もあった。あくまでも外務省が連合軍という「外国」との交渉の矢面に立つことによって、日本国の内閣が直接連合軍に牛耳られる事態を、少なくとも形式的には避けることができるという考えである（『重光葵手記』五四八～五五〇頁）。

ところが、終戦連絡事務局局員は当然ながら大部分が外務官僚で内政実務に疎く、対応も何かと官僚的で、首相の指示が徹底しない（今西光男『占領期の朝日新聞と戦争責任』五六頁）。

そこで緒方は、「終戦連絡事務局の役目は、単なる外交でなく、国体問題（引用者注：戦勝国側は、昭和天皇の退位、戦犯追及などを検討していた）に関する諒解を取付けることから、戦後産業復興に関する予備的交渉に至るまで、いわば政府と同じ幅の機関でなければならぬ。のみならず、主たる相手が米国であるだけ、大抵の問題は打てば響くその場の応答が出来なくては、例えば経済問題の如き直接民間との交渉になって、終戦連絡事務局は無用の長物と化して仕舞うであろう。そこで（中略）終戦連絡事務局の長は、何としても内閣総理大臣でなければならぬ」と考えたのだ（緒方竹虎伝記刊行会『緒方竹虎』一五九頁）。

第二に、東久邇宮、近衛、昭和天皇とマッカーサーとの会見をめぐる意見の対立があった。

東久邇宮はマッカーサーの日本到着後、なるべく早く面会したいと望んでいたが、重光外相に「まだその時期ではない」と止められた。近衛も同様である（『東久邇日記』二三六頁）。

昭和天皇もマッカーサーに面会したいという意向をお持ちだったのだが、重光から見ると、東久邇宮や近衛がマッカーサーに会おうとするのは自分たちが戦争責任の追及を免れるための「媚態」であり、皇室や国家の権威を傷つける愚行だった（伊藤隆・渡邊行男編『続重光葵手記』中央公論社、一九八八年、二五九〜二六〇頁）。

東久邇宮としては占領下の内閣総理大臣としてマッカーサー司令官と意思疎通を図りたいと願うのは当然のことであろう。また近衛も連合国の戦争責任追及から皇室を守りたい意図があった。近衛は小畑敏四郎の勧めに従って、GHQに日本の事情を伝え、基本的な占領政策を知るためにマッカーサーとの面会を望んでいた（住本利男『占領秘録』kindle版、中央公論新社、二〇一四年、「憲法の改正に着手」）。

重光外相が取り次がないので、東久邇宮首相と近衛はそれぞれに外務省以外の伝手《つて》で面会を果たした。まず近衛が九月十三日に、マッカーサーに会っている。陸軍中将・原口初太郎と、原口と親しいロバート・アイケルバーガー第八軍司令官の仲介によってであった。ただし通訳が力不足だったため、実のある話し合いにはならなかった（『細川日記（下）』四三九〜四四〇頁）。

東久邇宮については、近衛の二日後の十五日に面会が実現した。

自分の頭越しに近衛と東久邇宮がマッカーサーと会ったと知った重光は激しい憤懣《ふんまん》を手記に残している。

《世界情勢の知識なく、対外判断に遅なる〔は〕我政界の通弊にして戦敗の大原因なり。否、寧《むし》ろ今日の情勢に導きたる主因なり。然るに今日又々之を繰返さんとして何人も阻止するものなし。総理宮（引用者注：東久邇宮のこと）及《および》近公（引用者注：近衛文麿のこと）はマ将軍（引用者注：マッカーサー将軍）を横浜に往訪して、媚態《びたい》を呈す。今日に至りて尚醒《なおさ》めず、邦家の前途転《うた》た寒心に堪えず。而《しか》も先方の一旦引渡を要求せる緒方氏は内閣の中枢に在りて只管《ひたすら》策動を続く。此儘《このまま》にて到底進むこと能わず。米国の日本管理の手は益々伸び、要求は峻烈となりつつあり。

今日は到底一親王の威、一公卿の□□〔原文のまま〕を以て乗り切り得べき時勢に非ず。況《いわん》や内閣中枢は全く陰謀家の巣屈〔窟〕となり終れるをや。皇族内閣の使命は聖断直後の時局を収拾し、正式調印を無事終るを以て終了せるものなり》（『続重光葵手記』二六〇頁）

近衛と東久邇宮がマッカーサーと会ったことをもって「媚態を呈」しており、今や東久邇宮内閣の「内閣中枢は全く陰謀家の巣屈」だとは、凄まじい罵倒ぶりだ。重光はなぜそんなに怒っていたのか。

実は重光は、「皇室擁護は記者〔＝重光〕の折衝を先頭とし、東条等の審問に依って可能なり、即《すなわち》過去の指導者は全部積極、消極の意義に於て多少の責任を負担し、皇室及国民の責任なきを立証せん」と決意していた（同、二五九頁）。

当時、戦勝国側では、昭和天皇を戦争犯罪人として訴追する動きがあった。この動きを牽制するためには、日本側の政治指導者が戦争責任を引き受ける一方で、皇室と国民には責任がないことを立証する必要があると考えていたのだ。そのためには、近衛元総理らが勝手にマッカーサー司令官に会って責任逃れをするようなことは絶対に阻止しなければならない。何の成算もなくマッカーサーに会って言質でも取られたら、昭和天皇の身が危うくなるだけでなく、対日占領政策にも悪影響が出るかもしれない。

よって「世界情勢の知識なく、対外判断に遅」い政治家たちに、GHQとの折衝を任せるわけにはいかないと考えていた。だからこそ重光外相はGHQとの折衝を担当する終戦連絡事務局を外務省で専管するとともに、近衛や東久邇宮首相や天皇とマッカーサーとの面会の仲介も外務省が行なうべきだと考えていたのだ。

だが、その前提として重光外相がマッカーサーと十分に意思疎通できることが必要であった。そして東久邇宮首相は、重光とマッカーサーの間のパイプはすでに切れていると判断していた。

《重光も一回、元帥と会見したが、元帥は重光と握手もせず、椅子も与えず、大変冷遇した。二回目からは、元帥は重光と会わず、参謀長がいつも応対するという。それだから私は、総理大臣として、元帥に面会する必要をますます感じていた》（『東久邇日記』一三六頁）

今西光男氏は、九月三日に重光がマッカーサーに直談判して「三布告」を撤回させた後、その経緯を記者会見で詳しく述べて布告撤回の事実を明らかにしたことがマッカーサーの面子を潰し、逆鱗《げきりん》に触れたのが原因だとしている（『占領期の朝日新聞と戦争責任』五六頁）。

それもあるだろうが、京都大学名誉教授・中西輝政氏は、GHQの手による東條逮捕に敢然と抗議するような重光の存在自体がアメリカにとって「目の上のたんこぶ」であったと指摘する（中西輝政「東京裁判で重光葵がA級戦犯にされた理由」、歴史街道編集部編『太平洋戦争の新常識』kindle版、PHP新書、二〇一九年）。

自主的な憲法改正をめざす

九月十五日、重光は自らの辞職を申し出、同時に東久邇宮総理大臣以外の全員を交代する内閣大改造を進言した。重光の目には、直接の軍政を免れて間接統治が認められた途端に、日本政府があたかも平時のような錯覚に陥り、敵国による占領下にあるという冷厳な現実に対応する姿勢がないように見えていたのである。

《ポツダム宣言の実行ということについて根本的に考え方を異にし、日本を全く改造しようと考えている占領軍が、如何なる要求をなすかは、大体予想のつかぬことではない。現に、戦争犯罪人として、内閣の中枢にある閣員の引渡しを要求せられた以上、たとえその要求が一時撤回せられても、内閣に対する不信の表示であり、内閣としては、降伏条項の実施に当る資格は消滅した訳である。元来、皇族内閣は終戦を無事に済ますための内閣であり、その仕事を終り、且つポツダム宣言の忠実なる実施について方針を決し得た以上は、その任務はすでに了《おわ》ったと解すべきである。新事態に対しては、旧時代の人物を一掃して、占領軍と協力して円滑に事を進んでやり得る新人をもって内閣を新たに組織せしむることが必要である》（重光葵『昭和の動乱（下）』三四五～三四六頁）

東久邇宮が緒方と近衛に相談したところ、緒方は「改造はいかなる場合にも内閣の弱化となるのが通例であるから重光外相の真意はよく判らないが、もし外相が本当に辞職を欲するなら、その辞意を容れて外相の交替だけを行ったらよいではないか」と述べた。木戸も重光のみを辞職させる小改造に留めるべきだという意見だったので、重光の辞任が決まった（緒方竹虎

伝記刊行会『緒方竹虎』一六〇〜一六一頁）。

　重光の辞任を機に、内閣は天皇・マッカーサー会見のための動きを早め、重光の後任の吉田茂外相の仲介によって九月二十七日、天皇のマッカーサー訪問が実現した。

　だが、二十九日に訪問時の写真を掲載した新聞各紙を内務省情報局が不敬罪で発禁処分にしたことから、ＧＨＱは「プレスおよび言論の自由への追加措置に関する覚書」を、日付を遡って二十七日付で公布し、情報局の発禁措置を解除した。これ以降、新聞統制の権限はＧＨＱに移った。

　ところで、先に述べた九月十三日の近衛・マッカーサー会談で、マッカーサーが近衛に憲法改正の準備を依頼したことはよく知られている。

　一方、東久邇宮は、九月十八日に行なった外国人記者団との会見で、現時点ではＧＨＱ指令の完遂に全力を挙げており、憲法改正などの内政問題について、検討する余裕はないと答えている。この時点では東久邇宮は、近衛がマッカーサーに憲法改正研究を依頼されたことを知らなかったと思われる。『東久邇日記』によれば、近衛がこの件を東久邇宮に報告したのは九月二十五日のことである。

　今西光男氏は、東久邇宮内閣においても憲法改正の必要性は痛感していたと指摘しているが、緒方らは、その基盤となる議会の再建に向けた研究に注力している。日本の議会政治は五・一五事件で倒れた犬養内閣を最後に、政党内閣を樹立することができなかった。ついには政党自体が解散して大政翼賛会に統合されてしまった。憲法改正の大前提として、まともな議会の復活が必要だったのである。

九月二十八日、議会制度のあり方を検討する議会制度審議会を設置した。東久邇宮首相を総裁とし、委員には緒方や内閣法制局長官・村瀬直養《なおかい》ら、貴族院から松本治、古島一雄ら、衆議院から芦田均、河上丈太郎ら、学識経験者として高木八尺《やさか》、佐々木惣一、高橋雄豺《ゆうさい》（読売新聞）、藤山愛一郎（財界）、小汀利得《おばまとしえ》（中外商業新報）、佐々弘雄（朝日新聞）、臨時委員として山際正道（大蔵省）、関屋貞三郎（貴族院）、宮沢俊義（東大）、蠟山政道（京大）、伊藤正徳（時事新報）、関口泰（朝日新聞）らが任命された。

今西氏は、「東大、京大の政治、憲法学者を中心に、この後の憲法論議をリードする錚々《そうそう》たる人物を網羅している。京大系を中心とする近衛の憲法作業を意識して、より幅広く人材を集め、基本的なところから論議を始めようとする姿勢が読み取れる」と評価している（今西光男『占領期の朝日新聞と戦争責任』七九頁）。

さらに特筆すべきは、東久邇宮と緒方が、無産政党、労働運動、農民運動など、野党やいわゆる反体制側の政権参加を必須と考え、在日朝鮮人組織の指導者と会見するなどの働きかけを行なっていたことだ（同、七九頁）。

政権基盤強化のためもちろんあるだろうが、第1章で紹介した、イギリスのゼネラル・ストライキに関する緒方の文章を踏まえるならば、労働運動などを反体制の側に追いやるのではなく、言論の自由を基礎として、国民的常識と冷静さをもつものに善導したいという意図があったのではないだろうか。

消極的抵抗としての総辞職

だが、東久邇宮や緒方のこのような動きは、まもなく断ち切られた。

十月四日、ＧＨＱは「政治的・民事的・宗教的自由に対する制限撤廃の覚書」、通称「人権指令」を発し、治安維持法、思想犯保護観察法、国防保安法、軍機保護法、宗教団体法など、皇室批判の制限や思想・宗教の制限に関する法律・勅令一切の廃止、これらの法律に関わる治安組織、すなわち思想警察と特別高等警察の廃止、内務大臣および特別高等警察の警察官全員の罷免を要求した。同時にこれらの法律による勾留者の釈放を命じた。

この章の前半部分で述べたように、東久邇宮は組閣翌日に、憲兵司令官に今後政治に関わることを禁じ、軍事警察に専念するよう命じているし、同日の閣議でも、すべての政治犯の釈放と、言論・集会・結社の自由を認めることを即時実行するよう指令していた。各省庁の対応は遅れていたが、内閣として思想統制の撤廃自体に異論はなかった。

だが、内務大臣の罷免となると別問題である。緒方は消極的抵抗としての総辞職を進言した。

《政治犯人の釈放や思想警察の廃止などは、政府でも研究中であったから、別に驚かなかったが、内務大臣を罷免せよと要求して来たことは、日本の政府として承服するわけにいかない。無条件降伏をして占領されている以上、これを拒否する力は持っていないが、これを承服したのでは、政府の威信は地をはらう結果となり、占領政策も円滑には行われないであろう。承服できないという消極的な意思表示の意味で内閣総辞職をするほかはないと考えて、総理大臣に話すと、即座に

「その通りだ。これを御無理御尤もで聞いては、今後の日本政府はあれども無きが如きものになってしまう。総辞職したがよかろう。」

と言われた。

そして翌五日の午前九時、定例閣議の席上、閣僚一同に経過を報告し、みなの意見が一致したので、東久邇内閣はここに総辞職したのである。

新聞には「都合により」と総辞職の理由を発表したが、直接、陛下に差出した辞表には、ぼくが筆を執って、

「占領軍が天皇の大臣を罷免することを黙過しては、日本の政府の威信が地をはらうから、承服できないので総辞職をする。」

という意味のことを書いたと記憶する》（緒方竹虎「日本軍隊終焉の内閣」四七頁）

一方、重光は、東久邇宮内閣総辞職の日、手記にこう書いた。

《東久邇内閣は八月十七日成立して、十月五日倒る。其の間一ヶ月半、其の存立の意義は終戦降伏文書の調印と順調なる終戦降伏の成就にあった。夫れ以上のことは望むことは出来ぬ、又之を実現する基礎を有しない。（中略）

首相宮の周囲には鶏鳴狗闘〔盗〕の士が蟻集《ぎしゅう》して居る。緒方書記官長は旧朝日の部下を率いて総理官房を占拠して居り、又此の外に殿下の直参には定見なき無経験の謀略政客がお取り巻きをなして居る。是等〔の〕人々の意見が不規則に、宮殿下の意見として無遠慮に閣議に対しても新聞記者に対しても出ずるのである。（中略）

〔東〕久邇宮殿下が記者の進言を容れず、閣員全部の入れ換え（即ち事実上の総辞職）を行わずして、時局の真相に理解なく旧態依然たる考〔え〕方を以て進まれたことは遺憾である。国情に対して甘い観察をなし、国際世《ママ》局に対し、敵の出方に対し、全然無知識なる素人考を

以て茫〔莅《のぞ》〕んだことは失敗の根本である》(『続重光葵手記』二六四〜二六五頁)

外務大臣としての重光葵の奮闘が、敗戦直後の日本にとって、どれだけ大きな意味を持ったのかは、拙著『日本占領と「敗戦革命」の危機』で詳述したとおりである。だが緒方とは、全く反りが合わなかった。もちろん、以前からの確執はあるとはいえ、それぞれに人並み外れた優れた資質と能力を持ちながら、どうしても理解し合えない相手がいるものなのだと思わざるをえない。

公職追放

ともあれ、緒方はこうして野に下った。

一九四五年十二月四日、緒方は改めて戦犯容疑者として巣鴨への出頭を命じられたが、東久邇宮内閣五十日間の激務でかなり体調を崩していた。六日、健康状態を理由に自宅静養が許され、明けて一九四六年一月十三日に、米軍医による検診で結核症状が見つかったため、第八軍司令部は、緒方の収監は適当でないと進言した(栗田直樹『緒方竹虎――情報組織の主宰者』一七〇頁)。

同年八月、緒方は公職追放された。公職追放の対象は、

Ａ　戦争犯罪者
Ｂ　職業軍人
Ｃ　極端な国家主義団体などの幹部
Ｄ　大政翼賛会などの幹部
Ｅ　膨張政策に関与した金融機関の幹部
Ｆ　占領地の行政長官など
Ｇ　その他の軍国主義者

の七項に分類されており、緒方はＧ項該当とされた。東條政権の言論弾圧と戦い、懸命に言論の自由を守ろうとした緒方が「その他の軍国主義者」とはなんといっていいものかわからないが、恐らく玄洋社との関わりが問題視されたのであろう。

最初は「閉門蟄居」とばかりに自宅に万年床を敷いて静養し、外出を慎んでいたが、やがて健康が回復し、「占領軍の追及もさしてきびしいものでないことが明らかになるにつれ、緒方は次第に半ば公然と外出するようになった」（緒方竹虎伝記刊行会『緒方竹虎』一七三頁）。

職を失ったため経済的には苦しくなったが、中村正吾、古島一雄、玄洋社の先輩・真藤慎太郎、朝日新聞社時代の私設秘書の浅村成功らがよく訪れた。特に中村は足繁く訪ねてきて、ＧＨＱ当局や極東軍事裁判の動きを緒方に伝えた（同、一七二頁）。

緒方は東久邇宮の功績をこう振り返っている。

《東久邇内閣は僅かに五十日間の存在であった。あまり出来のよい内閣ではなかったと思うが、とにかく七十年の歴史を持つ日本の陸軍海軍、それも日清、日露という勝ち戦さを誇って来た軍隊、特に海軍は世界三大海軍国の一つと言われたものであり、陸軍は下剋上の勢いが強く、首脳部ですら手の付けようがないまでになっていた。これを武装解除することは、民間人の総理大臣では到底不可能であったと思う。

日本の政治史に前例のない皇族であり、かつ陸軍大将である東久邇宮を総理大臣にされた結果、大きな事件もなく、無事に武装解除ができ、忌わしいことではあるが連合軍の進駐を無事に迎えることができた。これは大きな功績であると思う。

さらに占領軍の無理な指令に対して、消極的抵抗の意味で総辞職したことは、皇族総理の英断だったと思う。

その後の歴代内閣も、そうした決意をもって、御無理御尤《ごむりごもっと》もという態度をとらず、日本の国情に適しない指令その他には総辞職という態度で応え、一つの内閣だけでいかん場合は、二つでも三つでも内閣が総辞職をするということであったならば、占領政策はもう少しちがったものになっていたであろうし、今日改正のことがやかましい問題になっている憲法も、ちがうものが作られていたのではあるまいか。

ただ政権を持続したいとか、その他いろんな私心で、煮えきらぬ態度をとったために、善意ではあったろうが日本の国情に合わない誤った占領政策が行われることになったのは、今考えても残念なことである》（緒方竹虎「日本軍隊終焉の内閣」四七頁）

戦前も戦時中も左右の全体主義的傾向から言論の自由と議会政治を懸命に守ろうとした緒方が引き続き政界で活躍していれば、たしかに占領政策もかなり違っていたに違いない。だが、というより、だからこそかもしれないが、公職追放処分を受けた緒方は占領期間中、政界に戻ることはできなかった。

第10章

日本版ＣＩＡの新設ならず

吉田茂の後継者と目されて政界入り

緒方の戦犯容疑は一九四七年九月に解除されたが、公職追放は一九五一年八月まで続いた。

追放解除後、緒方には、『ネイション』のような雑誌（一八六五年に創刊されたアメリカのオピニオン・マガジン）を刊行したいという長年の望みもあった。だが、旧知の古島一雄の勧めで政界入りを決意する。

第1章で書いたように、古島は玄洋社の機関紙『九州日報』の主筆を務めていた人物であり、頭山満とともに孫文の革命運動の支援なども手がけていた人物である。慶応元年（一八六五年）の生まれだが、『九州日報』『日本新聞』『万朝報』などで活躍した後、明治四十四年（一九一一年）に衆院選に当選。「憲政の神様」と呼ばれながら、五・一五事件で暗殺された犬養毅の側近として活躍した政治家でもあった。

古島は、一九四六年に日本自由党の総裁だった鳩山一郎が公職追放されたときには、その後任に強く推されるが固辞して吉田茂を推薦。その後、吉田首相の「ご意見番」的な存在となっていた。緒方にとっては多大な影響を受けた大恩人であり、「特に古島一雄には自分の親に対するごとくつかえた」（緒方竹虎伝記刊行会『緒方竹虎』一七四頁）という。

古島が緒方に白羽の矢を立てたのは、「吉田一人では今後の難局を打開しえないとみて、長年気心が知れかつ信頼していた緒方をしてこれを補佐させ、行く行くは吉田の後継者たらしめよう」（同、一七五頁）という思惑があった。

緒方は講和独立直後の一九五二年（昭和二十七年）十月一日の衆議院議員選挙に、福岡一区（中野正剛の選挙区でもあった）から出馬して当選し、自由党に正式に入党。第四次吉田内閣の国務大臣兼官房長官、副総理に就任する。その後、緒方は様々な活躍をして自由党総裁にも就任。ひいては一九五五年の自由党と日本民主党の「保守合同」にも大きな働きをしていくわけだが、本書では、緒方がこの時期、日本の情報機関を創設すべく動いていた過程に主として光を当てることとする。

古島一雄

緒方が、情報機関創設に向けて動き出していくのは、彼自身の衆院選当選よりも前のことであった。

占領下の一九五二年一月、ＧＨＱの参謀第二部（Ｇ２）のチャールズ・ウィロビーは、吉田首相の依頼により、部下のジャック・キャノンと延禎《ヨンヤン》に大磯の吉田邸を訪ねるよう命じた。

ジャック・キャノンは、ウィロビーの麾下《きか》で「キャノン機関」と呼ばれる秘密機関を率い、旧岩崎邸の通称「本郷ハウス」を拠点に活動していた人物である。

延禎は一九二五年、ソウル生まれ。中央大学法学部入学後、一九四四年に学徒志願兵として入隊、関東軍に配属。戦後、韓国軍創設と同時に韓国海軍に入隊。一九四九年にGHQ参謀第二部（G2）配下のZ機関に派遣され、一九五二年初めに機関が解散されるまで、日本、アメリカ、朝鮮半島における主要な諜報工作に参加していた（C・A・ウィロビー著、延禎監修、平塚柾緒編『GHQ知られざる諜報戦――新版ウィロビー回顧録』山川出版社、二〇一一年）。

キャノンとその部下の延禎を迎えた吉田首相は、日本再建のためには「たとえ小さくてもよいから情報機関のようなものが是非とも必要だ」と述べ、自分にはその方面の知識がないが、戦争中に情報局総裁を務めた友人の緒方竹虎ならば話を十分理解できるだろうから、「ぜひかれに会ってください」と二人に頼んだという。

二人はその足で国会議事堂近くの事務所へ向かって、緒方に会った。緒方から「今の日本に情報組織をつくるとしたらどういう形がいいか」と問われて、CIA、MI5（英保安局）、MI6（英秘密情報部）など西側諸国の情報組織の説明をし、CIAは大統領直属の機関だから、吉田・緒方がつくろうとしている情報機関も内閣に直結した機関がよいだろうと助言した（延禎『キャノン機関からの証言』番町書房、一九七三年、二二二～二四六頁。有馬哲夫『CIAと戦後

日本――保守合同・北方領土・再軍備』平凡社新書、二〇一〇年、一六四～一七三頁）。
日本陸海軍は敗戦とともにＧＨＱによって解体されたが、一九五〇年六月に朝鮮戦争が勃発したことを受けてマッカーサーが警察予備隊創設を命じ、曲がりなりにも再軍備が行なわれつつあった。だが、緒方がキャノンや延禎の話を聞いていたころ、国策のために情報を収集・分析する公的な情報機関は日本に存在しなかった。かつて緒方が総裁を務めた情報局も、すでに廃止されていた。

一部で誤解されているようだが、ＧＨＱが情報局を潰したわけではなかった。

ＧＨＱは占領行政のために情報局の機能が必要だと認めていたので、時の幣原喜重郎内閣は一九四五年十月末、いったんは情報局官制を改正して、①国策に関する情報収集・世論調査および報道、②新聞、出版および放送に関する斡旋助長、③映画・演劇・文芸その他に依る文化事業に関する斡旋助長を「情報局の所掌《しょしょう》」と定めていた。この改正で情報官の数が約四分の三に減るなど、規模が縮小されたものの、存続はしていた。

ところが、それから約一年後の一九四六年末、情報局の大幅人員削減を強行しようとした次《つぎ》田大三郎《ただいざぶろう》（幣原内閣で国務大臣と内閣書記官長を兼任）と、それでは職務が果たせないと猛反対する河相達夫情報局総裁の意見が激突し、閣議で廃止が決定されてしまう（春日井邦夫『情報と謀略（下）』国書刊行会、二〇一四年、四二一～四二三頁）。

拙著『コミンテルンの謀略と日本の敗戦』（第三章）で紹介したように、次田大三郎は日本共産党員でコミンテルン日本代表だった野坂参三《さんぞう》の親戚であり、二・二六事件後に軍部大臣現役武官制復活を強力に主張して、「ソ連に警戒心を持っていた」皇道派将軍の復活を阻止した人物である。次田が情報局の人員を大幅削減しようとした意図は不明だが、ともあれ情報局は一九四六年十二月三十一日に廃止されてしまったのである。

中華人民共和国に対する逆浸透工作を提案

情報機関を再建しようという吉田と緒方の動きがいつから始まったのか、正確なところはわからない。だが、キャノンと延禎の吉田邸訪問より少し前の一九五一年十二月十三日に、吉田首相は東京でジョン・フォスター・ダレス国務省顧問と会談している。

日本を取り巻く国際情勢は当時、かなり緊迫していた。

一九四九年十月には、毛沢東率いる中国共産党が中華人民共和国を建国していた。アメリカが応援していた蔣介石率いる中国国民党は国共内戦で、ソ連から支援を受けていた中国共産党に敗北してしまっていたのだ。しかも翌一九五〇年六月には、朝鮮戦争が勃発し、韓国側と米軍（国連軍）は当初、北朝鮮軍の急襲に対して敗走を余儀なくされていた。なんとか押し返したものの、その後、中国共産党軍（中国人民志願軍と自称）も参戦し、朝鮮戦争は膠着状態に陥っていた。

そこで吉田は、ダレス国務省顧問と会談の席上で、中国問題・朝鮮問題などは武力のみでの解決が難しいので逆浸透工作によって中国の民衆を共産党の勢力下から離す方策を併用することが必要だと指摘し、同文同種の日本が自らの経験を利用して自由諸国のために、中華人民共和国への逆浸透工作で重要な役割を演じることができると主張した（外務省編纂『平和条約の締結に関する調書Ｖ中国問題―吉田書簡―』五一～五二頁、https://www.mofa.go.jp/mofaj/annai/honsho/shiryo/archives/pdfs/heiwajouyaku5_07.pdf 二〇二〇年十月八日取得）。

吉田 茂（右）とジョン・フォスター・ダレス（左）

拙著『朝鮮戦争と日本・台湾「侵略」工作』（ＰＨＰ新書、二〇一九年）でも詳述したが、朝鮮戦争では、旧日本軍人・軍属もかなり活躍した。その実績を踏まえて中国や朝鮮半島のことなら日本のほうがよく理解しているのだから、日本の力を活用したらどうかと提案をしたわけだ。戦勝国の幹部に対して堂々とこうしたことを提案できる吉田首相もなかなかだ。

同月二十八日、吉田はその会談を踏まえて、マシュー・リッジウェイ連合国軍最高司令官（一九五一年四月に解任されたマッカーサーの後任）にダレス宛書簡の送付を依頼している。

第一に、吉田はこの書簡で、米英両国が対中政策で足並みを揃えるべきだと主張した。アメリカは蔣介石率いる中華民国（台湾）を正統な中国政府だとみなして、毛沢東率いる中華人民共和国承認・国交樹立に踏み切らないでいたのだが、イギリスは西側諸国のなかで最も早く、一九五〇年一月に承認し、米英の違いが際立っていた時期である。

そして第二に、中国の隣国であり、文化・言語的にも個人的交流の面でも中国とのつながりの強い日本が逆浸透を試みる、つまり中国大陸に工作員を送り込むべきだと力説した。「中国人のただ中に人を送りこんで中国のあちこちに反共運動を起こすのを助けさせてはどうか。かような逆浸透によって中国の交通をサボタージュし、ひいていつの日にか、かのにくむべき圧政を顚覆するための地ならしをすることもできる」という提案である（同、六五〜六六頁）。

果たして今の政界に、吉田首相のような逆浸透工作を考えている政治家はいるのだろうか。

一九五二年四月のサンフランシスコ講和条約発効を前にして、吉田は対中政策について情報収集のみならず積極工作も含むインテリジェンス工作を構想していた。その工作を通じて西側自由主義陣営に対して日本の存在感を発揮し、日本の名誉を挽回しようと考えていたのである。

講和独立直前の四月九日、吉田は「内閣総理大臣官房調査室」を設置し、村井順を室長に任命した。村井は東大法学部政治学科出身の内務・警察官僚で、一九三九年に興亜院に異動し、戦後は青森県警本部長を務めているときに吉田茂の知遇を得て第一次吉田内閣の総理秘書官に抜擢された。その後は再び内務省に戻って公安一課長として情報関係業務に従事していたが、内務省が解体された後は国家地方警察本部の初代警備課長になっていた。村井はこうした職務上、かねてからＧ２とよく連絡を取りあっていた。

調査室の機能は「情報収集と連絡調整に関する事務の所掌」であると明記され、官報で公示された。調査室設置には、もちろん吉田がキャノンに語った「情報機関設立の第一歩」という意味がある。だが、そのほかに、朝鮮戦争で国連軍と北朝鮮軍の戦闘が続いていたことや、日本国内の共産党の闘争激化があり、各省バラバラの内外情報を統合・整理して分析する連絡事務機関が、独立を達成した日本にとって必要だという背景もあった（吉田則昭『緒方竹虎とＣＩＡ』一五四～一五五頁）。

独自の情報収集・分析体制がなくては、日本が主体的に外交、対外政策を立案・決定することはできないことはいうまでもない。

ちなみに内閣総理大臣「官房調査室」はその後、一九五七年に組織改編によって内閣官房内の「内閣調査室」となり、現在は「内閣情報調査室」（略称「内調」）と呼ばれる。つまり一九五七年までは「官房調査室」と呼ぶのが正確なのだが、かえって煩雑でわかりにくくなるうえ、当時の新聞記事には「内閣調査室」を使っているものが多いので、本書では「内閣調査室」で通すことにする。

蔣介石政権と組んで対共産党情報ネットワークを構想

一九五二年四月二十八日、サンフランシスコ講和条約が発効し、日本は七年近くにわたる占領をようやく脱し、独立を取り戻した。

同日、長らく公職追放処分にあった緒方は、『信濃毎日新聞』に「独立日本に寄す」を寄稿し、アジアとの関係の重要さと独立国としての自衛戦力の必要性、そのための憲法改正を訴えた。

《条約の発効と同時に、日本人として見逃してならぬことがある。それは今度の平和条約はその成立の経過から見て日本がハッキリと西欧陣営に参加したことを意味するのであるが、同時に日本はアジアの日本であるということである。アジアの孤児となることは、いろんな意味において、日本の自殺である。（中略）平和条約発効して、日本は独立を回復したのであるが、さらによく考えると、独立は回復されていないのである。何となれば、日本の国土の上に外国の軍隊が駐留して日本の防衛に当っているという事実が存するからである。これは日米安全保障条約によれば、日本の「希望」により平和と安全のためにアメリカが受諾したことになっているが、日本が希望したにせよ何にせよ、外国の軍隊が駐留する事実には違いがないのである。（中略）軍備という文字の当否はとも角、駐留アメリカ軍の撤退を求めて差支ないだけの自衛力を持つことは、独立国である以上当然ではないか。（中略）自衛戦力を整える以上、憲法を改正せねばならぬのはこれまた当然であろう》（栗田直樹『緒方竹虎――情報組織の主宰者』一八一～一八二頁）

緒方は独立を取り戻した日本がまずなすべきことは、自分の国を守ることができる自衛戦力の保持と、それを可能とする憲法改正であると考えていたわけだ。

同年五月、緒方は吉田首相の特使として東南アジア歴訪に出発した。この外遊は吉田が、国会の早期解散は断じて行なわないからといって二月から緒方に勧めていたものである。

吉田の提案は二、三カ月間のアメリカ方面への外遊だったが、緒方の希望で東南アジアになった。四月十五日になって吉田は、今回の旅行を一カ月に短縮して八月一日に発足予定の保安庁長官に就任するよう求めたが、緒方は保安庁長官就任に確答しないまま台湾へ向かい、香港、タイ、ビルマ（現在のミャンマー）、インド、パキスタン、セイロン（現在のスリランカ）、シンガポール、インドネシア各地を回った（緒方竹虎伝記刊行会『緒方竹虎』一八〇頁）。

この外遊には当然、独立間近な日本がアジア各国との国交樹立に向けた下準備という意味があるが、ソ連や中国共産党の脅威に対抗して、アジア諸国とのインテリジェンスにおける協力関係を構築しようという側面もあったようだ。

緒方は、当時、国連の常任理事国であった中華民国（台湾）において、蔣介石と三回にわたって会談し、そのなかで共産主義に対する共同防衛が話題に上がった（なお、緒方と蔣介石の会談回数は、緒方竹虎伝記刊行会『緒方竹虎』〈一八〇頁〉によれば二回だが、井上正也「吉田茂の中国『逆浸透』構想――対中国インテリジェンスをめぐって、一九五二―一九五四年」、日本国際政治学会編『国際政治』第一五一号「吉田路線の再検証」二〇〇八年三月〈四〇頁〉は合計三回としている）。

蔣介石との話は親善を深めるための一般的内容が主だったが、緒方は総統府秘書長・張群との間でもっと具体的な議論を行なっている。中華民国政府のアーカイブによると、緒方は張群に対して、「米国は多額の資金を費やし、共産党の情報収集を行なっているが、情報の出所が不正確なために、対策を立てるうえでの根拠にならない。共産党活動については、日華の人間の方が多くの知識を持っている。それゆえ、日華双方が協力して正確な情報収集を行う秘密組織を設立すべきである」と提案している（井上正也「吉田茂の中国『逆浸透』構想」四〇頁）。

緒方の提案はさらに、同年（一九五二年）八月に張群が答礼として訪日したときに、吉田との間で議論された。吉田は専門家の相互派遣と研究を提案し、後日、張群に藤井五一郎公安調査庁長官を引き合わせた（同、四〇頁）。

吉田と緒方はこの後、情報機関創設のためにＣＩＡとの連携を深めていくことになる。前掲の論文を執筆した成蹊大学法学部教授・井上正也氏は、この後、実際に中華民国と共同の情報組織がつくられたかどうかは不明としている。

だが、緒方や吉田のこうした動きからは、独立を取り戻した以上、日本はアメリカに頼るのではなく、自前の情報収集・分析体制を構築して、自らの責任において中国共産党や朝鮮半島の脅威に対応しようとしていたことがわかる。

官房長官、副総裁になり情報機関設立を模索

緒方は一九五二年十月の衆院選に初出馬し、見事に当選すると、第四次吉田「自由党」内閣で国務大臣兼官房長官に就任する。とても初当選とは思えない登用ぶりだが、戦時中に情報局総裁、つまりインテリジェンス・コミュニティのトップを務め、吉田の後継者と目されていたのだから、ある意味、当然の人事といえよう。

官房長官となった緒方は、一九四七年に創設されたばかりのCIAをカウンターパートとしつつ、日米のインテリジェンス連携体制を構築していく。サンフランシスコ講和条約発効にともなってGHQは撤退し、代わってCIAが日本での情報活動を担っていたからである。十一月にはCIA東京支局の支局員を呼び、日本が情報機関を構築するために、ワシントンの情報機関の基本構造についてのブリーフィングを求めた。緒方が手始めにつくろうとしていたのは海外放送や海外通信の傍受による情報「収集」組織だったようだが、将来は公然・非公然の両分野で情報活動を拡大するつもりだと米側に伝えている（吉田則昭『緒方竹虎とCIA』一五六〜一五七頁）。

そういうなかで、吉田と緒方の構想が報道されてしまう。三大紙のなかで最も早くこの件を報じた『毎日新聞』の一九五二年十一月十六日付記事は、「かつての情報局とまでは行かないとしても、すべての情報を分析し内閣が的確な判断をもち得る機関を設置したいと考えている」という緒方の発言を紹介し、新たに構想されている情報機関についてこう解説している。

《あくまで情報の分析を重点におき、外務省情報文化局、公安調査庁、内閣調査室、国警、保安隊等の各情報機関からすべての情報を収集してこれを分析し、正しい判断を得て政府の施策の参考にすると共に、別の面では政府が打出す政策や各種の議論の要点を一般国民に解

りやすく徹底さす資料を作る高度の情報機関としたい意向のようである》

「すべての情報を分析し内閣が的確な判断をもち得る機関」が「各情報機関からすべての情報を収集してこれを分析し、正しい判断を得て政府の施策の参考にする」というのは、緒方が朝日新聞社時代に東亜問題調査会をつくったときも、また小磯内閣の情報局総裁として情報局をまともに機能させようとしていたときも、なんとかして実現させようと苦闘してきた目標にほかならない。

次いで『読売新聞』が十一月二十二日付で、閣議で承認された新情報機関の沿革を次のように報じた。

《一、海外から放送発信されるラジオ、テレビ等を受信聴取してこれを収集、分析する、とりあえず当初の目標を毎日三、四十万語のラジオ聴取におく、なお国内の新聞、通信等はことごとく集める

一、これには三百名内外の技術者と少数の優秀な指導者を置くが官庁のみからでは人材が得られないので民間報道機関などより広く優秀な人材を求める

一、合理的に科学技術の力を用いるから予算は多額を要しない

一、この機関は内閣直属とするが、戦時中の「情報局」復活と誤解される恐れがあるのでこれを公益法人とする

一、日共［日本共産党］秘密情報資料なども現在の国警、公安調査庁などとは別個に集め分析する》

十一月二十六日には吉田首相が、衆議院本会議で改進党総裁（当時）・重光葵との質疑のなかで新情報機関設置構想に触れ、民主政治の根幹として、国内の事態の真相を国民や外国に伝え、同時に外国の真相を集めて国内に弘布《こうふ》する機関をつくりたいと述べた。

なにしろ当時、中国大陸では中国共産党政権が樹立され、朝鮮半島では韓国と北朝鮮が三十八度線で対立していた。いつまた戦火が日本に及ぶかもしれない情勢について懸命に情報を収集し、対策を打つとともに、国民に知らせる責務が政府にはあった。

このころ、政府内では新情報機関の枠組みについて、「古野構想」と「村井構想」の二つを検討していた。

古野構想は、元同盟通信社社長・古野伊之助や元同盟通信社編集局長・松本重治が進言した案であり、海外ニュースの収集・分析と日本の国情の海外発信を主体とするものだ。

一方、内閣調査室室長・村井順による村井構想は、文書収集、通信傍受、工作員活動の三つ

の部門から成る「日本版ＣＩＡ」のような中央情報局をつくるという、より本格的かつ野心的な案である。

読売が報道した閣議決定は古野構想に基づく内容だが、吉田のダレス宛書簡や、緒方のＣＩＡや張群に対する発言からわかるように、吉田と緒方がめざしていたのは、海外での工作員活動ができるような「日本版ＣＩＡ」の設立であった。もっとも目白大学准教授・吉田則昭氏は、古野構想は国民向けの観測気球だったと分析している（吉田則昭『緒方竹虎とＣＩＡ』一六一～一六二頁）。

十一月二十九日には、緒方はこれまでの国務大臣兼官房長官に加えて副総理に就任した。吉田内閣としては新情報機関新設に向けて、これまで以上に緒方の指導力を強化する構えであった。

野党の反対で新情報機関設立は頓挫

しかし、吉田内閣が公にした「観測気球」に対して、野党と新聞各紙は一斉に激しく批判した。野党の批判は、戦前のような言論統制や思想統制への危惧と、当時大きな政治的争点となっていた再軍備問題との関係に集中した。

左派社会党が、新情報機関を「秘密警察制度あるいは吉田内閣の党利党略の宣伝機関」、言論統制の復活による「再軍備態勢への精神的動員機関」とみなして反対したのは驚くことではない（『毎日新聞』一九五二年十一月三十日付東京版朝刊、一面）。

だが、当時、安全保障について理解があった右派社会党も、新情報機関が言論統制や革新思想の弾圧の意図をもったり、一党一派の宣伝機関になったり、軍国主義や偏狭な民族主義思想の普及を図るものであってはならないという警告を申し入れ、場合によっては緒方官房長官不信任案提出も検討するとした（『朝日新聞』一九五二年十二月二日付東京版朝刊、一面）。さらに十二月三日の参議院本会議では吉川末次郎議員（右派社会党）が言論圧迫の危険性を指摘し、新情報機関設立を再軍備の一環として批判している。

保守政党である改進党も、「わが党はいかなる形でも言論を統制し国民世論を特定の方向に導く意図をもって形成される新情報機関には反対である」と声明した（『朝日新聞』一九五二年十二月三日付東京版夕刊、一面）。

一方、新聞各紙は、終戦までの同盟通信と政府・軍部による言論統制の記憶がいまだ生々しく、嫌でも「国策通信会社」の復活を連想させる古野構想に強く反発した。

朝日・読売・毎日の三大紙は新情報機関構想が報道される二カ月前の一九五二年九月、通信社の軛《くびき》を脱したばかりだったからなおさらである。三社は、自社の報道の独自性を強めるため、各社独自の取材網で国内ニュースを報道し、共同通信社からの国内ニュース配信を受けないことにすると決定したところであった（有馬哲夫『ＣＩＡと戦後日本』一九二～一九三頁）。

三大紙のなかでも、特に批判が激しかったのが、かねがね緒方に対してわだかまりを持っていた正力松太郎率いる読売新聞であった。わだかまりの原因の一つは、先に述べたように東久邇宮内閣で緒方が正力の内務大臣就任を潰したことだが、それより前の小磯内閣のとき、緒方が正力の内閣顧問就任に反対したことも原因だという（今西光男『占領期の朝日新聞と戦争責任』一七頁）。

世論の逆風を受けて、与党の自由党内部からも、新情報機関新設の政府の真意を追及せよという声が上がった。緒方副総理は「世界のラジオおよび通信を傍受するだけの機関であって報道統制や言論統制目的とするものでは全くない」「世界の動きについて各資料を分析し整理する機関が必要だ」「政府にとってはぜひとも必要な機関であり、いままでなかったのが不思議なくらいだ」と記者会見や国会答弁で度々訴えたが多勢に無勢であった。それだけ戦前・戦中の「言論統制」政策への反感が強かったのだ。

かくて政府は本格的な「日本版ＣＩＡ」どころか、古野構想による十一月の閣議決定案すら縮小を余儀なくされた。緒方は一九五二年十二月八日の衆院予算委員会終了後の記者会見で、「新情報機関は、内閣調査室と別個に、これと同列のものとして設けたい考えだ」と語ったが、年末には国会が、内閣調査室を拡充することを決定し、予算も一〇億円以内とされた。

しかもその後、大蔵省（現・財務省）の大幅な削減査定を受けて最終的には概略次のように落ち着いた。

《一、内閣調査室の任務
（イ）政府の重要施策の基礎となる一切の情報を各官庁および民間から収集すること。
（ロ）あらゆる情報を整理分析し「中央資料室」を設けて分類、保存する。
（ハ）整理された情報資料を総合的に分析、判断するために各方面の権威者に調査を委託する。
（ニ）分析した資料は判断を添えて、首相と官房長官に提出するとともに、必要に応じて各官庁に提出する》（『朝日新聞』一九五三年一月十日付東京版朝刊、一面）

そして組織の規模については、それまでの定員一一名のところ、総理府職員のなかから四〇～五〇名程度、各省兼務者三〇～四〇名の合計七〇～八〇名程度の陣容とし、それまでの文化・経済・治安・海外の四班制を、庶務・資料・経済・治安・文化・海外第一（アジア地域）・海外第二（アジア以外）の七班制にするとした（同）。政府は次年度予算として一億五〇〇〇万円を要求したが、大蔵省との折衝の結果さらに削られ、結局、一億三〇〇〇万円が計上された

（『読売新聞』一九五三年一月十三日付朝刊、一面）。

「東南アジアの在外中国人（華僑）」工作を示唆

こうして新情報機関構想は縮小を余儀なくされたが、一方で緒方は、アメリカとのインテリジェンス連携を進めていた。緒方は、吉田首相や村井内閣調査室室長とともに、極秘で来日したアレン・ダレスＣＩＡ副長官と、一九五二年十二月二十六日に会談している。この会談には、マーフィー駐日米大使、ポール・ブルーム初代ＣＩＡ東京支局長、Ｃ・スウィフト初代日本課長、Ｇ・ガーゲットＤＲＳ（文書調査課長が同席し、日本の情報活動について議論をしている。アレン・ダレスは息子が朝鮮戦争で負傷し、横須賀の病院に入院していたため、その付き添いのための来日であった（吉田則昭『緒方竹虎とＣＩＡ』一五八～一五九頁）。

アレン・ウェルシュ・ダレス

吉田則昭氏は、その場での緒方の発言を記録したＣＩＡ報告書（OT, 1952. 12. 27）を、次のように引用している。

《緒方は、日本の情報機関が事実上設立されようとしており、日本政府は、すでにＫＵＢＡＲＫ（引用者注：「ＣＩＡ」を意味するコードネーム）と（　）《ママ》から情報を得ている関係で、アメリカの助けを必要とし、情報の領域ではアメリカに全面的に協力したいという。緒方は明らかに熱心で、これらの言明は確固としたものであった。彼は、日本の情報活動は、言語的・人種的類似性を持ち今なお日本人が実際に住んでいるアジア地域において、特別な価値を持つであろう、と続けた》（吉田則昭『緒方竹虎とＣＩＡ』一六〇頁）

日本のインテリジェンス能力を復活させることがアジア共産化の動きに対抗するために必要だと、緒方は訴えたわけだ。

このＣＩＡ報告書は、「ナチス戦争犯罪者、日本帝国政府公開法」に基づき、ＣＩＡが二〇〇二年～二〇〇五年に公開した文書の一つである。占領期に関する貴重な一次資料であり、信頼性も低くないが、こうした情報公開自体がアメリカの情報政策の一環であり、アメリカの国益に反するものは含まれないことに留意する必要があるという指摘もなされている（有馬哲夫『ＣＩＡと戦後日本』一四～一七頁）。

このようなＣＩＡ報告書の内容を見ると、あたかも緒方が「ＣＩＡの手下」のように動いていると思われる方もいるかもしれない。だが、それは短絡的なものの見方だ。

本書で何度も指摘してきたが、インテリジェンス活動においては様々な情報を収集し、クロスチェックして情報の精度を高めていくことが重要なのだ。陸軍、海軍、外務省の情報のクロスチェックさえ十分にできていなかった日本が、戦前から戦時中にかけて大きな失敗を重ねてきたことも既述のとおりである。そして情報のクロスチェックという場合に重要なのが海外の情報機関との連携なのである。

本書では詳しく論じる紙幅がないが、日露戦争当時の日本がインテリジェンス活動において大きな成果を挙げられた一つの要因が「日英同盟」であった。日本は日英同盟によって、イギリスの情報機関と意見交換をする機会が増え、ロシアに関する情報の精度を飛躍的に高めることができた。第一次世界大戦後、日本陸軍がポーランド陸軍との連携によって、対ソ連諜報能力を高めたことも有名な話である（樋口季一郎の活躍や、ポーランドから暗号技術を学んだ百武《ひゃくたけ》晴吉《はるよし》など）。

その点でいえば、やはり一九二三年に日英同盟が失効し、イギリスのインテリジェンス機関との連携が弱体化してしまったことは痛かった。その後、日本の情勢分析が夜郎自大《やろうじだい》的になっていってしまった一因がそこにあるともいえるだろう。

緒方が戦前から自分自身で動いて軍の関係者など当事者と直接面談し、「正確な情報」を摑もうと努力を重ねていたことも、ここで想起すべきであろう。緒方からすれば、戦後のアメリカとのやり取りもそれと同一平面上のものであったに違いない。そして情報はまさに「ギブ・アンド・テイク」の世界なのだ。緒方は日本側の知見や情報をアメリカ側に提供することで、アメリカ側から情報を引き出そうとしていたのである。

実は朝鮮戦争勃発後のこの時期、アメリカのトルーマン民主党政権は朝鮮半島や中国を対象とした情報工作で失敗を重ねていた。ＣＩＡは一九五一年一月に朝鮮人亡命者一二〇〇人をゲリラ戦部隊に組織し、一九五二年春から夏にかけて一五〇〇人以上の朝鮮人工作員をパラシュート降下させたが、ことごとく失敗している（吉田則昭『緒方竹虎とＣＩＡ』一三二〜一三三頁）。さらに一九五一年四月から一九五二年末までの間に、共産党でも国民党でもない中国の「第三勢力」育成のために一億ドル、二〇万人分の武器・弾薬を準備したが、その半分は「沖縄に足場を持つ中国人難民グループ」の手に渡ってしまい、無駄になったという（同、一三三頁）。

このような情勢を受けて、緒方はこの一九五二年十二月二十六日のアレン・ダレス、マーフィー駐日米大使、ポール・ブルーム初代ＣＩＡ東京支局長らとの会談の場で、次のように述べたという。

《〔ブルーム〕は、緒方に、〔中国の〕第三勢力として育成可能なグループに、日本側は接触を保持しているのではないか、と尋ねた。

緒方は、そういうことはないと言明した。彼は、いまや国民党側〔chinats〕とも中共側〔chicoms〕とも、そうした接触はほとんどないし、全然交渉のない第三勢力の支援から得られるものはほとんどないだろう、という意見を表明した。彼は、第三勢力の価値は時がたつにつれて減じていくだけだ、と感じている。（中略）しかしながら、彼は続けて、共産中国にある程度のアクセスをもつと思われる東南アジアの在外中国人の育成に、より大きな潜在的可能性がある、とも示唆した。彼は、在外中国人は、共産党側、国民党側及び様々な東南アジア諸国の間で、興味深い軸となる位置にある、と指摘した。（OT, 1952. 12. 27）》（同、一六〇～一六二頁）

ここで緒方が挙げている「東南アジアの在外中国人（華僑）」ネットワークへの視点は、現在の「自由で開かれたインド太平洋戦略」にも通じる、きわめて重要な指摘だ。

ちなみに私の手元には小林元著『東南アジアにおける共産主義運動』（国際調査社、一九五八年）という非売品の冊子がある。戦後、岸信介首相らのブレーンをしていた方からもらったものだ。戦時中、内閣、文部省顧問を務め、戦後は大東文化大学教授であった小林が、公安調査庁資料課および外務省アジア局から提供された資料に基づいてインド、パキスタン、セイロン、インドネシア、マライ（フィリピンの一部）、ビルマ、タイの七カ国の共産党の沿革と幹部の略歴、華僑との関係、そして外国共産党との関係などを実に四七四頁にわたって詳細に記している。

敗戦後も日本は、アジア各国の華僑や共産党を含む政治情勢についてかなりの情報を持っていた。緒方もそのような情報を使って、独自のアジア外交を進めようとしたに違いない。

準民間組織「国際情勢調査会」を創設

一九五三年に入ると、自由党および政府内部の軋轢によって吉田政権の政治力が大きく削がれる事態が立て続けに起こる。

衆議院予算委員会で吉田首相が、右派社会党の西村栄一議員との質疑で「バカヤロー」と口にしたことが発端になって内閣不信任案が提出・可決され、「バカヤロー解散」に打って出たのは同年三月のことだ。それを受けて行なわれた四月の総選挙の結果、第五次吉田・自由党内閣は過半数割れの少数与党に転落した。

そういうなかでも、緒方は情報機関の整備を粘り強く続けていた。一九五三年十月、政府は内閣調査室の拡充を計画し、一九五四年度から新たに「中央調査室」を新設することを決定、その費用として三億五〇〇〇万円の予算を請求したほか、調査委託費本年度四〇〇〇万円を次年度約一億円に増額するよう要求した（吉田則昭『緒方竹虎とＣＩＡ』一七三頁）。

その一方で緒方は、様々な民間・準民間組織と連携し、内閣調査室の業務を委託する方向を模索していく。緒方がこのような方針を選んだのは、世論の猛反対や予算不足で大規模な公的組織がつくれなかったこともあるだろう。

だが、緒方は小磯内閣において省庁縦割りとお役所仕事の影響で政府の中枢に入れば入るほど生きた情報がなくなり、情報評価が杜撰になるという手痛い経験もしていた。その反省を踏まえ、様々な民間の組織を使って情報収集し、それらを突き合わせて分析するほうが良質のインテリジェンスが得られるという考えもあったのではないか。

内閣調査室と連携する民間情報「収集」組織の一つとして一九五三年十月、ＮＨＫ国際局編成部の愛宕山《あたごやま》分室が開設された。愛宕山分室が置かれたのは、戦時中に同盟通信社の情報受信部が海外通信傍受のために使っていた建物であった。愛宕山分室の活動は、戦前に同盟通信社が使っていた古い受信機材に頼ったささやかな出発であった（香取俊介『昭和情報秘史――太平洋戦争のはざまに生きて』ふたばらいふ新書、一九九九年、一九～二二頁）。

次に国際および国内情報の「分析」機関として緒方は、社団法人国際情勢調査会の設立を推進した。福永健司官房長官や吉田首相の反対を受けつつも、時事通信社の外郭団体として一九五三年十月に国際情勢調査会が設立される（この国際情勢調査会の設立時期は資料間に齟齬《そご》があり、吉田則昭『緒方竹虎とCIA』〈一七九頁〉によれば一九五三年十月設立だが、約二カ月後の十二月十六日付『読売新聞』は、緒方副総理がこのほど社団法人「国際情勢調査会」〈仮称〉を新設する方針を内定したと報じている。なお、名称は一九五四年十二月からは内外情勢調査会となった)。

この国際情勢調査会は、愛宕山分室と同じ建物の半分を使い、NHK国際局が傍受した海外放送資料の提供を受け、時事通信社の本部に入ってくる情報も併せて、内外の政治・経済・社会情勢を「分析」し、政府に提供していた(香取俊介『昭和情報秘史』一八～一九頁)。

さらに緒方は民間の世論調査機関・中央調査社の設立を提唱、一九五四年夏に設立準備会が結成され、九月には設立発起人会と設立総会が開催された。この前後、特に読売新聞は、中央調査社が世論調査の名の下に政府に都合のよい「御用世論」の製造機関になりかねないとして、激しい批判を繰り広げた。実際には、緒方は公的機関である国立世論調査所を解体して民間調査機関をつくろうとしていたのだから、批判は言いがかりにすぎなかった。

中国からの引揚者尋問計画

このように官民連携の情報「収集」・「分析」体制を構築する一方で、緒方は先述のように、CIAとの連携や非公然工作も密かに続けていた。

吉田と緒方は、日本は中国との歴史的・文化的な関わりや個人的人脈を豊富に持っているので、米英よりも日本のほうが、対中工作で西側自由主義陣営に貢献する力があると考えていたことは、すでに述べたとおりだ。

一方、アメリカは、共産圏の放送や通信の傍受記録や、共産圏からの引揚者が持っている情報を求めていた（有馬哲夫『ＣＩＡと戦後日本』一九八頁）。日本からすれば、アメリカが自力で得られないような情報を握ることができてこそ、アメリカとギブ・アンド・テイクの関係をつくることができる。そしてアメリカにとって中国からの膨大な日本人引揚者のもたらす情報はぜひとも手に入れたいものだったから、いわば日米の利害が一致したわけである。

一九五三年三月のＣＩＡ緒方ファイルによれば、内閣調査室がこのころに中国からの引揚者を利用する「最高機密計画」を立案し、緒方と岡崎勝男外相の承認を得ていたという。井上正也氏によると、この「最高機密計画」の骨子は次のようなものであった。

①アメリカ国務省が計画の公式のリエゾン（連絡役）を担当する。
②外務官僚が日本側機関の責任を負う。
③実際の活動は、内調が、保安庁、国家地方警察、公安調査庁などの諸官庁と調整して行なう。
④予算は復員者の数によるが、七五〇万円から一八五〇万円。

（井上正也「吉田茂の中国『逆浸透』構想」四四頁）

この計画を実際に担当したのは、旧軍の情報畑の人々であり、彼らを内調とつなげたのは、軍事顧問として吉田茂に重用されていた元陸軍中将・辰巳栄一である。

計画の中心は中国からの引揚者に対する尋問調査であった。内調は一九五三年三月から一九五八年八月にかけて引揚者調査を行ない、その結果が『中共事情』という資料にまとめられている。内容は、「中国（さらにはソ連）の朝鮮戦争への協力・介入の状況、中国のインドシナ戦争におけるベトミン支援の実態、中国軍の編成・装備・戦法などの中国軍事情勢をメインとし、中国における地下資源開発状況、鉄鋼業などの重工業の実態、各主要都市の軍事・政治施設などを記した詳細な地図の作成など多岐にわたっている」（佐藤晋「大陸引揚者と共産圏情報――日米両政府の引揚者尋問調査」、増田弘編著『大日本帝国の崩壊と引揚・復員』慶應義塾大学出版会、二〇一二年、九九頁）。

内調はこの調査にあたって、引揚者の情報スクリーニング（ふるい分け）の費用として三九〇万円余りの支援を要請し、CIA東京支局は緒方に資金を直接手渡した。また、一九五三年末にアリソン駐日大使がこの調査プログラムの拡大と資金援助を申し出、緒方はプログラム拡大に応じた（井上正也「吉田茂の中国『逆浸透』構想」四四頁）。

一九五四年一月、緒方副総理、村井（内調室長）、ガーゲットＣＩＡ日本ＤＲＳ課長が会談し、その席上でアリソン大使の申し出が話題になっている。ＣＩＡ文書によれば、ガーゲットはこのとき、「中国及びソ連からの引揚者の持つ情報の高度な潜在力と価値は米日両国の情報サービスにおいて大きな重要性を持つ」ことを強調し、「この潜在力をフルに活用するには、日本人引揚者に対する日本側の尋問に米国側機関が直接アクセスできるのが最善である、もしもこれが政治的圧力で妨げられるのなら、引揚者から最大のものを引きだすためにあらゆる手段が講じられるべきである」と述べたという（吉田則昭『緒方竹虎とＣＩＡ』一七七～一七八頁）。尋問プログラムに対するアメリカ側の関心が高かったことがよくわかる。

中国からの引揚者のなかには、現地で強制的に留用されて、国共内戦や朝鮮戦争やインドシナ戦争に「参戦」あるいは「協力」させられていた人たちが相当数いた（佐藤晋「大陸引揚者と共産圏情報」一〇〇頁）。従って彼らは、中国大陸、朝鮮半島、そしてベトナムを含むインドシナ情勢に関するかなりの軍事情報を持っていた。アメリカにとって価値のある情報源だったわけである。

吉田退陣と鳩山一郎内閣の対ソ外交

一九五四年、内閣調査室にとって衝撃的な事件が起きた。一月二十四日に在日ソ連外交代表部二等書記官のユーリ・ラストボロフがアメリカに亡命した「ラストボロフ事件」である。八月十四日に日米が共同で事件について発表したことを受けて、ラストボロフが名指ししたソ連エージェントの取り調べが始まった。その一人、日暮信則《ひぐらしのぶのり》が八月二十七日、取り調べ中に自殺する。日暮は外務省欧米局と内調の連絡係を務めていた。

しかし、それよりもより深刻だったのは吉田「自由党」内閣の求心力低下だった。吉田内閣の政治力は一九五三年のバカヤロー解散で少数与党に転落して以来、大幅に低下していたが、一九五四年一月初旬に造船疑獄が表面化して、ますます低下の一途をたどる。同年十一月二十四日に、自由党鳩山派と改進党が合同して日本民主党を結成、十二月六日には、この日本民主党と、左右両社会党の三党が内閣不信任案を提出した。採決されれば確実に可決される状況である。

緒方はその夜と翌七日の二日続けて吉田首相と会談した。解散に打って出るといってやまない吉田に向かって緒方は、「もし総理が解散を強行すれば私は閣僚として解散書類に署名しません。むしろ政界から引退します。かっこうの悪い西郷になりますよ」と宣言した。吉田は閣議で、緒方を副総理から罷免してでも解散したいと主張したが、池田勇人《はやと》の諫言《かんげん》でようやく思い留まり、総辞職が決まった。

翌日の十二月八日、自由党両院議員総会は緒方を吉田の後任の総裁に決定、緒方の指名により石井光次郎が幹事長に就任した（永野信利『吉田政権・二六一六日（下）』行研、二〇一三年、四六〇〜四六九頁）。

十二月十日に、吉田「自由党」内閣に代わって鳩山「民主党」内閣が成立し、明けて一九五五年の一月二十四日、衆議院が解散された。

解散翌日の一月二十五日にはドムニツキー事件が起きている。駐日ソ連代表部主席代理アンドレイ・ドムニツキーが突然、音羽の鳩山邸を訪問し、ソ連側に日本との国交回復交渉を開始する用意があることを伝える内容の書簡を手渡したのである。以後、鳩山はドムニツキーを通じた対ソ交渉に前のめりになっていく。

選挙戦で緒方は「一四億円減税、預貯金利子免税、総合施策による経済拡大と景気の振興」などを公約に掲げて全国を遊説した。

戦後の復興はまだまだ途上であり、国民経済を重視して「減税」を掲げた緒方自身は各地で人気を集めたが、造船疑獄などの悪影響もあって情勢は自由党に不利だった。自由党の当選者数は民主党一八五名に対して一一二名にとどまり、三月十九日、第二次鳩山「民主党」内閣が発足した。

鳩山はさらに対ソ交渉を進め、日ソ交渉場所がロンドンに決まったことを受けて、四月二十五日、重光外相と松本全権とともに緒方を訪問した。三人は日ソ交渉への超党派的協力を依頼したが、緒方はよい返事をしなかった。

緒方は三男宛六月四日付書簡で、「肝腎の鳩山が共産側の平和攻勢というものに十分の認識をもっていず、只《ただ》選挙本位の俗受けばかり考えているので、ソ連の手管《てくだ》に引ッかゝりはしないかと、そればかり心配に堪えない。その意味からは鳩山内閣は早く引込んで欲しいものだ」と書き送っている（緒方竹虎伝記刊行会『緒方竹虎』二〇九頁）。

ソ連の平和攻勢の目的が日米離間にあることを、緒方は見抜いていたわけだ（一九五五年一月二十三日衆議院本会議における質問演説）。

当時は、米ソ冷戦のまっただなかであった。日本は、アメリカを中心とした自由主義陣営に属しており、共産主義陣営のソ連との国交樹立交渉は日本の国際的立場を大きく損なう恐れがあった。

独立の気魄と憲法改正の必要性

野党自由党の総裁であった緒方は、一九五五年五月三十日に母校の修猷館高校創立七十周年記念講演を行なっている。この講演で緒方は独立の気魄《きはく》と憲法改正の必要性を訴えた。

保守自由主義者たる緒方の気骨を鮮やかに示しているので、やや長くなるが引用したい。

《今日、われわれは「憲法改正」ということを申しております。その憲法の改正の理由の一つは、あの憲法が占領軍によって強制されたというその事実が余りに露骨になっている。その憲法は占領軍によって強制されは致しましたが、その強制されたものを日本の国会におきまして、正規の手続を踏んで制定致したものに違いないのであります。しかしながら正規の手続を踏みましたけれども、その強制された筋道が余りにはっきりしている。これでは私は国民の独立の気魄というものが浮んで参らないと思う。そういうこともありまして同じ憲法を起草するに致しましても、これを自主的に検討致し、もう一ぺん憲法を書き直す必要があるというのがわれわれの決意であります》（緒方竹虎「修猷館創立七十周年記念講演」、修猷通信『復刻版　緒方竹虎』西日本新聞社、二〇一二年、二〇三～二〇四頁）

緒方はアメリカのＣＩＡと連携していたが、それはあくまで日本の国益のためであって、日本は日本の自主性を取り戻すべきだというのが緒方の持論であった。

《終戦の直後に、当時の幣原内閣で「日本の憲法」を改める憲法を占領軍の要請によって書き下しかけて、そのまさに稿を終らんとする時に占領軍の方から今の憲法の草案を示され、そしてこれに二十分間の猶余を与えるから内閣において一応の検討をして「イエス」か「ノウ」の結論だけを示せということをいって参った。これは当時の憲法起草に当っておりました松本烝治《じょうじ》博士が、自分から自由党の憲法調査会に来まして、そして校閲をされたその話の内容でありますが、松本博士は極めてこれは穏健な学者であります、この穏健なる学者であるにかかわらず、松本博士が占領軍の態度を如何にも腹に据えかねて、その憲法の修正に止むを得ざる事情で応じはしましたけれども、松本先生曰く

「自分はそれ以来、日本の憲法は見る気がしない。どういう憲法が結局において起草されたかということについて自分は知らないのだ」

その憲法は次いで枢密院に諮詢《しじゅん》されて、枢密院も余儀ない事情によって占領下その憲法を賛成した。しかしながら、最後までも美濃部達吉博士は断じてこれに賛成しなかった。美濃部博士と申しますれば戦争中あるいは戦前におきまして、天皇機関説の支持者であるということで、かなり批判をされた学者でありまするが、私は美濃部博士ほど背骨の通った学者は日本にほとんど外になかったと考えます。この美濃部博士はいろいろな圧迫があったにもかかわらず、最後まで枢密院において絶体にその憲法の草案に賛成出来ない、丁度最後の期日に当りましても、博士だけは起立しなかった、ということが同じ松本博士の話の中に述べられているのであります。

この偉大なる憲法、こういう憲法というものは何としても私は改正しなければならない。

日本の国家興亡の基本をなしておりまするこの憲法が、そういう沿革を経たということが国民の間に浸潤しておりましては、国民の独立の気魄というものは私は湧いて来ないと思う》（同、二〇三～二〇四頁）

戦前、そして戦後も一貫して筋を曲げなかった美濃部博士を讃えているところがいかにも緒方らしい。緒方にとって何よりも大事であったのは、戦勝国アメリカの圧力やソ連の脅威に立ち向かうことができる「国民の独立の気魄」であったのだ。

リスクを背負って自らの判断でCIAと接触

下野した後も、緒方とＣＩＡの接触は続いていた。実は、今紹介した修猷館高校創立七十周年記念講演に、日系二世のＣＩＡ担当者も同行している（吉田則昭『緒方竹虎とＣＩＡ』一九八〜一九九）。

ＣＩＡ報告書によれば、緒方と同行者はこの講演旅行の行き帰りの間に一六項目にわたる会話を交わし、そのなかに日ソ国交問題もあった。先述のように緒方は、鳩山がソ連の手練手管に嵌《は》まり、日本は罠にかけられるだろうと強く危惧していた。そしてアメリカ側は、この緒方の福岡遊説後から、鳩山の後継候補として緒方を押し上げる政治工作を活発化させていく。アメリカ側は、左右両派社会党の統一がソ連によって促進されつつあると警戒し、保守勢力統合を推進しようとしたのである（同、一九九～二〇三頁）。

九月以降、ＣＩＡの緒方工作は本格化し、十二月にかけてＣＩＡと緒方は計一二回接触し、保守合同、選挙の見通し、三木武吉、鳩山訪ソの見通しなどについて緒方からのヒアリングを行なったという（同、二〇五～二〇六頁）。

ここで重要なのは、こうした記録をもって「緒方がＣＩＡに操られていた」と速断すべきではないということだ。吉田則昭氏の『緒方竹虎とＣＩＡ』には次のようなＣＩＡ文書が紹介されている。一九五六年一月に東京からワシントンのＣＩＡ本部に送られたものである。緒方の人となりを示すものでもあるので、ここに引用したい。


《ポカポン（引用者注：緒方を指すコードネーム「ＰＯＣＡＰＯＮ」）が政府高官のときに、彼に面会し始め、彼を高官として面会してきたが、できるだけ接触を秘密に保ったり、実質的なものとしてきたことは当然である。この関係の当初、ポカポンはＣＩＡが日本で行おうとしてきたことのすべてではないにしても、ある程度は実行できる地位にいたし、彼以上に積極的な協力者は見当たらなかった。彼の援助を得て、ＰＯＬＵＮＡＴＥ（原注：内閣調査室）は設立されたし、ＰＯＬＡＬＡＴＥ（原注：日本版ＣＩＡのことか）プロジェクトの全体基盤は彼に起因する。
彼は権力の座にいるとき、その間ずっと我々の要望する情報や支援に応えてくれた。我々は彼の官職上の能力を買ったことは確かである。彼が政府での地位を失うとともに、彼が同程度の支援をくれる地位にいなくなるのは当然であるが、それ以来、我々との関係において、彼はまったくフランクであり、きわめて正直であった。
照会（引用者注：ＣＩＡ本部からの照会）が指摘するように、ポカポンは我々に義務はない。それどころか、彼は我々に面会するときはいつでも実際のリスクを政治的に負っている。我々が信じようが信じまいが、彼の政治的な将来は、彼が我々から得る積極的な支援よりもさらに価値があることを、我々は彼に示し続けねばならない。とにかく彼が我々から受け取るよりも、はるかに大きなものを我々にくれていると思う。
ポカポンは、照会にあるように、支配されない。また将来も同様と考える。しかし現在の我々との関係はユニークだと思う。（中略）
ともかく、ポカポンは接触以来、ＣＩＡの信頼に足る人物である》（同、二一四～二一五頁）
ここで「ポカポンは我々に義務はない」のに「実際のリスクを政治的に負って」会ってくれていると書かれていることは、すなわち緒方が自らの判断でＣＩＡと接触を続けていたことを意味する。

緒方は「ポカポン（POCAPON）」というコードネームでCIA文書に登場しているが、情報機関は接触した人間や、調査対象の人間をコードネームで記録することが普通だ。それどころかCIA文書では、自国のアレン・ダレスを「ASCHAM」、CIAを「KUBARK」というコードネームで表記しているほどだ（同、一五九頁）。コードネームが付けられているからといって、工作員であるとは限らない。

それにしても、この当時のアメリカが日本を戦争で破り、日本を占領した直後であったことを考えれば考えるほど、そのアメリカ人（しかもCIAの人間）にさえ、「CIAの信頼に足る人物である」といった感想を抱かせた緒方の凄さが、しみじみ痛感される。

本書のこれまでの章を追ってくれれば、緒方が「フランクであり、きわめて正直」で「受け取るよりも、はるかに大きなものを我々にくれ」る存在であり、「支配されない」独立自尊の人物であるのは、何もCIAに対してだけでなかったことは、すぐにわかるはずだ。彼は友人たちに対しても、朝日新聞の同僚に対しても、そして帝国陸海軍の軍人や政治家たちに対しても、そのような態度で接してきたのである。

だからこそ彼は、多くの人たちから信頼され、多くの重要な情報に接して正しく検討分析することもでき、それをジャーナリストとしての活動や、政治活動に十全に活かしていくことができたのだ。まさしく緒方の人間力である。このような人間力こそ、インテリジェンス活動には必須なのだ。

「日本の国際的立場をここで明瞭にせねばならぬ」

一九五五年（昭和三十年）十月十三日に、左右社会党が統一する。その動きに対抗して、十一月十五日には党首が決まらないまま、暫定的に総裁代行委員制の下で自由党と民主党の合体、つまり保守合同が行なわれ、自由民主党が結成された。統一された社会党に対抗しないと、日本は左傾化してしまうとの危機感からであった。緒方、鳩山、大野伴睦《ばんぼく》、三木武吉の四人が代行委員となり、このうち鳩山は次期内閣首班として政務を中心に担当し、緒方は新党の党務を担うことに決まった。

十一月二十七日、緒方は招かれて埼玉県武蔵嵐山に出掛けたが、そこで風邪をひいてなかなか治らないまま、十二月三日から全国各地の自民党支部結成のための出張が続き、途中で風邪をこじらせて気管支炎を悪化させた。静養のため十二月二十五日に帰京し、三十日には本格的静養のため熱海に移動したが、静養中にも来客が引きも切らず、一月初旬には不整脈や呼吸困難を起こしている。

一九五六年一月十五日に緒方を訪問した美土路昌一は緒方に、現在いちばん不足しているのは、外に対しては日本を代表するスポークスマン、内にあっては筆によって政治や政党の歪みを直す真の政治評論家である、それは君を措いていないとして政界から手を引き、言論界に復帰するよう懇請している。

緒方は、「君の意見には自分も賛成だ。政界入りをしてみてその醜状には自分も驚いている」といい、まだあと二年はぜひやっておきたいことがあるが、それが終われば引退して筆をとると答えた（緒方竹虎伝記刊行会『緒方竹虎』二一三〜二一五頁）。

緒方が政界において「ぜひやっておきたいこと」の一端は、三男宛の書簡に表れている。

《僕は問題は、誰が総裁になるということより、保守は合同を機会に、日本の国際的立場をこゝで明瞭にせねばならぬ。日本の政局が安定すれば米国との関係ももっと瞭《はつき》り出来ると思うし、日本の外交も重点を東南アジアに向けるべきだと考える。日ソ交渉など何等の期待も出来ぬ交渉を始めるより手近い韓国の問題を解決すべきである。これには日本の在外資産の措置が前提条件になるが、それこそ絶対多数を獲得した今は、多少の抵抗はあっても目鼻をつけて然るべきだ。それなのに昨年以来鳩山内閣は新聞の宣伝だけで、事実何もやっていない。多数の上に安座をかいている丈《だけ》だ。というと総裁論に行きそうだが、保守が合同しただけで、何の経倫《ママ》を示さないことに、僕は云うべからざる不安と不満を感じている》（同、二

一五頁）

「日本の国際的立場をこゝで明瞭にせねばならぬ」。

独立を回復して五年、保守合同を成し遂げた緒方は、米ソによる東西冷戦が激化する国際情勢にあたって、単なる「思いつき」の対外政策ではなく、国際情勢を見据えて「日本の国際的立場を明確にする経倫」、現代風にいえば「国家戦略の策定と実行」をめざしていた。その国家戦略を策定するために必要な情報を収集・分析するために緒方は戦後、新情報機関の創設、民間報道機関との連携、そしてアジア各国の歴訪とアメリカの情報機関との協力強化に尽力してきたのだ。

緒方が自民党総裁、そして総理大臣になっていれば、議会制民主主義のもとで「日本版ＣＩＡ」が創設され、多角的な情報収集と分析に基づく、したたかな国家戦略が展開されていったかもしれない。だが、そうはならなかった。

卒然として急逝

一九五六年（昭和三十一年）一月二十五日に国会が再開するので、緒方は体調が優れないまま一月二十二日に帰京、二十七日に福岡県人会に出席したときは唇の色が紫で、翌日は石井光次郎・松野鶴平との会食の約束を断るほど消耗していた。そして一月二十八日の夜十一時四十五分、自宅で息を引き取った。それまで時々息苦しそうにしていたが、穏やかで静かな臨終であったという（同、二二六〜二二七頁）。享年六十九だった。

緒方の評伝の多くが、同年一月三十一日の衆議院本会議で、社会党の党首であった鈴木茂三郎が行なった追悼演説を紹介している。それまで、亡くなった議員への追悼演説は、その議員と同一選挙区の反対党議員が行なうのが慣例であったが、その慣例を破り、反対党の党首自らの演説であった。

《緒方君は、まことに重厚な御性格でありまして、事に当っては熟慮遠謀、常に、自己の信念に従って、その正しいと信ずる道を堂々と歩むというお人柄でありました。人としてまことに立派であったばかりでなく、識見もはなはだ高く、当然、政権を担当して、日本の運命を担うべき一人として、内外に絶大の信頼を得ておられたのであります。（中略）

私は、ここに緒方君の政治生命を静かに顧みて思いますことは、寒に耐ゆる白い梅の花が、まさに開かんとして、一夜の風雪に地上に散ったという感がいたすのであります。（拍手）季節も春立つ日が旬日に迫り、梅花もまさに枝頭にあって開かんとするときに緒方君が卒然として急逝されたことは、まことに感慨無量なるものがあります。国家の運命は人力をもって切り開くことができますが、人の死生は人力のいかんともいたしがたいところであります。（拍手）緒方君も、おそらくは、民主政治の将来、国家民生の前途に深い憂を抱き、高い理想を蔵しつつも、しかし、なすべきことをなしたという安らかな心をもって瞑目《めいもく》されたものと信じます》（同、二二九頁）

築地本願寺で行なわれた告別式には、緒方の旧友知人のみならず、生前面識のありそうもない市井の人々がぎっしりと詰めかけて、参列した人の数は一万数千。大隈重信の国民葬以来の盛事であるといわれたと、緒方竹虎伝記刊行会『緒方竹虎』は記している。

おわりに――緒方竹虎から渡された「志」のバトン

緒方竹虎は急死する八カ月前の一九五五年（昭和三十年）五月三十日、母校・修猷館高校に足を運び、設立七十周年記念講演を行なった。その内容が「国民の独立の気魄」の回復を訴えるものであったことは本書第10章で述べたとおりだ。この講演を、筆者の恩師である小柳陽太郎先生は、その場で直接聴いている。第1章で紹介したように、大学生であった私に緒方のことを教えてくれた先生であり、仲人も引き受けていただいた方である。

小柳先生はこの緒方の講演を、「当時、修猷館高校に赴任して六年目、生徒とともに氏の講話に耳を傾けた私にとって誠に忘れがたい思い出の一齣《ひとこま》であった」と回想しつつ、一般社団法人玄洋社記念館発行の機関誌『玄洋』第五十三号（一九九二年）に「世紀の遺言」と題した一文で次のように紹介している。

《「日本の将来」――それは占領の軛《くびき》から脱して二年、漸《ようや》くにしてかちとった独立国日本が直ちに着手すべき「憲法改正」の問題であった。

あの憲法が占領軍によって強制されたという事実は余りにも露骨な、誰の目にも明かな事実である。勿論《もちろん》正規の手続きを踏んで制定されたという形はとっている、しかしそれが占領軍の銃剣によって強制されたという筋道は蔽《おお》いようもない事実ではないか。

国家存立の基本をなすべき憲法が、かかる痛恨極まりない過程を経て成立したということを不問に付したままで、国民感情を支配し続けている限り、どうして〝国民の独立の気魄〟が生まれてくることがあろう。「憲法の改正」それこそが日本再建の基本である。これを正しく処理し、日本の国を歴史に恥じない国にしなければならぬ。だがそのためには私どもがあと十年か、そこら余り残している余生をもってしては如何《いかん》とも致しがたい――。

このように述べ来たった緒方氏は「それ故に私は皆様のような若い人に今日此処《ここ》に立ちまして、心の底から訴えたい。どうか皆様こそ、日本の独立気魄の中心をもって任じ、将来、日本の三千年の歴史に斯《こ》ういう時代もあったが、それは九州の一角における修猷館の人たちによって、日本再建の推進が行われたということを将来の歴史に残していただきたい」と結ばれたのである。

「私は皆様のような若い人に今日此処に立ちまして、心の底から訴えたい」その言葉にこもるおもいの深さを偲《しの》ぶときに胸迫るのは私一人ではあるまい》（小柳陽太郎『日本のいのちに至る道――小柳陽太郎著作集』展転社、二〇一八年、一二〇～一二一頁）

小柳先生はこの一文とともに、本書の第10章で紹介した緒方の講演録を機関誌『玄洋』に再録している。緒方はこのとき修猷館高校の生徒に向かって、次のようにも訴えているのだ。

《幸いにして今日、七十になんなんとしておりますが、次の八十年の式典には、私、いるかいないかわからぬ。そこで今、皆さんの前に私の気持ちの一片だけ申述べてみたい、それは今、申上げますするように「日本の将来」のことであります。

終戦の直後でありましたが、私が非常に懇意《こんい》にしておりました米内光政《よないみつまさ》という海軍大将、永い間海軍大臣をつとめていた、この米内光政が、天皇陛下に拝謁をいたしまして、「こういう敗戦の結果と致しました今後、度々参内《たびたびさんだい》拝謁をする機会も恐らくはないことと思います。随《したが》って今日は、ゆっくり陛下のお顔を拝みたいと思って参りました。このたびの敗戦には、われわれ、大きな責任を感ずるのでありまするが、敗戦の結果、日本の復興というものは、恐らく五十年はかかりましょう。何とも申し訳ないことでありますが、何卒、ご諒承をお願い致します」

ということを申上げた。ところが陛下は、

「五十年で日本再建ということは私は困難であると思う。恐らく三百年はかかるであろう」

ということを仰せられたということで、米内は、その言葉に胸を打たれて暫くは頭が上がらなかった。その敗戦の責任の一端を背負っている米内と致しましては、何とも恐縮に堪《た》えなかったということを帰ってわたしに直接話しておったのであります。その三百年もかかると天皇陛下が仰せられる日本の再建、私は三百年もかかっては、世の中がまるで再建の標準が二廻りも三廻りも変って、それでは日本の再建がとうとうできないと考えまするが、何れと致しましても、この日本の再建という仕事は、なかなか容易な仕事ではありません。

私ども縁があって政治に足を突込みましたが、一口に申しますれば日本の再建のために私の残生を打込む心算でおりますけれども、修猷館の八十年の式典に参列出来るかどうか、それも覚束《おぼつか》ないと思っておりまする私の余生をもちまして、この大きな仕事を成し遂げ得るということは、はなはだ覚束かない。それだけに次の世代を背負うところのみなさんのような人、この若い人に対しまして、どうかわれわれの志を継いで、日本の再建をやり遂げて貰いたい》（『日本のいのちに至る道』一二四～一二五頁）

「五十年で日本再建ということは私は困難であると思う。恐らく三百年はかかるであろう」という昭和天皇のお言葉は重い。日本再建は、自分だけが頑張ればどうにかなるという話ではないのだ。

生徒とともにこの緒方の講演を聞いた小柳先生は、その後、「日本の独立気魄の中心をもって任じ」日本の再建をやり遂げる若者を生み出すべく教壇に立ち続けた（小柳先生は教頭などの管理職にはならず、生涯一教員であり続けた。そして高校を退職されたのちも、九州造形短期大学教授として後進の育成に努めてこられた）。

大学一年生、十八歳のときに小柳先生と出会った私は、折々に研究室やご自宅に伺って「先人たちの志を受け継ぐ」生き方を教えてもらった。社会人になった後も小柳先生から折々に叱咤激励を受け、ジャーナリズムや政治、そしてインテリジェンスの世界にわずかながらも関わることができた。何でもそうだが、実際に経験をしないとわからないことが多い。その貴重な経験を経てきたからこそ、緒方竹虎が何をめざし、何と戦い、何を解決しようとしたのかが少しずつ見えてくるようになった。おかげで小柳先生との出会いから実に四十年もの時間がかかったが、こうして本書を上梓することができたといえよう。

「日本の独立気魄の中心をもって任じ」日本の再建をやり遂げようとした緒方の「志」はその後、必ずしも自民党「全体」に受け継がれたわけではなかった。残念ながら、ごく一部の政治家だけがかろうじて奮闘してきたといわざるをえない。

その一方で、緒方の「志」を重く受け止めた小柳先生のもとからは数多くの門下生が生まれ、政府のインテリジェンス部門をはじめ各界で活躍している。その末席に連なることができたことを私は生涯の誇りとしている。

この本をきっかけの一つとして、緒方竹虎が若い世代に引き継ごうとした「志」のバトンを受け取ろうとする人が現れることを切望している。

緒方竹虎年譜

1888(明治21)年	1月30日、山形県書記官・緒方道平三男として山形で出生
1892(明治25)年	11月1日、道平の転勤により福岡市に移住(4歳)
1894(明治27)年	4月、福岡師範学校附属小学校に入学(6歳)
1901(明治34)年	4月、福岡県立中学修猷館に入学(13歳)
1906(明治39)年	7月、東京高等商業学校(現・一橋大学)に入学(18歳)
1908(明治41)年	7月、東京高等商業学校を退学(20歳)
1909(明治42)年	9月、早稲田大学専門部政治経済科第二学年に編入(21歳)
1911(明治44)年	7月、早稲田大学専門部政治経済科卒業。11月、大阪朝日新聞社に入社(23歳)
1912(明治45)年	7月、明治天皇崩御、大正元号をスクープ(24歳)
1915(大正4)年	5月、頭山満夫妻の媒酌により三浦梧楼の縁戚・原牧三の三女コトと結婚
1918(大正7)年	10月、大阪朝日新聞論説班に勤務(30歳)
1920(大正9)年	3月、英国留学。翌年10月、ワシントン軍縮会議に特派
1922(大正11)年	7月帰国、大阪朝日新聞東京通信部長(34歳)
1923(大正12)年	4月、東京朝日新聞整理部長。12月、政治部長。翌年12月、支那部長兼務
1925(大正14)年	2月、東京朝日新聞編集局長に就任(37歳)。緒方筆政始まる
1928(昭和3)年	5月、朝日新聞社取締役に就任(40歳)
1929(昭和4)年	1月、『議会の話』刊行(41歳)
1934(昭和9)年	4月、東京朝日新聞主筆に就任(46歳)。9月、東亜問題調査会設立
1936(昭和11)年	2月26日、陸軍青年将校らの襲撃を受ける(二・二六事件)。5月、朝日新聞主筆に就任。朝日新聞社代表取締役に選任、専務取締役就任(48歳)

1937(昭和12)年	9月、内閣情報部参与に就任(49歳)
1940(昭和15)年	8月、朝日新聞社中央調査会長に就任、新体制準備委員(52歳)
1943(昭和18)年	10月、自刃した中野正剛の葬儀委員長を務める。12月、朝日新聞社副社長に就任、主筆及び中央調査会長解任(55歳)。緒方筆政終わる
1944(昭和19)年	7月、朝日新聞社取締役及び副社長を辞任、小磯内閣国務大臣兼情報局総裁に就任。8月、繆斌工作開始(56歳)
1945(昭和20)年	4月、小磯内閣総辞職。5月、鈴木内閣顧問に就任。8月17日、東久邇宮内閣国務大臣兼書記官長兼情報局総裁に就任。10月9日、東久邇宮内閣総辞職。12月、戦犯に指名(57歳)
1946(昭和21)年	8月、公職追放(58歳)
1947(昭和22)年	9月、アメリカ中央情報局(CIA)発足。戦犯容疑を解かれる(59歳)
1950(昭和25)年	6月、朝鮮戦争勃発。8月、警察予備隊発足
1951(昭和26)年	8月、公職追放解除。9月、対日講和条約・日米安保条約調印
1952(昭和27)年	4月、内閣官房調査室発足。対日講和条約・日米安保条約発効。5月、緒方は吉田茂の特使としてアジア歴訪。10月、第25回総選挙で当選(福岡一区)、第4次吉田内閣国務大臣兼官房長官に就任(64歳)
1953(昭和28)年	5月、第5次吉田内閣国務大臣兼副総理に就任(65歳)
1954(昭和29)年	3月、新党結成への「緒方構想」、4月、「爛頭の急務」声明。7月、防衛庁・自衛隊発足。11月、社団法人中央調査社設立。12月、自由党総裁に就任(66歳)
1955(昭和30)年	5月、修猷館70周年記念講演。11月、自由民主党結成、緒方は総裁代行委員に就任(67歳)
1956(昭和31)年	1月28日急死、享年67

主な参考文献

朝日新聞社百年史編修委員会編『朝日新聞社史』（全四巻）、朝日新聞出版、一九九五年
葦津珍彦『大アジア主義と頭山満』葦津事務所、二〇〇八年
有馬哲夫『CIAと戦後日本――保守合同・北方領土・再軍備』平凡社新書、二〇一〇年
有馬哲夫「もうひとつの再軍備――緒方「新情報機関」と戦後日本のインテリジェンス機関の再建」、『早稲田社会科学総合研究』10⑶、二〇一〇年三月、二三～四一頁
有馬哲夫『大本営参謀は戦後何と戦ったのか』新潮新書、二〇一〇年
有山輝雄『情報覇権と帝国日本Ｉ――海底ケーブルと通信社の誕生』吉川弘文館、二〇一三年
井川聡『頭山満伝――ただ一人で千万人に抗した男』潮書房光人新社、二〇一五年
石橋湛山「袋叩きの日本」、『東洋経済新報』一九一九年八月十五日号
伊藤隆『日本の内と外』中公文庫、二〇一四年
伊藤隆監修、百瀬孝著『事典 昭和戦前期の日本――制度と実態』吉川弘文館、一九九〇年
伊藤隆・渡邊行男編『重光葵手記』中央公論社、一九八六年
伊藤隆・渡邊行男編『続重光葵手記』中央公論社、一九八八年
伊藤哲夫『五箇条の御誓文の真実』致知出版社、二〇二〇年
伊藤正徳『新聞五十年史』鱒書房、一九四三年
井上正也「吉田茂の中国『逆浸透』構想――対中国インテリジェンスをめぐって、一九五二―一九五四年」、日本国際政治学会編『国際政治』第一五一号「吉田路線の再検証」二〇〇八年三月、三六～五三頁
猪俣敬太郎『中野正剛（新装版）』吉川弘文館、一九八八年
今井武夫『支那事変の回想』みすず書房、一九六四年
今西光男『新聞　資本と経営の昭和史――朝日新聞筆政・緒方竹虎の苦悩』朝日新聞社、二〇〇七年
今西光男『占領期の朝日新聞と戦争責任――村山長挙と緒方竹虎』朝日新聞社、二〇〇八年

今村均『私記・一軍人六十年の哀歓』芙蓉書房、一九七〇年
岩田規久男『昭和恐慌の研究』東洋経済新報社、二〇〇四年
岩永裕吉伝記編纂委員会編・発行『岩永裕吉君』一九四一年
C・A・ウィロビー著、延禎監修、平塚柾緒編『GHQ知られざる諜報戦――新版ウィロビー回顧録』山川出版社、二〇一一年
内川芳美編『現代史資料　マス・メディア統制2』みすず書房、一九七五年
浦辺登『玄洋社とは何者か』弦書房、二〇一七年
江崎道朗『コミンテルンの謀略と日本の敗戦』PHP新書、二〇一七年
江崎道朗『日本占領と「敗戦革命」の危機』PHP新書、二〇一八年
江崎道朗『天皇家　百五十年の戦い――日本分裂を防いだ「象徴」の力』ビジネス社、二〇一九年
江崎道朗『朝鮮戦争と日本・台湾「侵略」工作』PHP新書、二〇一九年
江崎道朗『日本外務省はソ連の対米工作を知っていた』育鵬社、二〇二〇年
江崎道朗『インテリジェンスと保守自由主義』青林堂、二〇二〇年
江崎道朗監修『米国共産党調書』育鵬社、二〇二一年
江藤淳監修、栗原健・波多野澄雄編『終戦工作の記録（上）』講談社文庫、一九八六年
ジョン・エマーソン著、宮地健次郎訳『嵐のなかの外交官――ジョン・エマーソン回想録』朝日新聞社、一九七九年
ハーバート・ノーマン著、大窪愿二編訳『ハーバート・ノーマン全集第二巻』岩波書店、一九七七年
大森義夫『日本のインテリジェンス機関』文春新書、二〇〇五年
岡田春生編『新民会外史 黄土に挺身した人達の歴史　前編』五稜出版社、一九八六年
緒方四十郎『遙かなる昭和――父・緒方竹虎と私』朝日新聞社、二〇〇五年
緒方竹虎『議会の話』朝日新聞社、一九二九年
緒方竹虎『人間中野正剛』中公文庫、一九八八年

緒方竹虎『一軍人の生涯——提督・米内光政』光和堂、一九八三年
緒方竹虎「一老兵の切なる願い」、『文藝春秋』一九五二年十二月臨時増刊号、二四〜二八頁
緒方竹虎「暗殺・抵抗・挂冠」、『ダイヤモンド臨時増刊　日本の内幕』第四〇巻第九号、一九五二年、一〇〜一五頁
緒方竹虎「言論逼塞時代の回想」、『中央公論』一九五二年一月号、一〇六〜一一一頁
緒方竹虎「日本軍隊終焉の内閣」、『文藝春秋』一九五五年四月臨時増刊号、四一〜四七頁
緒方竹虎「叛乱将校との対決」、『文藝春秋』一九五五年十月臨時増刊号、二〇八〜二〇九頁
緒方竹虎、御手洗辰雄、木舎幾三郎「新聞今昔」、『政界往来』一九五二年一月号、二八〜四一頁
緒方竹虎「鳩山内閣をつく——国民をギマンする人気取政策」、日本自由党機関誌『再建』一九五五年三月号、一〜六頁
緒方竹虎「修猷館創立七十周年記念講演」、修猷通信編『復刻版　緒方竹虎』西日本新聞社、二〇一二年、一九九〜二〇五頁
緒方竹虎伝記刊行会編著『緒方竹虎』朝日新聞社、一九六三年
夏文運『黄塵万丈——ある中国人の証言する日中事変秘録』現代書房、一九六七年
「回想中村正吾」刊行事務局編・発行『回想中村正吾』一九七七年
外務省編『終戦史録1』北洋社、一九七七年
外務省編纂『平和条約の締結に関する調書』V．中国問題—吉田書簡—（https://www.mofa.go.jp/mofaj/annai/honsho/shiryo/archives/pdfs/heiwajouyaku5_07.pdf）
嘉治隆一『緒方竹虎』時事通信社、一九六二年
嘉治隆一『人と心と旅——人物万華鏡　後篇』朝日新聞社、一九七三年
春日井邦夫『情報と謀略（下）』国書刊行会、二〇一四年
香取俊介『昭和情報秘史——太平洋戦争のはざまに生きて』ふたばらいふ新書、一九九九年
兼原信克『安全保障戦略』日本経済新聞出版、二〇二一年

岸俊光「内閣調査室の知識人人脈（1952—1964）——反共弘報活動と「官製シンクタンク」の機能に着目して」、20世紀メディア研究所『Intelligence』第19号、二〇一九年、五六～六五頁
清沢洌『暗黒日記2』ちくま学芸文庫、二〇〇二年
倉山満『桂太郎——日本政治史上、最高の総理大臣』祥伝社新書、二〇二〇年
栗田直樹『緒方竹虎——情報組織の主宰者』吉川弘文館、一九九六年
栗田直樹『緒方竹虎』吉川弘文館、二〇〇一年
黒井文太郎『日本の情報機関——知られざる対外インテリジェンスの全貌』講談社＋α新書、二〇〇七年
桑田悦・前原透編著『日本の戦争——図解とデータ』原書房、一九八二年
小磯国昭『葛山鴻爪』小磯国昭自叙伝刊行会、一九六三年
小谷賢『日本軍のインテリジェンス——なぜ情報が活かされないのか』講談社選書メチエ、二〇〇七年
児玉誉士夫『悪政・銃声・乱世』広済堂出版、一九七四年
小林元『東南アジアにおける共産主義運動』国際調査社、一九五七年
小柳陽太郎『日本のいのちに至る道——小柳陽太郎著作集』展転社、二〇一八年
佐々木惣一「新政治体制の日本的軌道」、『中央公論』一九四〇年十月号、四～三三頁
佐藤晋「大陸引揚者と共産圏情報——日米両政府の引揚者尋問調査」、増田弘編著『大日本帝国の崩壊と引揚・復員』慶應義塾大学出版会、二〇一二年、八一～一〇八頁
佐藤卓己『言論統制——情報官・鈴木庫三と教育の国防国家』中公新書、二〇〇四年
佐藤守男『中野正剛　附名演説選集』霞ヶ関書房、一九五一年
佐藤守男『情報戦争と参謀本部——日露戦争と辛亥革命』芙蓉書房出版、二〇一一年
里見脩『ニュース・エージェンシー——同盟通信社の興亡』中公新書、二〇〇〇年
リチャード・J・サミュエルズ著、小谷賢訳『特務（スペシャル・デューティー）——日本のインテリジェンス・コミュニティの歴史』日本経済新聞出版、二〇二〇年
志垣民郎著、岸俊光編『内閣調査室秘録——戦後思想を動かした男』kindle版、文春新書、二〇一九年

重光葵『外交回想録』中公文庫、二〇一一年
重光葵『昭和の動乱（上）』中公文庫、二〇〇一年
重光葵『昭和の動乱（下）』中公文庫、二〇〇一年
司馬遼太郎『ビジネスエリートの新論語』文春新書、二〇一六年
修猷通信編『復刻版　緒方竹虎』西日本新聞社、二〇一二年
将基面貴巳『言論抑圧――矢内原事件の構図』中公新書、二〇一四年
蔣君輝『扶桑七十年の夢』扶桑七十年の夢刊行会、一九七四年
杉山光信「明治期から昭和前期までの日本での言論統制――統制の仕組みとじっさいの運用について」、『明治大学心理社会学研究』第六号、二〇一一年、一七～三二頁（http://hdl.handle.net/10291/15735）
住本利男『占領秘録』改版、kindle版、中央公論新社、二〇一四年
関誠『日清開戦前夜における日本のインテリジェンス』ミネルヴァ書房、二〇一六年
髙杉洋平『昭和陸軍と政治――「統帥権」というジレンマ』吉川弘文館、二〇二〇年
高宮太平『人間緒方竹虎』原書房、一九七九年
田中健之「庸人、国を誤る悲史　繆斌工作　棒に振った最後の和平機会」、『徹底検証 日本国の「失敗の本質」Ⅱ』（『中央公論』増刊）二〇一二年八月号、五〇～六一頁
駄場裕司『大新聞社――その人脈・金脈の研究』はまの出版、一九九六年
田村真作『繆斌工作』三栄出版社、一九五三年
通信社史刊行会著・発行『通信社史』一九五八年
辻田真佐憲『大本営発表――改竄・隠蔽・捏造の太平洋戦争』kindle版、幻冬舎新書、二〇一六年
リチャード・ディーコン著、羽林泰訳『日本の情報機関――経済大国・日本の秘密』時事通信社、一九八三年
ジェーン・デグラス編著、荒畑寒村・大倉旭・救仁郷繁訳『コミンテルン・ドキュメント1』現代思潮社、一九六九年
戸部良一『逆説の軍隊』中公文庫、二〇一二年

戸部良一『自壊の病理——日本陸軍の組織分析』日本経済新聞出版社、二〇一七年
鳥居英晴『国策通信社「同盟」の興亡——通信記者と戦争』花伝社、二〇一四年
中西輝政「東京裁判で重光葵がA級戦犯にされた理由」、歴史街道編集部編『太平洋戦争の新常識』kindle版、PHP新書、二〇一九年
中野正剛『講和会議を目撃して』東方時論社、一九一九年（国立国会図書館デジタルコレクション、https://dl.ndl.go.jp/info:ndljp/pid/955661）
永野信利『吉田政権・二六一六日（下）』行研、二〇〇四年
中村正吾『永田町一番地』ニュース社、一九四六年
野村乙二朗『石原莞爾——一軍事イデオロギストの功罪』同成社、一九九二年
長谷川峻『東久邇政権・五十日』行研、一九八七年
波多野澄雄『太平洋戦争とアジア外交』東京大学出版会、一九九六年
八火翁伝記編集委員会編『八火伝』日本電報通信社、一九五〇年
馬場明「重光・佐藤往復電報にみる戦時日ソ交渉」、栗原健編『佐藤尚武の面目』原書房、一九八一年、八五〜一六〇頁
原田泰『日本国の原則』日経ビジネス人文庫、二〇一〇年
東久邇稔彦『東久邇日記——日本激動期の秘録』徳間書店、一九六八年
樋口季一郎『アッツ、キスカ・軍司令官の回想録』芙蓉書房、一九七一年
福島靖男「『社団法人中央調査社』——伝統を継承して」、『日本世論調査協会報』第八八号、日本世論調査協会、二〇〇一年、二八〜三〇頁
古川登久茂「慈父の如き緒方さん」、修猷通信編『復刻版　緒方竹虎』西日本新聞社、二〇一二年、一二五〜一三五頁
古野伊之助「四十余年の夢」、電通編・発行『五十人の新聞人』一九五五年、一六九〜一七八頁
古野伊之助伝記編集委員会編『古野伊之助』古野伊之助伝記編集委員会（新聞通信調査会内）、一九七〇年

保阪正康『陰謀の日本近現代史』朝日新書、二〇二一年
細川隆元『朝日新聞外史――騒動の内幕』秋田書店、一九六五年
細川護貞『細川日記（上）』改版、中公文庫、二〇〇二年
細川護貞『細川日記（下）』改版、中公文庫、二〇〇二年
前坂俊之「太平洋戦争下の新聞メディア」、日本マス・コミュニケーション学会『マス・コミュニケーション研究』66、二〇〇五年（https://www.jstage.jst.go.jp/article/mscom/66/0/66_5/_pdf）
松本清張『松本清張全集31――深層海流・現代官僚論』文藝春秋、一九七三年
三浦恵次「行政広報戦後史――小山栄三と日本広報協会」、公益社団法人日本広報協会ホームページ、お役立ちナビ、広報研究ノート――広報理論、https://www.koho.or.jp/useful/notes/theory/theory04.html（二〇二〇年十月十六日取得）
御手洗辰雄『新聞太平記』鱒書房、一九五二年
宮田智之「米国におけるテロリズム対策――情報活動改革を中心に」、『外国の立法――立法情報・翻訳・解説（228）』国立国会図書館2006-05
宮脇淳子『日本人が知らない満洲国の真実』扶桑社新書、二〇一七年
三好徹『評伝 緒方竹虎――激動の昭和を生きた保守政治家』岩波現代文庫、二〇〇六年
村尾望「中央調査社の設立まで――『北原資料』を参照しつつ」、中央調査社『中央調査報』六八六号、二〇一四年十二月、一～七頁
村田光義『海鳴り――内務官僚村田五郎と昭和の群像（下）』芦書房、二〇一一年
室潔『東條討つべし――中野正剛評伝』朝日新聞社、一九九九年
明治神宮編、大日本帝国憲法制定史調査会著『大日本帝国憲法制定史』サンケイ新聞社、一九八〇年
矢野恒太記念会編・発行『数字でみる日本の１００年』改訂第6版、二〇一三年
山口重次『満洲建国――満洲事変正史』行政通信社、一九七五年
横山銕三『「繆斌工作」成ラズ――蔣介石、大戦終結への秘策とその史実』展転社、一九九二年

吉田則昭『緒方竹虎とCIA――アメリカ公文書が語る保守政治家の実像』平凡社新書、二〇一二年
吉原公一郎「内閣調査室を調査する」、『中央公論』一九六〇年十二月号、二四四～二五七頁
吉原公一郎「〝見えざる手〟――内閣調査室の実像 第一部」、『文化評論』一九七七年十二月号、七二～八四頁
吉原公一郎「〝見えざる手〟――内閣調査室の実像 第二部」、『文化評論』一九七八年一月号、七五～八七頁
吉原公一郎「〝見えざる手〟――内閣調査室の実像 第三部」、『文化評論』一九七八年二月号、八〇～九五頁
吉原公一郎『謀略列島――内閣調査室の実像』新日本出版社、一九七八年
延禎『キャノン機関からの証言』番町書房、一九七三年
渡部昇一解説・編『全文　リットン報告書』ビジネス社、二〇〇六年
渡部昇一『本当のことがわかる昭和史』PHP研究所、二〇一五年
渡邊行男『緒方竹虎――リベラルを貫く』弦書房、二〇〇六年

M. Petersen, "The Intelligence that Wasn't: CIA Name Files, the U.S. Army, and Intelligence Gathering in Occupied Japan," in E. Drea et al., *Researching Japanese War Crimes Records*, the National Archives and Records Administration for the Nazi War Crimes and Japanese Imperial Government Records Interagency Working Group, 2006, pp.197-230.
H. G. Summers, *The New World Strategy: A Military Policy for America's Future*, Touchstone, 1995.

本文中、現在の意識に照らして不適切と思われる表現がありますが、当時の歴史的背景に鑑みて生かしています。

PHP新書

PHP INTERFACE
https://www.php.co.jp/

江崎道朗［えざき・みちお］

評論家。1962年生まれ。九州大学卒業後、月刊誌編集、団体職員、国会議員政策スタッフを務め、安全保障、インテリジェンス、近現代史研究に従事。2016年夏から本格的に評論活動を開始。19年、正論新風賞受賞。著書に『コミンテルンの謀略と日本の敗戦』『日本占領と「敗戦革命」の危機』『朝鮮戦争と日本・台湾「侵略」工作』（以上、PHP新書）、『ミトロヒン文書　KGB（ソ連）・工作の近現代史』（監修、ワニブックス）、『米国共産党調書』（編訳、育鵬社）など多数がある。

本文写真：時事、国立国会図書館、Wikipediaなどのパブリックドメイン、著者撮影

緒方竹虎と日本のインテリジェンス
情報なき国家は敗北する

PHP新書　1269

二〇二一年七月二十九日　第一版第一刷

著者——江崎道朗
発行者——後藤淳一
発行所——株式会社PHP研究所
東京本部——〒135-8137 江東区豊洲5-6-52
第一制作部 ☎03-3520-9615（編集）
普及部 ☎03-3520-9630（販売）
京都本部——〒601-8411 京都市南区西九条北ノ内町11
組版——有限会社メディアネット
装幀者——芦澤泰偉＋児崎雅淑
印刷所
製本所——図書印刷株式会社

ISBN978-4-569-84992-8

ＰＨＰ新書刊行にあたって

「繁栄を通じて平和と幸福を」(PEACE and HAPPINESS through PROSPERITY)の願いのもと、ＰＨＰ研究所が創設されて今年で五十周年を迎えます。その歩みは、日本人が先の戦争を乗り越え、並々ならぬ努力を続けて、今日の繁栄を築き上げてきた軌跡に重なります。

しかし、平和で豊かな生活を手にした現在、多くの日本人は、自分が何のために生きているのか、どのように生きていきたいのかを、見失いつつあるように思われます。そして、その間にも、日本国内や世界のみならず地球規模での大きな変化が日々生起し、解決すべき問題となって私たちのもとに押し寄せてきます。

このような時代に人生の確かな価値を見出し、生きる喜びに満ちあふれた社会を実現するために、いま何が求められているのでしょうか。それは、先達が培ってきた知恵を紡ぎ直すこと、その上で自分たち一人一人がおかれた現実と進むべき未来について丹念に考えていくこと以外にはありません。

その営みは、単なる知識に終わらない深い思索へ、そしてよく生きるための哲学への旅でもあります。弊所が創設五十周年を迎えましたのを機に、ＰＨＰ新書を創刊し、この新たな旅を読者と共に歩んでいきたいと思っています。多くの読者の共感と支援を心よりお願いいたします。

一九九六年十月

ＰＨＰ研究所